— 方程式を解く —

ガロアによる
ガロア理論

上野 健爾 著

ÉVARISTE
GALOIS

現代数学社

はじめに

　本書は方程式のガロア理論への入門書であり，それと共にガロアの原論文を読むための入門書でもある．

　ガロア理論はガロアの登場によって突然誕生したが，その真の意味を理解するためには多くの数学者の努力が必要であり，それによって数学のあり方そのものも大きく変っていった．そのこともあり，ガロア理論は難解であるとの評判がつきまとっている．それはある意味では正しいが，ガロアの考えも全くの無から誕生したわけではなく，ラグランジュによる先駆的な研究がその基礎にあることも知られている．

　本書はまず，第1章で3次・4次方程式の古典的な解法を述べ，続いてラグランジュに始まる置換群による古典的な解法の群論的な解釈を述べてガロア理論への入り口とした．こうした方程式の解法の群論的な解釈を推し進めていくと体の理論が必要となってくる．

　第2章で体論を使って第1章で展開した3次・4次方程式の解法を再度見直した．これは3次・4次方程式に関するガロア理論を述べたことになる．

　第3章ではガロアが方程式のガロア理論を構成する際のヒントとなったガウスによる円分体の理論の簡単な紹介を行った．ガウスの円分体の理論は彼の著作『数論研究』の最後の章を飾る美しい理論であるが，その章の序文でガウスはレムニスケートの弧長を与える楕円積分の逆函数に関しても同様の理論が展開できることを示唆していた．この示唆からアーベルは楕円函数の研究を始め，周期の等分方程式から生じるモジュラー方程式が代数的に解ける

か否かを問題にした．アーベルはこの問題を解決できずに夭折したが，ガロアはこの問題を取り上げ，彼の理論を適用することによって，モジュラー方程式は代数的に解くことができないことを証明した．このモジュラー方程式の問題はガロアがガロア理論を構成するための原動力の一つであったことは間違いない．

続いて，本書第4章でガロア理論をまず現代的な観点から述べ，続いてガロアによるガロア群の定義からはじめて，ガロアの第一論文に記された理論をできるだけガロアの原論文に即して，しかし一方では現代的な体論の観点から記述した．ここを読めば，ガロアが第一論文で述べたかったことの現代的な解釈とその証明の概要を知ることができる．

最後の第5章で，ガロアが方程式に関して残した主要な著作，いわゆる第一論文，第二論文および，決闘の前夜に記したシュヴァリエ宛の手紙の邦訳を解説と共に載せた．シュヴァリエ宛の手紙はガロアが第一論文と第二論文で目指したことの要約が記されているので，最初に載せることにした．実際には，第一論文，第二論文，シュヴァリエ宛の手紙の順にガロアは記しており，丁寧に読むと，ガロアが群論の取り扱いで少しずつ前進していることが分かる．

ところで，第二論文の邦訳は目にしたことがない．第二論文での原始方程式に関するガロアの言明は正しいが，論文中に記された議論は多くの矛盾を含んでいることが，これまで邦訳されなかった理由と思われる．しかし，ガロアの考え方を知る上で第二論文は欠かせないと考えられ，またジョルダンによる置換群の研究に大きく寄与したことも考慮して邦訳を載せることとした．

ガロアは今日の数学で使われる群が何であるかを明確に理解し，いくつかの重要な群に関して驚くほど正確にその構造を把握していたことが分かるが，群を現代的な形で定義するために必要な言

葉を持っていなかった．そのことがガロアの著作を読むことの難しさを引き起こしており，特に邦訳に関して難しい問題を引き起こす．そのことに関しては第5章の解説で述べた．また，解説の中では，邦書ではほとんども述べられることのないモジュラー方程式のガロア理論についても可能な限り詳しく述べ，ガロアの著作を読むための手引きとした．

　ガロアが不幸な死を遂げたこともありガロアの第一論文には多くの読者が引きつけられるが，その難解さに多くの人が匙を投げ出してきた．そのため，ガロアの原論文を解説した本も少なからず著されているが，今度はそうした本を読んでガロアが考えたことの現代的な意味を見出そうとすると，それも簡単ではない．多くの数学者の手を経て完成されたガロア理論はガロアの原論文とは様相を一変しているからである．

　もちろんガロア理論を理解する上ではガロアの著作を読む必要はない．しかしながら，ガロアの原論文を読むことは，正に生まれようとしている理論，それはその後の数学の進展に大きな推進力をもたらしたのであるが，数学の大理論の生まれる瞬間を垣間見ることの出来る希有の機会を与えてくれる．そのような意味で，ガロアの論文に書かれている内容だけでなく，生まれようとしている概念をガロアがどのように考え，どのように記述し，定式化しようとして苦労していたかを味わう必要がある．そのために，翻訳はできる限りガロアの時代に相応しい言葉を用いることに努めた．とは言え，現代数学の考え方が密かに入り込むことは避けられず，ガロアの考えたとおりの言葉への翻訳の難しさを改めて認識させられた．本書の翻訳はこうした作業の第一歩であり，読者と共に今後さらに改善していきたいと考えている．

2024 年 6 月

上野健爾

目　次

第1章 ３次・４次方程式とラグランジュの分解式

ラグランジュの分解式は５次方程式を代数的に解く試みの中から誕生した．３次方程式，４次方程式が冪根を使って解くことのできることの意味がこれによって明確になった．そこでは代数方程式の根の置換が重要な働きをする．そこで，先ず３次方程式の古典的な解法を記し，その解法をラグランジュに従って分解式を使って書き直そう．そのためには置換と対称群の概念が必要となる．

1.1 ３次方程式のカルダノ・ボンベリの公式

３次方程式

$$x^3 + ax^2 + bx + c = 0 \qquad (1.1)$$

に対して，変数

$$y = x + \frac{a}{3}$$

を導入して (1.1) を書き直すと

$$y^3 + dy + e = 0$$

の形になることが分かる．そこで３次方程式を解くためには

$$x^3 - px - q = 0 \qquad (1.2)$$

の形の3次方程式を解けばよいことが分かる．そのために新しい変数 u,v を

$$x = u + v \tag{1.3}$$

が成り立つように導入する．式 (1.2) に代入すると

$$u^3 + v^3 + (u+v)(3uv - p) - q = 0$$

となる．そこで u,v にさらに関係

$$uv = \frac{p}{3} \tag{1.4}$$

を導入する．すると式 (1.2) は

$$u^3 + v^3 = q \tag{1.5}$$

の形になることが分かる．(1.4) と (1.5) より u^3, v^3 は2次方程式

$$t^2 - qt + \frac{p^3}{27} = 0$$

の解であり，従って

$$u^3, v^3 = \frac{q \pm \sqrt{q^2 - \frac{4p^3}{27}}}{2} = \frac{q}{2} \pm \sqrt{\left(\frac{q}{2}\right)^2 - \left(\frac{p}{3}\right)^3}$$

であることが分かる．u,v は対称的な形で導入されているので

$$u^3 = \frac{q + \sqrt{q^2 - \frac{4p^3}{27}}}{2} = \frac{q}{2} + \sqrt{\left(\frac{q}{2}\right)^2 - \left(\frac{p}{3}\right)^3}$$

と仮定しても一般性を失わない．従って3次方程式を解くためには，複素数 A に対して

$$u^3 = A$$

が解ければよいことが分かる．$A \neq 0$ であれば A の立方根は複素数の範囲で3個ある．A の立方根の一つを $\sqrt[3]{A}$ と記すと残りの立方根は $\rho \sqrt[3]{A}, \rho^2 \sqrt[3]{A}$ である．ここで

$$\rho = \frac{-1+\sqrt{3}\,i}{2}$$

は１の立方根であり，２次方程式

$$x^2 + x + 1 = 0$$

の根の一つである．また

$$\rho^2 = \frac{-1-\sqrt{3}\,i}{2}$$

が成り立つ．以上の結果を使うと３次方程式 (1.2) の根は

$$\rho^k \sqrt[3]{\frac{q+\sqrt{q^2-\frac{4p^3}{27}}}{2}} + \frac{p}{3}\left\{\rho^k \sqrt[3]{\frac{q+\sqrt{q^2-\frac{4p^3}{27}}}{2}}\right\}^{-1}, \quad k = 0,1,2$$

で与えられる[※1]．この根の式はカルダノの公式と呼ばれる．しかしカルダノは３次方程式の解法では複素数を使っていない．複素数を使ってカルダノの解法を整理したのはボンベリであるのでカルダノ・ボンベリの公式と呼んだ方がよい．また，数学史上はよく知られているように，解法を公表しないという約束のもとでカルダノはタルターリアから解法を教えてもらっていたものを公表している．

　ところでボンベリはカルダノ・ボンベリの公式を３次方程式

$$x^3 - 15x - 4 = 0 \tag{1.6}$$

に適用して一見奇妙な結果

[※1] $v^3 = \dfrac{q-\sqrt{q^2-\frac{p^3}{27}}}{2}$, $x = u+v$ であるので，この根の公式は

$$\rho^k \sqrt[3]{\frac{q+\sqrt{q^2-\frac{4p^3}{27}}}{2}} + \rho^{-k}\sqrt[3]{\frac{q-\sqrt{q^2-\frac{4p^3}{27}}}{2}}$$

と書かれることも多いが二つの立方根は積が $p/3$ になるように選ぶ必要がある．

$$\sqrt[3]{2+11i} + \sqrt[3]{2-11i} = 4 \tag{1.7}$$

を得た．複素数の立方根は3個あるのでこの式でどの立方根を使ったが重要になる．

　上の3次式は

$$x^3 - 15x - 4 = (x-4)(x^2 + 4x + 1)$$

と因数分解できるので (1.6) の根は $4, -2 \pm \sqrt{3}$ である．一方，カルダノ・ボンベリの公式を使うと根は

$$\rho^j \left\{ \frac{1}{2}(4 + \sqrt{-484}) \right\}^{1/3} + 5\rho^{-j} \left\{ \frac{1}{2}(4 + \sqrt{-484}) \right\}^{-1/3}$$
$$= \rho^j (2+11i)^{1/3} + 5\rho^{-j} (2+11i)^{-1/3} \tag{1.8}$$
$$j = 1, 2, 3$$

さらに

$$(2+11i)(2-11i) = 125 = 5^3$$

であるので

$$5(2+11i)^{-1/3} = \sqrt[3]{2-11i}$$

と書くことができ，方程式の根は

$$\rho^j \sqrt[3]{2-11i} + \rho^{-j} \sqrt[3]{2-11i}, \quad j = 0, 1, 2$$

と書いて良さそうである．ただし立方根の取り方に注意する必要がある．

$$(2+i)^3 = 2 + 11i$$

に注意すると

$$\sqrt[3]{2+11i} = 2 + i$$

と仮定してよいことが分かる．3次方程式のカルダノ・ボンベリの公式で

$$u = \sqrt[3]{2-11i} = 2 + i$$

と取ったとすると $uv = 15/3 = 5$ の関係があるので

$$v = \sqrt[3]{2-11i} = \frac{5}{u} = \frac{5}{2+i} = 2-i$$

と取らなければならないことが分かる．従って (1.8) で $j=0$ の場合を考えると

$$\sqrt[3]{2+11i} + \sqrt[3]{2-11i} = 4$$

となり，(1.7) は正しいことが分かる．このように，実根であってもカルダノ・ボンベリの公式を適用するには複素数を使う必要があることが証明できる．

　ラグランジュはこの解法の群論的な意味づけを与えた．そのことを述べるために，先ず置換と対称群について述べる．

1.2　置換と対称群

　数字 1 から n までがなす集合 $S = \{1, 2, \cdots, n\}$ から自分自身への全単射 $\sigma : S \to S$ を **n 次の置換**という．1 を i_1 に 2 を i_2 に……n を i_n に写す n 次の置換 σ ，すなわち $\sigma(k) = i_k, k = 1, 2, \cdots, n$ を

$$\sigma = \begin{pmatrix} 1 & 2 & \cdots & j & \cdots & n \\ i_1 & i_2 & \cdots & i_j & \cdots & i_n \end{pmatrix}$$

と記す．たとえば $\tau(1) = 3, \tau(2) = 1, \tau(3) = 2, \tau(4) = 4$ で定まる置換 $\tau : \{1, 2, 3, 4\} \to \{1, 2, 3, 4\}$ は

$$\tau = \begin{pmatrix} 1 & 2 & 3 & 4 \\ 3 & 1 & 2 & 4 \end{pmatrix}$$

と記す．置換を表すときに上の列を 1, 2, 3, $\cdots$, n と順番に表す必要はない．数字 k がどの数字に移されるかさえ分かればよいからである．従ってたとえば

$$\tau = \begin{pmatrix} 1 & 2 & 3 & 4 \\ 3 & 1 & 2 & 4 \end{pmatrix} = \begin{pmatrix} 3 & 1 & 2 & 4 \\ 2 & 3 & 1 & 4 \end{pmatrix} = \begin{pmatrix} 4 & 3 & 1 & 2 \\ 4 & 2 & 3 & 1 \end{pmatrix}$$

などと書くことができる．n 次の置換 σ, τ の積 $\sigma\tau$ を写像の合成 $\sigma \circ \tau$ によって定義する．すなわち先に τ を施して次に σ を施す．（これと逆に積を定義する流儀もあるので注意を要する．）たとえば３次の置換

$$\sigma = \begin{pmatrix} 1 & 2 & 3 \\ 2 & 3 & 1 \end{pmatrix}, \quad \tau = \begin{pmatrix} 1 & 2 & 3 \\ 3 & 2 & 1 \end{pmatrix}$$

の積 $\sigma\tau$ は

$$
\begin{array}{ccc}
\tau & & \sigma \\
1 \longrightarrow 3 & \longrightarrow & 1 \\
2 \longrightarrow 2 & \longrightarrow & 3 \\
3 \longrightarrow 1 & \longrightarrow & 2
\end{array}
$$

となるので

$$\sigma\tau = \begin{pmatrix} 1 & 2 & 3 \\ 1 & 3 & 2 \end{pmatrix}$$

であることが分かる．一方

$$
\begin{array}{ccc}
\sigma & & \tau \\
1 \longrightarrow 2 & \longrightarrow & 2 \\
2 \longrightarrow 3 & \longrightarrow & 1 \\
3 \longrightarrow 1 & \longrightarrow & 3
\end{array}
$$

より

$$\tau\sigma = \begin{pmatrix} 1 & 2 & 3 \\ 2 & 1 & 3 \end{pmatrix}$$

であることが分かる．従って今の場合 $\sigma\tau \neq \tau\sigma$ である．1 から n のすべての数字を動かさない置換

$$\begin{pmatrix} 1 & 2 & \cdots & j & \cdots & n \\ 1 & 2 & \cdots & j & \cdots & n \end{pmatrix}$$

を**恒等置換**といい，id_n または e と記す．n 次の置換全体を S_n と記す．

■ **定理 1.2.1**　$G = S_n$ は次の性質を持つ.

(G0)　G の任意の2元 σ, τ に対して積 $\sigma\tau$ が定義されて G に属する.

(G1)（結合法則）G の任意の3元 $\sigma_1, \sigma_2, \sigma_3$ に対して
$$\sigma_1(\sigma_2\sigma_3) = (\sigma_1\sigma_2)\sigma_3.$$

(G2)（単位元の存在）G の任意の元 σ に対して
$$\sigma e = e\sigma = \sigma$$
を満たす G の元 e が存在する.

(G3)（逆元の存在）G の任意の元 σ に対して
$$\sigma\tau = \tau\sigma = e$$
となる G の元 τ が存在する.（τ を σ の逆元といい, σ^{-1} と記す）.

■ **証明**

単位元 e は恒等写像 id_n である. すなわち

$$e = \begin{pmatrix} 1 & 2 & \cdots & k & \cdots & n \\ 1 & 2 & \cdots & k & \cdots & n \end{pmatrix}$$

で与えられる. また,

$$\sigma = \begin{pmatrix} 1 & 2 & \cdots & j & \cdots & n \\ i_1 & i_2 & \cdots & i_j & \cdots & i_n \end{pmatrix}$$

の逆元は

$$\sigma^{-1} = \begin{pmatrix} i_1 & i_2 & \cdots & i_j & \cdots & i_n \\ 1 & 2 & \cdots & j & \cdots & n \end{pmatrix}$$

で与えられる. 後の証明は簡単である.【証明終】

> **定義 1.2.2**　一般に集合 G の任意の2元 $\sigma \in G, \tau \in G$ に積 $\sigma\tau$ が定義されていて上の条件 (G0), (G1), (G2), (G3) を満たすときに G は**群**と呼ばれる．G が有限集合のとき**有限群**といい，G の個数を群 G の**位数**という．S_n は n **次置換群**または n **次対称群**と呼ばれる．

　置換 σ が i_1 を i_2 に，i_2 を i_3 に移し，以下これが続いて，i_{m-1} を i_m にそして i_m を最初の数字 i_1 に移し，他の数字は動かさないとき，これを m **次の巡回置換**とよび

$$\sigma = (i_1 i_2 i_3 \cdots i_{m-1} i_m)$$

と記す．例えば

$$\begin{pmatrix} 1 & 2 & 3 \\ 3 & 1 & 2 \end{pmatrix} = (132), \quad \begin{pmatrix} 1 & 2 & 3 \\ 3 & 2 & 1 \end{pmatrix} = (13).$$

2次の巡回置換を**互換**という．ところで，置換

$$\begin{pmatrix} 1 & 2 & 3 & 4 & 5 & 6 \\ 6 & 3 & 2 & 4 & 1 & 5 \end{pmatrix}$$

では1が6に移り，6は5に移り，5は1に移るので巡回置換 (165) を含んでいる．これ以外の数字では2は3に移り，3は2に移るので互換 (23) を含んでいる．また4は4に移る．従って，この置換は $(165)(23) = (23)(165)$ と巡回置換の積に記すことができる．このことは一般化することができる．次の補題が成り立つことは明らかであろう．

補題 1.2.3

すべての置換は巡回置換の積に書くことができる．

　二つの巡回置換 τ_1, τ_2 で，τ_1 と τ_2 に含まれている数字に共通の

ものがないと積は可換である.

$$\tau_1\tau_2 = \tau_2\tau_1$$

しかし，共通の数字があると積は可換であるとは限らない．例えば

$$(12)(14) = (142) \neq (124) = (14)(12)$$

である．ところで，m 次の巡回置換は互換の積に書き直すことができる．たとえば

$$(i_1i_2i_3\cdots i_{m-1}i_m) = (i_1i_m)(i_1i_{m-1})\cdots(i_1i_3)(i_1i_2)$$

が成り立つ．すべての置換は巡回置換の積で書き表すことができるので，互換の積で書き表すことができる．互換の積としての表し方は種々ある．例えば

$$(142) = (24)(12) = (23)(34)(23)(12)$$

ただ，表示に必要な互換の個数の偶奇性は置換によって一意的に定まる．上の例では必要な互換は偶数個である．

補題 1.2.4

すべての置換 σ は互換の積で表すことができる．このとき現れる互換の個数の偶奇性は置換によって一意的に決まる．

そこで置換 σ に対してその符号 $\mathrm{sign}\,\sigma$ を

$$\mathrm{sign}\,\sigma = \begin{cases} +1, & \sigma\text{は偶数個の互換の積で表される} \\ -1, & \sigma\text{は奇数個の互換の積で表される} \end{cases}$$

と定義する．定義より

$$\mathrm{sign}(\sigma\tau) = \mathrm{sign}\,\sigma\cdot\mathrm{sign}\,\tau \tag{1.9}$$

が成立する．

　　補題 1.2.4 を証明するために n 変数の多項式 $f(x_1, x_2, \cdots, x_n)$
への置換の**作用** σf を

$$\sigma f(x_1, x_2, \cdots, x_n) = f(x_{\sigma(1)}, x_{\sigma(2)}, \cdots, x_{\sigma(n)})$$

と定義する．n 変数の多項式 $f(x_1, \cdots, x_n)$ が n 次対称群 S_n
のすべての元 σ に対して $\sigma f = f$ になることは $f(x_1, \cdots, x_n)$ が
$x_1, x_2, \cdots, x_n$ の対称式であることを意味する．このように，群の
作用によって式の対称性を記述することは現代数学の立場である
が，それはラグランジュに始まる．代数方程式を解くことはこの
対称性を壊していくことが次第に明らかになるであろう．

　　n 個の変数 $x_1, \cdots, x_n$ に対して

$$\Delta = \prod_{i<j} (x_i - x_j)$$

を **n 次の差積**という．n 次対称群の元 σ は差積に

$$\sigma(\Delta) = \prod_{i<j} (x_{\sigma(i)} - x_{\sigma(j)})$$

として作用する．このとき

$$\sigma(\Delta) = \pm \Delta$$

となる．特に互換の時は

$$(ij)(\Delta) = -\Delta$$

であることは簡単に示すことができる．従って (1.9) より

$$\sigma(\Delta) = \text{sign}\,\sigma \cdot \Delta \tag{1.10}$$

が成り立つことが分かり，補題 1.4 が証明できた．

　方程式論では多項式を変えない置換の全体が重要になる．そこ
で部分群を定義する．

定義 1.2.5 群 G の部分集合 H が G から定まる積で閉じている，すなわち

(SG0) H の任意の 2 元 σ, τ に対して $\sigma\tau \in H$ が成り立ち，さらに逆元を取る操作に関して閉じている，すなわち

(SG1) H の任意の元 σ に対して G での逆元 σ^{-1} は H に属する

が成り立つとき，H は G の**部分群**であるという．H は G の積から定まる積によって群になっている．

差積を変えない置換だけを集めて

$$A_n = \{\sigma \in S_n \mid \sigma(\Delta) = \Delta\}$$

と置く．すると A_n は n 次対称群 S_n の部分群となることが分かる．A_n は偶数個の互換の積で表すことができる置換の全体である．A_n は n 次**交代群**と呼ばれる．たとえば $n = 3, n = 4$ のときは

$$A_3 = \{e, (123), (132)\},$$
$$A_4 = \{e, (123), (132), (124), (142), (134), (143),$$
$$(234), (243), (12)(34), (13)(24), (14)(23)\}$$

である．

一般に n 変数の多項式 f が与えられたときにその多項式を変えない置換の全体は n 次対称群の部分群となる．なぜならば

$$\sigma f = f, \ \tau f = f$$

であれば

$$(\sigma\tau)f = \sigma(\tau f) = \sigma(f) = f$$

であり，また

$$\sigma^{-1} f = \sigma^{-1}(\sigma f) = (\sigma^{-1}\sigma)f = ef = f$$

が成り立つからである．この事実はガロアの理論で大切な役割を
する．

　部分群の性質と剰余類について述べる必要があるが，先を急い
で3次方程式のラグランジュの分解式を先に考察しておこう．

1.3　3次方程式のラグランジュの分解式

　3次対称群 S_3 は具体的には

$$S_3 = \{e, (12), (13), (23), (123), (132)\}$$

と書くことができる．さて一般の3次方程式

$$x^3 + a_1 x^2 + a_2 x + a_3 = 0$$

の根を x_1, x_2, x_3 と記そう[※2]．根と係数の関係より

$$-a_1 = x_1 + x_2 + x_3$$
$$a_2 = x_1 x_2 + x_2 x_3 + x_3 x_1$$
$$-a_3 = x_1 x_2 x_3$$

が成り立つ．1の立方根

$$\rho = \frac{-1 + \sqrt{3}\, i}{2}$$

を使って

[※2]　一般の3次方程式とは係数 a_1, a_2, a_3 の間に有理係数の代数的な関係式が
存在しないことを意味する．この場合根 x_1, x_2, x_3 の間に有理係数の代数的な
関係式が存在しない．後の議論で使う様に，逆に有理係数の代数的な関係式が
存在しない数 x_1, x_2, x_3 を選んで

$$(x - x_1)(x - x_2)(x - x_3) = x^3 + a_1 x^2 + a_2 x + a_3$$

として係数 a_1, a_2, a_3 を選ぶと a_1, a_2, a_3 の間に有理数を係数とする代数的な関
係式は存在しない．

$$u = (\rho, x_1) = x_1 + \rho x_2 + \rho^2 x_3 \tag{1.11}$$

$$v = (\rho^2, x_1) = x_1 + \rho^2 x_2 + \rho x_3 \tag{1.12}$$

と定義する．これを3次方程式の場合の**ラグランジュの分解式**（resolvent, レゾルベント）という．(ρ^k, x_1) は x_1 の係数は 1, x_2 の係数は ρ^k, x_3 の係数は ρ^{2k} として足し合わせることを意味する．従って

$$(1, x_1) = x_1 + x_2 + x_3 = -a_1$$

である．1の立方根 ρ は $1 + \rho + \rho^2 = 0$ を満たすことを使うと

$$uv = (x_1 + \rho x_2 + \rho^2 x_3)(x_1 + \rho x_3 + \rho^2 x_2)$$
$$= a_1^2 - 3a_2 \tag{1.13}$$

であることが分かる．さて u への3次対称群の作用を考えよう．

$$u_1 = u$$
$$u_2 = (132)u = x_3 + \rho x_1 + \rho^2 x_2 = \rho u$$
$$u_3 = (123)u = x_2 + \rho x_3 + \rho^2 x_1 = \rho^2 u$$
$$u_4 = (23)u = x_1 + \rho x_3 + \rho^2 x_2 = v$$
$$u_5 = (12)u = x_2 + \rho x_1 + \rho^2 x_3 = \rho v$$
$$u_6 = (13)u = x_3 + \rho x_2 + \rho^2 x_1 = \rho^2 v$$

すなわち，u に3次対称群を作用させるとすべて異なる x_1, x_2, x_3 の多項式（今の場合1次式）が得られる．また $v = (23)u$ であることが分かったが，この両辺に再度 (23) を作用させることによって $u = (23)v$ であることも分かる．従って

$$v_1 = v, \; v_2 = \rho v = u_5, \; v_3 = \rho^2 v = u_6$$

とおくと

$$v_2 = (12)u = (12)(23)v = (123)v,$$
$$v_3 = (13)u = (13)(23)v = (132)v$$

であることも分かる．さらに

$$u_1^3 = u_2^3 = u_3^3 = u^3$$
$$v_1^3 = v_2^3 = v_3^3 = v^3$$

であることも分かる．言い換えると

$$(132)u^3 = (123)u^3 = u^3$$
$$(12)u^3 = (23)u^3 = (13)u^3 = v^3$$

である．また

$$(23)v^3 = ((23)v)^3 = u^3,$$
$$(12)v^3 = (13)v^3 = u^3,$$
$$(132)v^3 = v^3,$$
$$(123)v^3 = v^3$$

が成り立つ．そこで u^3 や v^3 を変えない置換の全体をそれをそれ
ぞれ I_{u^3}, I_{v^3} と記そう．上の結果から

$$I_{u^3} = \{\sigma \in S_3 \mid \sigma u^3 = u^3\}$$
$$= \{e, (123), (132)\} = A_3$$
$$I_{v^3} = \{\sigma \in S_3 \mid \sigma v^3 = v^3\}$$
$$= \{e, (123), (132)\} = A_3$$

であることが分かる．I_{u^3}, I_{v^3} は3次対称群 S_3 の部分群であるが，
それは共に3次交代群である．

　ところで u^3v^3, u^3+v^3 は3次対称群の作用で変わらない，言い
換えると x_1, x_2, x_3 の対称式であるが，それを具体的に方程式の係
数を使って表示すると

$$u^3v^3 = (uv)^3 = (a_1^2 - 3a_2)^3$$
$$u^3 + v^3 = (u+v)(u+\rho v)(u+\rho^2 v)$$
$$= -2a_1^3 + 9a_1a_2 - 27a_3$$

であることが分かる．これより u^3, v^3 はもとの3次方程式の係数

を使って書くことのできる 2 次方程式

$$y^2-(-2a_1^3+9a_1a_2-27a_3)y+(a_1^2-2a_2)^3=0$$

の根であることが分かる．この 2 次方程式を解いて u^3, v^3 を求め，それぞれの立方根の一つを α, β とする．ただし (1.13) より $\alpha\beta=a_1^2-3a_2$ であるように立方根 α, β を選ぶ．すると

$$x_1+x_2+x_3=-a_1$$
$$x_1+\rho x_2+\rho^2 x_3=\alpha$$
$$x_1+\rho^2 x_2+\rho x_3=\beta$$

が成り立つから，この連立方程式を解くことによって 3 次方程式の根が得られる．実際には $1+\rho^2+\rho^2=0$ を使って

$$3x_1=-a_1+\alpha+\beta$$
$$3x_2=-a_1+\rho^2\alpha+\rho\beta$$
$$3x_3=-a_1+\rho\alpha+\rho^2\beta$$

であることが分かる．

　ラグランジュの解法の意味づけにはさらに体論が必要となる．そのことについては後に詳しく述べることとする．

1.4　4 次方程式

　一般の 4 次方程式は変数変換によって

$$x^4+px^2+qx+r=0 \tag{1.14}$$

の形にできる．そこで新しい未知数 λ を導入して (1.14) を

$$(x^2+\lambda/2)^2=(\lambda-p)x^2-qx+(\lambda^2/4-r) \tag{1.15}$$

と変形する．この式の右辺が完全平方式 $(mx+n)^2$ になるように λ を求めることができれば最初の 4 次方程 (1.14) は

$$x^2 + \lambda/2 = \pm(mx + n)$$

と2次方程式を解くことに帰着される．（1.15）の右辺が完全平方式になるために必要十分条件は

$$q^2 - 4(\lambda - p)(\lambda^2/4 - r) = 0$$

であり，整理すると

$$\lambda^3 - p\lambda^2 - 4r\lambda + 4pr - q^2 = 0 \tag{1.16}$$

である．これは λ に関する3次方程式であるので解くことが出来る．この3次方程式の解を使って4次方程式を解くことができる．この解法はカルダノの弟子フェラリによって発見された．

3次方程式（1.16）の解の一つを λ_1 と記すと4次方程式（1.15）は2個の2次方程式

$$x^2 + \lambda_1/2 = \sqrt{\lambda_1 - q}\left(x - \frac{q}{2(\lambda_1 - p)}\right) \tag{1.17}$$

$$x^2 + \lambda_1/2 = -\sqrt{\lambda_1 - q}\left(x - \frac{q}{2(\lambda_1 - p)}\right) \tag{1.18}$$

に分解される．

そこで，2次方程式（1.17）の2根を x_1, x_2 ,（1.18）の2根を x_3, x_4 とおくと，これらは4次方程式（1.14）の根である．また根と係数の関係から

$$x_1 x_2 = \lambda_1/2 + \frac{q}{2\sqrt{\lambda_1 - p}}$$

$$x_3 x_4 = \lambda_1/2 - \frac{q}{2\sqrt{\lambda_1 - p}}$$

が成り立つ．従って

$$x_1 x_2 + x_3 x_4 = \lambda_1$$

であることが分かる．$x_1 x_2 + x_3 x_4$ に4次対称群 S_4 の元 σ を

$$\sigma(x_1 x_2 + x_3 x_4) = x_{\sigma(1)} x_{\sigma(2)} + x_{\sigma(3)} x_{\sigma(4)}$$

と作用させると $x_1x_2+x_3x_4$, $x_1x_3+x_2x_4$, $x_1x_4+x_2x_3$ の 3 種類の異なる組み合わせが出てくる. 3 次方程式 (1.16) の他の根 λ_2 を取って出てくる 2 個の 2 次方程式の 4 根も 4 次方程式 (1.14) の根であるので, これらの 2 次方程式の根は x_1, x_2, x_3, x_4 から 2 個取り出したものに他ならない. そこで

$$x_1x_4+x_2x_3=\lambda_2, \quad x_1x_3+x_2x_4=\lambda_3$$

と置くと, $\lambda_1, \lambda_2, \lambda_3$ は 3 次方程式 (1.16) の根であることが分かる.

次に 4 次方程式 (1.14) と 3 次方程式 (1.16) の関係を 4 次対称群の方から見てみよう. そのためには正規部分群の概念が必要となる.

1.5　正規部分群

H が群 G の部分群であるとき, $g \in G$ に対して

$$gHg^{-1}=\{\, ghg^{-1} \,|\, h \in H \,\}$$

と定義すると, gHg^{-1} も G の部分群である. gHg^{-1} は H の**共役部分群**と呼ばれる.

定義 1.5.1　群 G の部分群 H は G の任意の元 $g \in G$ に対して

$$gHg^{-1}=H$$

であるとき**正規部分群**といい,

$$G \triangleright H$$

あるいは

$$H \triangleleft G$$

と記す.

群 G の部分群 H が与えられたときに左同値関係 $\underset{\ell}{\sim}$ を

$$g_1 \underset{\ell}{\sim} g_2 \iff g_2 g_1^{-1} \in H$$

と定義する．これは同値関係になっている[3]．$Hg = \{\, hg \mid h \in H \,\}$ と定義すると $g_1 \underset{\ell}{\sim} g_2$ であることと $Hg_1 = Hg_2$ であることとは同値である．この同値関係による同値類を H に関する**左剰余類**という[4]．異なる左剰余類の全体を $H\backslash G$ と記す．

同様に右同値関係 $\underset{r}{\sim}$ を

$$g_1 \underset{r}{\sim} g_2 \iff g_1^{-1} g_2 \in H$$

と定義する．今度は $g_1 \underset{r}{\sim} g_2$ であることと $g_1 H = g_2 H$ であることとは同値である．右同値関係による同値類を H に関する**右剰余類**とよび，異なる右剰余類の全体を G/H と記す．ところで $Hg_1 = Hg_2$ であることと $g_1^{-1}H = g_2^{-1}H$ であることとは同値である．このことから Hg に $g^{-1}H$ を対応させることによって $H\backslash G$ と G/H の間には全単射が存在することが分かる．そこで

$$[G:H] = |G/H|$$

と置いて部分群 H の G での**指数**という．ここで集合 A に対し

---

[3] すなわち

1) $g \underset{\ell}{\sim} g$,

2) $g_1 \underset{\ell}{\sim} g_2 \implies g_2 \underset{\ell}{\sim} g_1$,

3) $g_1 \underset{\ell}{\sim} g_2, g_2 \underset{\ell}{\sim} g_3 \implies g_1 \underset{\ell}{\sim} g_3$

が成立する．

[4] 現在，多くの教科書がこの同値類を右剰余類と呼んでいる．同値類が Hg と書けるので右に剰余が出て来ていると誤解しているようだが，実際の意味は群 G へ H が左から作用し，この作用によって G は互いに共通部分を持たない Hg の形の部分集合の和集合に分解できる．これが左剰余類と呼ばれる理由である．群論の教科書，鈴木道夫著『群論』上，岩波書店, p.18 を参照のこと．

て $|A|$ は A の個数を意味する．ただし，A が無限集合の場合は $|A|$ は無限大であると定義する．以下，有限群 G を考察するので，指数は常に有限である．また，G が有限群であれば

$$[G:H]=\frac{|G|}{|H|} \tag{1.19}$$

が成立する．

H が群 G の正規部分群であれば，任意の $g\in G$ に対して $gHg^{-1}=H$ であるので $gH=Hg$ が成り立つ．これは g が属する右剰余類と左剰余類が一致することを意味する．この事実を使って剰余類の全体 G/H に積を

$$g_1H\cdot g_2H=(g_1g_2)H$$

と定義することによって群の構造を導入することができる※5．単位元の属する剰余類 H が単位元であり，gH の逆元は $g^{-1}H$ であ

※5 この定義が剰余類の代表元の取り方によらないことは次のようにして分かる．$g_1'H=g_1H, g_2'H=g_2H$ とすると $g_1'=g_1h_1$ となる $h_1\in H$ が存在する．$Hg_2'=g_2'H=g_2H$ より $h_1g_2'=g_2h_2$ を満たす $h_2\in H$ が存在する．すると $g_1'g_2'=g_1h_1g_2'=g_1g_2h_2$ が成り立ち，$g_1'g_2'H=g_1g_2H$ が成り立つことが分かる．

このとき自然な写像 $\varphi:G\longrightarrow gH\in G/H$ は全射であり $\varphi(g_1g_2)=\varphi(g_1)\varphi(g_2)$ を満たす．一般に群 G_1 から群 G_2 への写像 $\varphi:G_1\longrightarrow G_2$ が $\varphi(g_1g_2)=\varphi(g_1)\varphi(g_2)$ を満たすとき群の**準同型写像**と呼ばれる．群の準同型写像 $\varphi:G_1\longrightarrow G_2$ に対して $\mathrm{Ker}\,\varphi=\{h\in G_1|\varphi(h)=G_2\text{の単位元}\}$ を準同型写像の核という．$\mathrm{Ker}\,\varphi$ は G_1 の正規部分群である．群の準同型写像 φ が単射であることと，$\mathrm{Ker}\,\varphi=\{e\}$ であることとは同値である．φ が単射のとき φ を単射**同型写像**という．$\varphi:G_1\longrightarrow G_2$ が単射同型写像でありかつ全射であるとき，群 G_1 と G_2 は**同型**であるという．準同型写像 $\varphi:G_1\longrightarrow G_2$ の像 $\mathrm{im}\,\varphi$ は $\mathrm{im}\,\varphi=\{\varphi(g)|g\in G_1\}$ で与えられ G_2 の部分群であり，$G_1/\mathrm{Ker}\,\varphi$ と群として同型である．

る．このとき G/H を H による**剰余群**という．

補題1.5.2

n 次交代群 A_n は n 次対称群 S_n の正規部分群である．より一般に指数 2 の部分群は正規部分群である．

■ **証明** $[G:H] = 2$ と仮定する．H, gH を二つの右剰余類，H と Hg' は二つの右剰余類とする．群 G は共通部分を持たない H と gH の和集合であり，また共通分を持たない H と Hg' の和集合でもある．従って $gH = Hg'$ が成り立つ．そこで $g_1 \in gH = Hg'$ を任意に選ぶと $g_1 H = gH = Hg' = Hg_1$ が成り立ち，$g_1 H g_1^{-1} = H$ が成立する．H の元 h に対しては $hHh^{-1} = H$ が成り立つので H は G の正規部分群である． ［**証明終**］

■ **例1.5.3** 4 次対称群 S_4 を考える．4 次交代群 A_4 は前に述べたように

$$A_4 = \{e, (123), (132), (124), (142), (134), (143),$$
$$(234), (243), (12)(34), (13)(24), (14)(23)\}$$

である．A_4 の部分群 V_4 を

$$V_4 = \{e, (12)(34), (13)(24), (14)(23)\}$$

と定義すると V_4 はアーベル群[※6]であり，かつ A_4 の正規部分群である．また，S_4 の正規部分群でもある．任意の互換 (ab)，

[※6] 群 G の任意の元 g_1, g_2 に対して $g_1 g_2 = g_2 g_1$ が成り立つとき G を**アーベル群**または**可換群**という．

$1 \leqq a, b \leqq 4$ に対して, $(ab) V_4 (ab) = V_4$ が成り立つからである. V_4 の部分群 Σ_2 を

$$\Sigma_2 = \{ e, (12)(34) \}$$

と定義すると, これはアーベル群 V_4 の部分群であるので V_4 の正規部分群である. しかし A_4 の正規部分群ではない.

$$\Sigma_2' = \{ e, (14)(23) \}$$

は Σ_2 の共役部分群である. このようにして正規部分群の列

$$S_4 \triangleright A_4 \triangleright V_4 \triangleright \Sigma_2 \triangleright \{e\}$$

ができる. こうした正規部分群の列を一般に**正規鎖**と呼ぶ. 正規鎖に応じて剰余群の列を考えることができる. S_4/A_4 は 2 次の巡回群, A_4/V_4 は位数 3 の群であるので 3 次巡回群である[7]. $V_4/\Sigma_2, \Sigma_2$ は共に 2 次巡回群である.

$$S_4 \triangleright A_4 \triangleright V_4 \triangleright \Sigma_2' \triangleright \{e\}$$

も正規鎖であり, 同じ剰余群の列を持っている.

 S_4 や A_4 のように 剰余群がアーベル群となる正規鎖を持つ群を**可解群**と呼ぶ. 3 次対称群 S_3 も可解群である. 正規鎖

$$S_3 \triangleright A_3 \triangleright \{e\}$$

を持ち, 3 次交代群 A_3 は 3 次巡回群であるからである. アーベ

---

[7] $G = \{e, g_1, g_2\}$ とすると $g_1 g_2 \in G$ より $g_1 g_2$ は G の元のどれかと一致するが, もし $g_1 g_2 = g_1$ とすると $g_2 = e$ となり仮定に反する. また $g_1 g_2 = g_2$ であれば $g_1 = e$ となり, 再び仮定に反する. 従って $g_1 g_2 = e$ でなければならない. 次に $g_1^2 \in G$ であるが, もし $g_1^2 = e$ であれば $g_1 g_2 = g_1^2$ となって $g_1 = g_2$ となり仮定に反する. $g_1^2 = g_1$ であれば $g_1 = e$ となって仮定に反する. 従って $g_1^2 = g_2$ であり, $g_1^3 = g_1 g_1^2 = g_1 g_2 = e$ となり G は 3 次巡回群であることが分かる. 一般に $G = \{e, g, g^2, \cdots, g^{m-1}\}$ かつ $g^m = e$ となる群を m 次**巡回群**という.

ル群は可解群であるが，もちろん逆は成り立たない．可解群の対
極にある群が単純群である．

> **定義 1.5.4**　群 G が正規部分群としては G と単位群 $\{e\}$ しか
> 持たないときに G を**単純群**と呼ぶ．

　5次以上の交代群 A_5 は単純群である．このことは後に証明す
る．この事実が5次以上の一般の代数方程式が代数的に解けない
ことを意味することも後に述べる．

1.6　4次方程式の3次分解式

　4次方程式 (1.14) を解くためには3次方程式 (1.16) を解く必
要があった．この3次方程式 (1.16) は4次方程式 (1.14) の3次
分解方程式と呼ばれる．

　実は4次方程式 (1.14) を解くためにに必要な3次分解方程式
は他にもある．そのことに関連して3次分解方程式と4次対称群
の部分群との関係から見ておこう．

　3次分解方程式 (1.16) の根の一つを λ_1 として，上で示したよ
うに (1.14) の根を x_1, x_2, x_3, x_4 を

$$x_1x_2 + x_3x_4 = \lambda_1 \tag{1.19}$$

が成り立つように番号をつける．このとき4次交代群 A_4 の正規
部分群 V_4 の作用で (1.19) は不変である．さらに互換 $(12), (34)$
でも不変である．そこで

$$\Sigma_8' = \{e, (12), (34), (12)(34), (12)(24),$$
$$(14)(23), (1324), (1423)\}$$

とおくと，これは位数 8 の S_4 の部分群であるが，正規部分群ではない．Σ_8' の位数が 8 であるので，Σ_8' に関する異なる右剰余類は Σ_8', $(13)\Sigma_8'$, $(23)\Sigma_8'$ の 3 個である．右剰余類 $(13)\Sigma_8'$ の各元を $x_1x_2+x_3x_4$ に作用させたものは $x_1x_4+x_2x_3$ であり，右剰余類 $(23)\Sigma_8'$ の各元を $x_1x_2+x_3x_4$ に作用させたものは $x_1x_3+x_2x_4$ である．また，$x_1x_4+x_2x_3$ を不変にする S_4 の部分群は $(13)\Sigma_8'(13)$, $x_1x_3+x_2x_4$ を不変にする S_4 の部分群は $(23)\Sigma_8'(23)$ であることも，構成法から分かる．また，$x_1x_2+x_3x_4$, $x_1x_4+x_2x_3$ のすべてを動かさない 4 次置換の全体は V_4 であることも容易に分かる．このようにして 3 次方程式 (1.16) の根と S_4 の位数 8 の部分群との対応が分かった．また，これらの根を動かさない 4 次置換の全体は V_4 である．

　ところで，x_1, x_2, x_3, x_4 の多項式 $\theta(x_1, x_2, x_3, x_4)$ に対して 4 次の置換 σ の作用を，以前と同様に

$$\sigma(\theta)(x_1, x_2, x_3, x_4) = \theta(x_{\sigma(1)}, x_{\sigma(2)}, x_{\sigma(3)}, x_{\sigma(4)})$$

と定義する．θ を不変にする 4 次置換の全体は S_4 の部分群となる．それを H_θ と記そう．$H_\theta = \Sigma_8'$ となる多項式 θ は上の $x_1x_2+x_3x_4$ 以外にもある．例えば $(x_1+x_2)(x_3+x_4)$ や $\{(x_1+x_2)-(x_3+x_4)\}^2$ である．実はこれらの多項式を使っても 4 次方程式を解くことができる．そのことを簡単に見ておこう．

　まず，$\{(x_1+x_2)-(x_3+x_4)\}^2$ を考える．そこで，1 次式を考え

$$u_1 = (x_1+x_2)-(x_3+x_4)$$
$$u_2 = (x_1+x_3)-(x_2+x_4)$$
$$u_3 = (x_1+x_4)-(x_2+x_3)$$

とおく．4 次置換を u_1 に作用させると $\pm u_1, \pm u_2, \pm u_3$ が現れる．また u_1^2 は Σ_8' の各元の作用で不変，u_2^2 は $(23)\Sigma'(23)$ の各元の作

用で不変，u_3^2 は $(13)\Sigma'(13)$ の各元の作用で不変である．従って u_1^2, u_2^2, u_3^2 の基本対称式はすべての4次置換で不変となり，4次方程式 (1.14) の係数を使って表すことができる．そのことを見てみよう．

$$u_1^2 + u_2^2 + u_3^2 = 3\sum_{j=1}^{4} x_j^2 - 2\sum_{i<j} x_i x_j$$
$$= 3\left(\sum_{j=1}^{4} x_j\right)^2 - 8\sum_{i<j} x_i x_j$$
$$= -8p$$

が成り立つ．同様にして

$$u_1^2 u_2^2 + u_2^2 u_3^2 + u_3^2 u_1^2$$
$$= \sum_{j=1}^{3} x_j^4 - 4\sum_{i<j}(x_i^3 x_j + x_i x_j^3) + 2\sum_{i<j} x_i^2 x_j^2$$
$$\quad + 4\sum_{i<j<k}(x_i^2 x_j x_k + x_i x_j^2 x_k + x_i x_j x_k^2) - 24 x_1 x_2 x_3 x_4$$
$$= 16p^2 - 64r$$

を得る．さらに

$$u_1 u_2 u_3 = \sum_{j=1}^{3} x_j^3 - \sum_{i<j}(x_i^2 x_j + x_i x_j^2) + 2\sum_{i<j<k} x_i x_j x_k$$
$$= -8q$$

を得る．これより $u_j^2, j=1,2,3$ は3次方程式

$$u^3 + 8pu^2 + (16p^2 - 64r)u + 8q = 0 \qquad (1.21)$$

の根であることが分かる．この根を t_1, t_2, t_3 とおくと $u_j = \pm\sqrt{t_j}$ であるが，$u_j = \sqrt{t_j}$ とおいて，$u_1 u_2 u_3 = -8q$ が成立するように平方根を定める．このとき $x_1 + x_2 + x_3 + x_4 = 0$ を使うと

$$\sqrt{t_1} = 2(x_1 + x_2)$$
$$\sqrt{t_2} = 2(x_1 + x_3)$$
$$\sqrt{t_3} = 2(x_1 + x_4)$$

と書き直すことができ

$$x_1 = \frac{1}{4}(\sqrt{t_1} + \sqrt{t_2} + \sqrt{t_3})$$
$$x_2 = \frac{1}{4}(\sqrt{t_1} - \sqrt{t_2} - \sqrt{t_3})$$
$$x_3 = \frac{1}{4}(-\sqrt{t_1} + \sqrt{t_2} - \sqrt{t_3})$$
$$x_4 = \frac{1}{4}(-\sqrt{t_1} - \sqrt{t_2} + \sqrt{t_3})$$

と根を求めることができる．なお，これまでの議論は $x_1 + x_2 + x_3 + x_4 = 0$ と仮定する必要はなく，x^3 の係数が０でない４次方程式にも適用することができる．もちろん，その場合，３次方程式 (1.21) の係数は複雑になるが，これらの係数はもとの４次方程式の係数を使って書くことができる．上記の u_1, u_2, u_3 が４次方程式の場合の**ラグランジュの分解式**である．

類似の議論は $(x_1 + x_2)(x_3 + x_4)$ に対しても適用できる．$(x_1 + x_2)(x_3 + x_4)$ に Σ_8' に関する３個の異なる右剰余類作用させてできる多項式を

$$\theta_1 = (x_1 + x_2)(x_3 + x_4)$$
$$\theta_2 = (x_1 + x_4)(x_2 + x_3)$$
$$\theta_3 = (x_1 + x_3)(x_2 + x_4)$$

と記そう．さらにここで，x_1, x_2, x_3, x_4 は方程式 (1.14) の根であるとしよう．$\theta_1, \theta_2, \theta_3$ の基本対称式は，すべての４次の置換で不変となるので，方程式 (1.14) の係数を使って表示することができる．具体的に計算してみると

$$b_1 = \theta_1 + \theta_2 + \theta_3 = 2\sum_{i<j} x_i x_j = 2p$$

$$b_3 = \sum_{i<j} \theta_i \theta_j$$

$$= \sum_{i<j} x_i^2 x_j^2 + 3\sum_{i<j<k} (x_i^2 x_j x_k + x_i x_j^2 x_k + x_i x_j x_k^2) + 6x_1 x_2 x_3 x_4$$

$$= p^2 - 4r$$

を得る．さらに複雑な計算になるが

$$b_3 = \theta_1 \theta_2 \theta_3 = -q^2$$

であることも示される．従って θ_j は

$$t^3 - 2pt^2 + (p^2 - 4r)t + q^2 = 0 \tag{1.22}$$

の根であることが分かる．

さて $x_1 + x_2 + x_3 + x_4 = 0$ であるので

$$\theta_1 = -(x_1 + x_2)^2 = -(x_3 + x_4)^2$$

が成り立つ．従って

$$x_1 + x_2 = \sqrt{-\theta_1}\,,\; x_3 + x_4 = -\sqrt{-\theta_1}$$

と仮定してよい．同様に

$$x_1 + x_3 = \sqrt{-\theta_2}\,,\; x_2 + x_4 = -\sqrt{-\theta_2}$$
$$x_1 + x_4 = \sqrt{-\theta_3}\,,\; x_2 + x_3 = -\sqrt{\theta_3}$$

と仮定することができる．ただし，$\sqrt{-\theta_j}$ は

$$\sqrt{-\theta_1}\,\sqrt{-\theta_2}\,\sqrt{-\theta_3}$$
$$= (x_1 + x_2)(x_1 + x_3)(x_1 + x_4)$$
$$= x_1^3 + x_1^2(x_2 + x_3 + x_4) + x_1 x_2 x_3 + x_1 x_2 x_4 + x_1 x_3 x_4 + x_2 x_3 x_4$$
$$= x_1^2(x_1 + x_2 + x_3 + x_4) + \sum_{i<j<k} x_i x_j x_k$$
$$= -q$$

が成り立つように平方根をとる必要がある．このように平方根をとっておけば，以上の結果から

$$x_1 = \frac{1}{2}(\sqrt{-\theta_1} + \sqrt{-\theta_2} + \sqrt{-\theta_3})$$

$$x_2 = \frac{1}{2}(\sqrt{-\theta_1} - \sqrt{-\theta_2} - \sqrt{-\theta_3})$$

$$x_3 = \frac{1}{2}(-\sqrt{-\theta_1} + \sqrt{-\theta_2} - \sqrt{-\theta_3})$$

$$x_4 = \frac{1}{2}(-\sqrt{-\theta_1} - \sqrt{-\theta_2} + \sqrt{-\theta_3})$$

であることが分かる.

　以上の議論によって4次方程式を解くためには3次分解方程式を解けばよいことが分かった. さらに, 4次対称群の部分群との対応をある程度分かったが, Σ'_8 で不変な $x_j, j = 1, \cdots, 4$ の多項式は複数あることも分かり, 部分群との対応は今ひとつしっくりしない.

　次章は体論を使って, 3次分解方程式と部分群との対応を調べ, 3次分解方程式が複数個出てくる理由を調べてみよう.

第2章

**体論から見た
3次・4次方程式の解法**

■ 体論から見た3次・4次方程式の解法

この節では，体論を使って3次・4次方程式の解法を考察する．方程式の根の置換が重要な働きをすることが，次第に明らかになってくる．

2.1　体論からの準備Ⅰ

体とは四則演算ができる数の体系であるが，正確には次のように定義する．

定義 2.1.1

集合 K に足し算 $+$ と掛け算 $\cdot$ が定義され，次の条件を満たすときに体（より正確には**可換体**）という．

(1) K は足し算に関してアーベル群になっている．すなわち

(A1) K の任意の元 α, β に対して $\alpha + \beta = \beta + \alpha$.

(A2) K の任意の元 α, β, γ に対して $\alpha + (\beta + \gamma) = (\alpha + \beta) + \gamma$.

(A3) K の任意の元 α に対して $\alpha + 0 = 0 + \alpha$ となる K の元 0 が存在する．（0 を K の零元あるいは零と呼ぶ．）

(A4) K の任意の元 α に対して $\alpha + \beta = 0$ となる K の元 β が存在する．（β を $-\alpha$ と記す．）

が成り立つ.

(2) K での掛け算は可換であり，零以外の元は掛け算に関して群になっている. すなわち

(M1) K の任意の元 α, β に対して $\alpha \cdot \beta = \beta \cdot \alpha$.

(M2) K の任意の元 α, β, γ に対して $\alpha \cdot (\beta \cdot \gamma) = (\alpha \cdot \beta) \cdot \gamma$.

(M3) K の任意の元 α に対して $\alpha \cdot 1 = \alpha$ をなる K の元 1 が存在する. (1 を K の単位元と呼ぶ.)

(M4) K の任意の元 $\alpha \neq 0$ に対して $\alpha \cdot \gamma = 1$ となる K の元 γ が存在する. (γ を α^{-1} と記し α の逆元という.)

が成り立つ.

(3) 足し算と掛け算に関して分配法則が成り立つ. すなわち

(D) K の任意の元 α, β, γ に対して $\alpha \cdot (\beta + \gamma) = \alpha \cdot \beta + \alpha \cdot \gamma$

が成り立つ.

が成り立つ.

　体 K の部分集合 F が K の足し算と掛け算に関して体になっているときに F を K の**部分体**という. また，F が K の部分体であるときに体 F を中心に考えるときは K を F の**拡大体**といい K/F と記す.

　条件 (M4) は割り算が出来ることを保証する条件である. 条件 (M4) を課さない代数系は単位元を持つ可換環と呼ばれる. 体の定義は仰々しく見えるが，実際には有理数の全体（有理数体）$\mathbb{Q}$ や実数の全体（実数体）$\mathbb{R}$ や複素数の全体（複素数体）$\mathbb{C}$ の持っている一番大事な性質を抜き出したものである. 体の例はたくさん見出すことができるが，本稿では主として複素数体 $\mathbb{C}$ の部分体を考えることにする.

■ **例 2.1.2** 有理数に $\sqrt{2}$ をつけ加えてできる集合

$$\mathbb{Q}(\sqrt{2}) = \{a + b\sqrt{2} \mid a, b \in \mathbb{Q}\}$$

は体である。上の (A1) から (A4) の性質を満たすことは簡単に分かる。(M1) から (M3) と (D) も簡単に分かる。(M4) だけが問題であるが、$\alpha = a + b\sqrt{2} \neq 0$ のとき

$$\frac{1}{a + b\sqrt{2}} = \frac{a - b\sqrt{2}}{(a + b\sqrt{2})(a - b\sqrt{2})} = \frac{a - b\sqrt{2}}{a^2 - 2b^2}$$

となり、$1/(a + b\sqrt{2})$ も $\mathbb{Q}(\sqrt{2})$ に含まれることが分かる。これを α の逆元とすればよい。

一般に $\mathbb{C}$ の部分体 K と数 $\alpha \in \mathbb{C}$ に対して α と K を含む $\mathbb{C}$ の最小の部分体を $K(\alpha)$ と記し、K に α を付け加えて（数学用語では**付加**した、または**添加**したと言う）できる体という。$\alpha \in K$ であれば $K(\alpha) = K$ であるが、$\alpha \notin K$ のときは $K(\alpha)$ は K を係数とする α の有理式からできる数全体と一致する。K に $\alpha_1, \alpha_2, \cdots, \alpha_n$ を付け加えてできる体 $K(\alpha_1, \alpha_2, \cdots, \alpha_n)$ も同様に定義することができる。

■ **例 2.1.3** $x^n - a, a \in \mathbb{Q}$ が $\mathbb{Q}[x]$ で既約（有理数係数の多項式の積に因数分解できない）と仮定する。このとき $\alpha = \sqrt[n]{a}$ とおくと

$$\mathbb{Q}(\alpha) = \{a_0 + a_1\alpha + a_2\alpha^2 + \cdots + a_{n-1}\alpha^{n-1} \mid a_i \in \mathbb{Q}\}$$

が成り立つ。

$$\gamma = a_0 + a_1\alpha + a_2\alpha^2 + \cdots + a_{n-1}\alpha^{n-1}$$
$$\delta = b_0 + b_1\alpha + b_2\alpha^2 + \cdots + b_{n-1}\alpha^{n-1}$$

とおくと $\gamma + \delta \in \mathbb{Q}(\alpha)$ はすぐ分かる。また $\alpha^n = a \in \mathbb{Q}$ を使うと $\gamma \cdot \delta \in \mathbb{Q}(\alpha)$ も分かる。$\gamma \neq 0$ のとき $1/\gamma \in \mathbb{Q}(\alpha)$ を示すためには次の補題が必要である。

補題 2.1.4

　体 K を係数とする多項式 $f(x),\, g(x)$ が共通因子を持たないとすると

$$A(x)f(x)+B(x)g(x)=1$$

となる K 係数の多項式 $A(x), B(x)$ が存在する.

　この補題を $f(x)=x^n-a$ と $g(x)=a_0+a_1x+\cdots+a_{n-1}x^{n-1}$ に適用する. $f(x)$ は既約多項式であるので, $f(x)$ と $g(x)$ が共通因子を持てば $g(x)$ が $f(x)$ を因子と持つことを意味するが, $g(x)$ の次数が $f(x)$ の次数より小さいので これは不可能である. 従って, $f(x)$ と $g(x)$ は補題の仮定を満たしており

$$A(x)f(x)+B(x)g(x)=1$$

となる $\mathbb{Q}$ 係数の多項式 $A(x), B(x)$ が存在する. この等式に $x=\alpha$ を 代入すると

$$B(\alpha)g(\alpha)=1$$

が成り立つ. $\beta=B(\alpha)$ とおくと $\beta\in\mathbb{Q}(\alpha)$ であり, $\beta\cdot\gamma=1$ が成り立つ. すなわち $1/\gamma=\beta\in\mathbb{Q}(\alpha)$ が成り立つ. 同様に任意の体 K に対して $x^n-a,\, a\in K$ が K 上既約であれば, この方程式の根の一つを $\alpha=\sqrt[n]{a}$ と記すことにすると $K(\sqrt[n]{a})$ は

$$K(\sqrt[n]{a})=\{a_0+a_1\alpha+a_2\alpha^2+\cdots+a_{n-1}\alpha^{n-1}\mid a_i\in K\}$$

と書くことができる.

■ 補題 2.1.4 の証明

　この補題を任意の体 K に対して証明しよう. 互除法を使えば証明できるが, ここではイデアルの考え方を使った証明を紹介する.

x を変数とし K 係数の 1 変数多項式の全体を $K[x]$ と記すと，$K[x]$ は通常の和と積によって可換環の構造を持っている．

$$I = \{a(x)f(x) + b(x)g(x) \mid a(x), b(x) \in K[x]\}$$

とおく．これは $f(x)$ と $g(x)$ から生成される $K[x]$ の**イデアル**と呼ばれ，$(f(x), g(x))$ と書かれることもある．イデアル I の性質は（それは定義でもあるが）

(1) $F(x), G(x) \in I$ であれば $f(x) \pm g(x) \in I$

(2) $F(x) \in I$ であれば任意の多項式 $h(x) \in K[x]$ に対して $h(x)F(x) \in I$

そこでイデアル I に含まれる 0 でない多項式で次数が最低のものを $H(x)$ とする．すると $H(x)$ は $f(x)$ と $g(x)$ の共通因子である．なぜならば $f(x)$ を $H(x)$ で割りその余りを $r(x)$ とすると

$$f(x) = p(x)H(x) + r(x), \deg r(x) < \deg H(x)$$

が成り立つ．ところが $H(x) \in I$ とイデアルの性質 (2) より $p(x)H(x) \in I$ となり性質 (1) より $r(x) = f(x) - p(x)H(x) \in I$ である．ところで $\deg r(x) < \deg H(x)$ であるが，$H(x)$ はイデアル I に含まれる 0 でない多項式のうちで次数が最低のものであった．$r(x)$ の次数は $H(x)$ の次数より低く，かつイデアル I に含まれるので $r(x) = 0$ でなければならないことが分かる．すなわち $f(x)$ は $H(x)$ で割りきれる．同様の議論によって $g(x)$ も $H(x)$ で割り切れることが分かる．したがって $H(x)$ は $h(x)$ と $g(x)$ の共通因子であるが，仮定により $f(x)$ と $g(x)$ は共通因子を持たない．これは $H(x)$ が定数であることを意味する．仮定より $H(x) \neq 0$ である．$H(x)$ を定数倍してもイデアルの性質 (2) によ

ってイデアルに含まれるので $H(x)=1$ と仮定してもよい．すなわち $1\in I$ である．イデアル I の定義よりこれは

$$A(x)f(x)+B(x)g(x)=1$$

となる $A(x),B(x)\in K[x]$ が存在することを意味する．［**証明終**］

　この補題を使うと例 2.3 と同様にして次の補題を証明することができる．

補題 2.1.5

　$f(X)$ を体 K 係数の n 次既約多項式とし，α はその根とする．このとき

$$K(\alpha)=\{a_0+a_1\alpha+a_2\alpha^2+\cdots+a_{n-1}\alpha^{n-1}\mid a_j\in K\}$$

が成り立つ．

定義 2.1.6　体 K_1 から K_2 への写像 $\varphi:K_1\to K_2$ は次の条件を満たすとき体の**準同型写像**という．K_1 の任意の元 α,β に対して
(1) $\varphi(\alpha+\beta)=\varphi(\alpha)+\varphi(\beta)$,
(2) $\varphi(\alpha\beta)=\varphi(\alpha)\varphi(\beta)$
が成立する．

補題 2.1.7

　体 K_1 から体 K_2 への写像 φ が体の準同型写像であれば φ は単射である（すなわち $\alpha\neq\beta$ であれば $\varphi(\alpha)\neq\varphi(\beta)$ である）か零写像（すなわち，すべての $\alpha\in K_1$ に対して $\varphi(\alpha)=0$）であるかのいずれかである．

■ **証明** 以下簡単のため K_1, K_2 の零元，単位元はともに $0, 1$ と記す．$0+0=0$ より $\varphi(0)=\varphi(0+0)=\varphi(0)+\varphi(0)$ がなりたち両辺より $\varphi(0)$ を引くことによって $\varphi(0)=0$ となる．

また $\varphi(1)=\varphi(1\cdot 1)=\varphi(1)^2$ より $\varphi(1)(\varphi(1)-1)=0$ が成り立つので $\varphi(1)=0$ または $\varphi(1)=1$ が成り立つ．$\varphi(1)=0$ であれば K_1 の任意の元 α に対して

$$\varphi(\alpha)=\varphi(\alpha\cdot 1)=\varphi(\alpha)\varphi(1)=0$$

となり φ は零写像である．従って $\varphi: K_1 \to K_2$ が零写像でなければ $\varphi(1)=1$ である．このとき $\alpha \neq 0$ に対して $1=\varphi(1)=\varphi(\alpha\cdot\alpha^{-1})=\varphi(\alpha)\varphi(\alpha^{-1})$ より $\varphi(\alpha)\neq 0$ かつ $\varphi(\alpha^{-1})=\varphi(\alpha)^{-1}$ が成り立つ．このことから $\varphi(\alpha)=0$ であれば $\alpha=0$ であることも分かる．

さて，$\varphi(\alpha)=1$ とすると $\varphi(1)=1$ より

$$0=\varphi(\alpha)-\varphi(1)=\varphi(\alpha-1)$$

が成り立ち，$\alpha-1=0$ より $\alpha=1$ が成り立つ．また，$\varphi(\alpha)=\varphi(\beta)$ と仮定すると

$$0=\varphi(\alpha)-\varphi(\beta)=\varphi(\alpha-\beta)$$

より $\alpha-\beta=0$ となり $\alpha=\beta$ が成り立ち，φ は単射である．

[証明終]

零写像でない体の準同型写像は体の**同型写像**であることを上の補題は示している．

定義 2.1.8　体 L とその部分体 K が与えられたときに体 K 上の L の**自己同型群** $\mathrm{Aut}_K(L)$ を

$$\mathrm{Aut}_K(L) = \{\varphi : L \to L \mid \varphi \text{は全射同型写像} \ \varphi|_K = id\}$$

と定義する[※1]．群の乗法は写像の合成で定義する．

写像の合成によって $\mathrm{Aut}_K(L)$ が群になることは簡単に示すことができる．

補題 2.1.9 ━━━━━━━━━━━━━━━━━━━━━━━━━━━

有理数体 $\mathbb{Q}$ から自分自身への同型写像は恒等写像しか存在しない．

━━━━━━━━━━━━━━━━━━━━━━━━━━━━━━━━━━━━━━

■ **証明**　$\varphi : \mathbb{Q} \to \mathbb{Q}$ が同型写像とすると上で示した様に $\varphi(1) = 1,\ \varphi(0) = 0$ が成り立つ．これより自然数 m に対して

$$\varphi(m) = \varphi(\underbrace{1+1+\cdots+1}_{m}) = \underbrace{\varphi(1)+\varphi(1)+\cdots+\varphi(1)}_{m} = m$$

が成り立つ．また

$$0 = \varphi(0) = \varphi(m+(-m)) = \varphi(m)+\varphi(-m)$$

より $\varphi(-m) = -\varphi(m) = -m$ が成り立つ．さらに

$$1 = \varphi(1) = \varphi\left(m \cdot \frac{1}{m}\right) = m\varphi\left(\frac{1}{m}\right)$$

より

───────────────────────

[※1] 写像 $f : K_1 \to K_2$ が全射であるというのは上への写像，すなわち任意の $\beta \in K_2$ に対して $f(\alpha) = \beta$ となる $\alpha \in K_1$ が必ず存在することを意味する．

$$\varphi\left(\frac{1}{m}\right)=\frac{1}{\varphi(m)}=\frac{1}{m}$$

が成り立つ. 従って任意の整数 $p, q \neq 0$ に対して

$$\varphi\left(\frac{p}{q}\right)=\varphi(p)\varphi\left(\frac{1}{q}\right)=\frac{p}{q}$$

が成り立ち, φ は恒等写像である. 　　　　　　[証明終]

■ **例 2.1.10** $x_1, x_2, \cdots, x_n$ は $\mathbb{Q}$ 上代数的に独立な数とする[※2].

$$(x-x_1)(x-x_2)\cdots(x-x_n)=x^n+a_1x^{n-1}+\cdots+a_{n-1}x+a_n$$

$$(2.1)$$

と記して $K=\mathbb{Q}(a_1, a_2, \cdots, a_n), L=\mathbb{Q}(x_1, x_2, \cdots, x_n)$ とおくと K は L の部分体である. L の元は有理数係数の $x_1, \cdots, x_n$ の有理函数である. 置換 $\sigma \in S_n$ に対して

$$\sigma(a)=a, a\in\mathbb{Q},$$
$$\sigma f(x_1, x_2, \cdots, x_n)=f(x_{\sigma(1)}, x_{\sigma(2)}, \cdots, x_{\sigma(n)})$$

と定義すると $\sigma:L\to L$ は全射同型写像である. 体の同型写像であることは

$$\sigma(f+g)=\sigma f+\sigma g, \sigma(fg)=(\sigma f)(\sigma g)$$

から分かり, 全射であることも

$$\sigma f(x_{\sigma^{-1}(1)}, x_{\sigma^{-1}(2)}, \cdots, x_{\sigma^{-1}(n)})=f(x_1, x_2, \cdots, x_n)$$

より直ちに分かる. また $\sigma(a_j)=a_j$ であるので σ を K に制限したものは恒等写像である. 従って $S_n \subset \mathrm{Aut}_K(L)$ であることが分

[※2] すなわち $F(x_1, x_2, \cdots, x_n)=0$ が成り立つ $\mathbb{Q}$ 係数の多項式は $F=0$ 以外存在しないことを意味する.

かる.

　一方 $\psi \in \mathrm{Aut}_K(L)$ に対して $\psi(a_j) = a_j$ であるので
$$(x - \psi(x_1))(x - \psi(x_2)) \cdots (x - \psi(x_n))$$
$$= x^n + a_1 x^{n-1} + a_2 x^{n-2} + \cdots + a_n = 0$$
が成り立ち, $\psi(x_i)$ はこの方程式の根の一つである. ψ は単射であるので $\psi(x_i)$, $i = 1, 2, \cdots, n$ はすべて異なる. 従って $\psi(x_i) = x_{\sigma(i)}$, $i = 1, \cdots, n$ となる $\sigma \in S_n$ が存在する. これは $\sigma^{-1}\psi(x_i) = x_i$, $i = 1, \cdots, n$ を意味し, $\sigma^{-1}\psi = id$, すなわち $\psi = \sigma$ を意味する. これより $S_n = \mathrm{Aut}_K(L)$ であることが分かる. 群構造は S_n の群構造と一致することも簡単に分かる.

　さらに
$$L^{S_n} = \{ f(x) \in L \mid \sigma f = f, \ \forall \sigma \in S_n \}$$
が成り立つことも対称函数が基本対称式を使って表示できることから簡単に示すことができる[※3].

2.2　交代群と判別式

[※3]　$x_1, x_2, \cdots, x_n$ の対称多項式は**基本対称式** s_j, $j = 1, \cdots, n$ の多項式として表すことができる. これは対称式の次数に関する数学的帰納法で示すことができる. ここで基本対称式 s_j は
$$\prod_{j=1}^{n}(x - x_j) = \sum_{j=0}^{n}(-1)^j s_j x^{n-j}, \ s_0 = 1$$
で定義される. 一般の対称有理函数 $P(x) = p(x)/q(x)$ に対しては $r(x) = \prod_{\sigma \in S_n} \sigma q(x)$ とおくと対称多項式になる. そこで $P(x) = s(x)/r(x)$ と書き直すと $P(x)$ と $r(x)$ が対称式であるので $s(x)$ も対称多項式である. 従って $r(x), s(x)$ は基本対称式の多項式として表示できるので $P(x)$ は基本対称式の有理式として表示できる.

3次および4次方程式を論じる前に，一般の方程式の判別式と根の置換としての交代群との関係を見ておこう．

n 次交代群 A_n で不変な $x_1, \cdots, x_n$ の多項式 $P(x)$ は n 次差積

$$\Delta_n(x) = \prod_{1 \le i < j \le n} (x_i - x_j)$$

と $x_1, \cdots, x_n$ の対称式 $A(x), B(x)$ によって

$$P(x) = \Delta_n(x) A(x) + B(x)$$

と表される．

■ **証明** すべての置換は互換の積として表すことができる．また，互換 (ij) は

$$(ij) = (1i)(1j)(1i)$$

と表されるので，すべての置換は $(1j)$ の形の互換の積として表すことができる．さらに $j \ge 3$ であれば

$$(1j) = (12)(2j)(12)$$

が成り立つ．従って $P(x)$ が A_n で不変であれば，$(2j)(12) \in A_n$ より

$$(1j)P(x) = (12)P(x) = P(x_2, x_1, x_3, \cdots, x_n),$$
$$j = 3, 4, \cdots, n$$

が成り立つ．すると

$$R(x) = P(x_1, x_2, x_3, \cdots, x_n) + P(x_2, x_1, x_3, \cdots, x_n)$$

はすべての互換の作用で不変であり，従って n 次対称群の作用で不変である．すなわち対称式である．そこで $H(x) = P(x) - \dfrac{1}{2} R(x)$

とおくと

$$(ij)H(x) = (12)H(x)$$

$$= (12)P(x) - \frac{1}{2}R(x)$$

$$= P(x_2, x_1, x_3, \cdots, x_n) - \frac{1}{2}\{P(x_1, x_2, x_3, \cdots, x_n)$$

$$+ P(x_2, x_1, x_3, \cdots, x_n)\}$$

$$= -H(x)$$

を得る．これより $H(x)$ は $x_i - x_j$ で割りきれることが分かる．何故ならば，x_j に x_i を代入すると

$$H(x_1, \cdots, \overset{j}{x_i}, \cdots, x_i, \cdots, x_n)$$

$$= -H(x_1, \cdots, x_i, \cdots, \overset{j}{x_i}, \cdots, x_n)$$

となり，これは 0 となるからである．従って $H(x)$ は差積 $\Delta_n(x)$ で割りきれる．

$$P(x) - \frac{1}{2}R(x) = H(x) = \Delta_n(x)Q(x).$$

また，

$$(ij)H(x) = -H(x) = -\Delta_n(x)Q(x)$$

$$= (ij)(\Delta_n(x)Q(x)) = -\Delta_n(x) \cdot (ij)Q(x)$$

より $(ij)Q(x) = Q(x)$ となり，$Q(x)$ は S_n の作用で不変であり，従って対称式である．よって対称式 $R(x), Q(x)$ を用いて

$$P(x) = \frac{1}{2}R(x) + \Delta_n(x)Q(x)$$

と書くことができる． ［証明終］

そこで例 2.1.10 の体 $K = \mathbb{Q}(a_1, \cdots, a_n)$，$L = K(x_1, \cdots, x_n)$ を考えよう．a_j は基本対称式 s_j を使うと $a_j = (-)^j s_j$ であるので，

$K = \mathbb{Q}(s_1, s_2, \cdots, s_n)$ でもある．例 2.1.10 では $\mathrm{Aut}_K(L)$ は S_n と同型であることを示し，さらに $K = L^{S_n}$ を示した．

一般に $S_n = \mathrm{Aut}_K(L)$ の部分群 H に対して

$$L^H = \{ f(x) \in L \mid \sigma f = f,\ \forall \sigma \in H \}$$

と定義し，H の**不変体**あるいは**固定体**という．このとき次の定理が成り立つことを実質的に証明したことになる．

■ **定理 2.2.2**

$$L^{A_n} = K(\Delta_n)$$

が成り立つ．

■ **証明**　$L^{S_n} = K$ であり，補題 2.11 より $f(x) \in L^{A_n}$ であれば

$$f(x) = \Delta_n(x) A(x) + B(x), A(x), B(x) \in K$$

と書くことができるので $f(x) \in K(\Delta_n)$ である．一方，$K(\Delta_n) \subset L^{A_n}$ であることは明らか．　　　　　　　　　　[証明終]

ところで，差積 $\Delta_n(x)$ に対して $D = \Delta_n^2$ は対称式である．従って D は式 (2.1) の係数の多項式となっている．D は方程式 (2.1) $= 0$ の**判別式**と呼ばれる．これより

$$L^{A_n} = K(\sqrt{D})$$

と書くことができることが分かる．

2.3　2次方程式

これからの議論の準備として一番簡単な 2 次方程式を考察してお

こう．x_1, x_2 を有理数体 $\mathbb{Q}$ 上代数的に独立な 2 数として，x_1, x_2 を根に持つ 2 次方程式

$$(x-x_1)(x-x_2) = x^2 + a_1 x + a_2 = 0 \qquad (2.2)$$

を考える．このとき差積は $\varDelta_2 = x_1 - x_2$ であり，判別式 D は

$$D = (x_1 - x_2)^2 = (x_1 + x_2)^2 - 4x_1 x_2 = a_1^2 - 4a_2$$

である．例 2.10 で示したように，$K = \mathbb{Q}(a_1, a_2)$，$L = \mathbb{Q}(x_1, x_2)$ とおくと $\mathrm{Aut}_K(L) = S_2$ である．S_2 は 2 次の巡回群で A_2 は単位群である．従って $L^{A_2} = L$ であるが，定理 2.12 より

$$L = L^{A_2} = K(\sqrt{D})$$

であることが分かる．これは x_1, x_2 が $a + b\sqrt{D}$，$a, b \in K$ の形で書けることを意味している．このように，群 $\mathrm{Aut}_K(L)$ を考えることによって，方程式の根の様子をかなりの程度知ることができる．

ところで，2 次方程式 (2.2) の場合 $(x_1 - x_2)^2 = D$ であるので，$x_1 - x_2 = \pm\sqrt{D}$ であるが，必要であれば x_1 と x_2 の添数を取り替えることによって $x_1 - x_2 = \sqrt{D}$ と仮定しても一般性を失わない．従って

$$x_1 - x_2 = \sqrt{D}$$
$$x_1 + x_2 = -a_1$$

が成り立つ．この連立方程式を解くことによって 2 次方程式 (2.2) の根

$$x_1 = \frac{-a_1 + \sqrt{a_1^2 - 4a_2}}{2}, \quad x_2 = \frac{-a_1 - \sqrt{a_1^2 - 4a_2}}{2}$$

を得ることができる．これがラグランジュの分解式の一番簡単な場合と考えることが出来る．後の述べるように L/K は 2 次拡大，従って巡回拡大になっているので，ラグランジュの分解式を使うことができる．

2.4 3次方程式

3次方程式の場合3次対称群 S_3 の構造は S_2 より複雑になる. そのため正規鎖

$$S_3 \triangleright A_3 \triangleright \{e\} \tag{2.3}$$

を使うことが必要になる.

さて x_1, x_2, x_3 を有理数体 $\mathbb{Q}$ 上代数的に独立な3数として, x_j を根に持つ3次方程式

$$(x-x_1)(x-x_2)(x-x_3) = x^3 + a_1 x^2 + a_2 x + a_3 = 0 \tag{2.4}$$

を考える. a_1, a_2, a_3 は x_1, x_2, x_3 の基本対称式かあるいはその符号を変えたものである. このとき, 面倒な計算をする必要があるが

$$D = \Delta_3 (x_1, x_2, x_3)^2 = -4a_2^3 + a_1^2 a_2^2 - 4a_1^3 a_3 + 18a_1 a_2 a_3 - 27a_3^2 \tag{2.5}$$

であることが分かる. $a_1 = 0$ の場合の計算は簡単で, 判別式は

$$D = \Delta_3 = -4a_2^3 - 27a_3^2$$

である. ボンベリ・カルダノの公式では3次方程式が

$$x^3 - px - q = 0$$

の形をしていたので, 判別式は

$$D = 4p^3 - 27q^2$$

であり, 根の公式には $-D/27$ の平方根が使われていた.

ところで, 有理数体 $\mathbb{Q}$ に x_j を添加してできる体 $L = \mathbb{Q}(x_1, x_2, x_3)$ は $\mathbb{Q}$ に3次方程式 (2.4) の係数を付け加えた体 $K = \mathbb{Q}(a_1, a_2, a_3)$ の拡大体である. このとき, 例2.1.10で示したように $\mathrm{Aut}_K (L) = S_3$ である. また, 3次対称群 S_3 の正規鎖 (2.3) で A_3 は3次巡回群である. 定理2.2.2より

$$L^{A_3} = K(\sqrt{D})$$

である．3 次方程式 (2.4) を解くためには，体の拡大 $L/K(\sqrt{D})$ を考える必要がある．実際にはこの拡大は立方根を取ることに対応する．ところが立方根を得るためには 1 の立方根が必要となる．そのために，基礎の体 K を拡大して K および L に 1 の立方根 ρ を付け加えた体 $K_1 = K(\rho)$．$L_1 = L(\rho)$ が必要となる．ここで

$$\rho = \frac{-1 + \sqrt{3}\,i}{2}, \quad \rho^2 + \rho + 1 = 0$$

と取った．そこで拡大 $L_1/K_1(\sqrt{D})$ を考えよう．この拡大に登場するのがラグランジュの分解式である．

$$u = (\rho, x_1) = x_1 + \rho x_2 + \rho^2 x_3$$
$$v = (\rho^2, x_1) = x_1 + \rho^2 x_2 + \rho x_3$$

である．すでに §1.3 で述べたように u^3 と v^3 は A_3 の作用で不変である．従って

$$u^3, v^3 \in L_1^{A_3} = K_1(\sqrt{D})$$

である．根の置換は L のみならず L_1 の体の自己同型を引き起こす．これは直観的には明らかであろうが，厳密には証明する必要がある．証明はさらに詳しい体の理論が必要となるので，後に記したい．

　さて §1.3 で示したように u^3, v^3 は 2 次方程式

$$y^2 - (-2a_1^3 + 9a_1 a_2 - 27a_3)y + (a_1^2 - 3a_2)^3 = 0$$

の根であった．この方程式の判別式は 3 次方程式の判別式 (2.5) を使うと

$$(-2a_1^3 + 9a_1 a_2 - 27a_3)^2 - 4(a_1^2 - 3a_2)^3 = -27D$$

書くことができ，2 次方程式の根は

$$\frac{(-2a_1^3 + 9a_1 a_2 - 27a_3) \pm \sqrt{-27D}}{2}$$

である．従って

$$u^3 = \frac{(-2a_1^3 + 9a_1a_2 - 27a_3) + \sqrt{-27D}}{2},$$

$$v^3 = \frac{(-2a_1^3 + 9a_1a_2 - 27a_3) - \sqrt{-27D}}{2}$$

と仮定しても一般性を失わない．なお $\sqrt{-27} = 3\sqrt{3}\,i$ と考えることができるので，$\sqrt{-27D} \in K_1(\sqrt{D})$ であることに注意する．このようにして u, v は $K_1(\sqrt{D})$ の元の立方根になっており，従って x_j はこれらの立方根を使って §1.3 で記したように具体的に求めることができる．実は体の拡大 $L_1/K_1(\sqrt{D})$ は3次の巡回拡大になっており，これは A_3 が3次巡回群となっていることと関係している．より正確には次の定理が成り立つ．

■ **定理 2.4.1**

$$\mathrm{Aut}_{K_1(\sqrt{D})}(L_1) = A_3$$

が成り立つ．

ラグランジュの分解式が活躍するのは，この定理に基づいている．この事実の証明には体の理論がさらに必要となるので，後に述べることにする．

2.5 4次方程式

3次方程式のときと同様に，今度は x_1, x_2, x_3, x_4 は有理数体上代数的に独立と仮定し4次方程式

$$\prod_{j=1}^{4}(x-x_j)=x^4+a_1x^3+a_2x^2+a_3x+a_4=0 \qquad (2.6)$$

を考える．さらに

$$L=\mathbb{Q}(x_1,x_2,x_3,x_4),\quad K=\mathbb{Q}(a_1,a_2,a_3,a_4)$$

と置こう．このとき，例 2.10 で示したように，$\mathrm{Aut}_K(L)=S_4$ である．さて 4 次対称群 S_4 は次のような正規鎖

$$S_4\triangleright A_4\triangleright V_4\triangleright \varSigma_2\triangleright \{e\}$$

があることは §1.4 例 1.8 で見た．ここで A_4 は 4 次の交代群，V_4 は

$$V_4=\{e,(12)(34),(13)(24),(14)(23)\}$$

で定義される位数 4 のアーベル群である．V_4 は S_4 の正規部分群でもある．しかし

$$\varSigma_2=\{e,(12)(34)\}$$

は V_4 の正規部分群ではあるが，S_4 の正規部分群ではない．S_4 での共役部分群として

$$\varSigma_2'=\{e,(14)(23)\}$$

があり，

$$S_4\triangleright A_4\triangleright V_4\triangleright \varSigma_2'\triangleright \{e\}$$

も正規鎖である．

さて定理 2.12 より

$$L^{A_4}=\mathbb{Q}(\varDelta_4)=\mathbb{Q}(\sqrt{D}\,)$$

が成り立つ．ここで $\varDelta_4$ は 4 次方程式 (2.6) の根の差積であり，$D=\varDelta_4^2$ は判別式である．

次に問題になるのが V_4 の不変体 L^{V_4} である．V_4 で不変である x_1,x_2,x_3,x_4 の多項式としてフェラリの解法で登場した式は

$$\begin{cases} \lambda_1 = x_1 x_2 + x_3 x_4, \\ \lambda_2 = x_1 x_4 + x_2 x_3, \\ \lambda_3 = x_1 x_3 + x_2 x_4, \end{cases} \quad (2.7)$$

であった．簡単な計算から4次交代群 A_4 はこの3式の置換を引き起こすことが分かる．この3式をそれぞれ不変にする置換は V_4 であり，A_4/V_4 は従って3次巡回群と同型であることがこの作用を使って示すことができる．また，$K(\lambda_1, \lambda_2, \lambda_3) \subset L^{V_4}$ であるが，実は両者は一致する．

補題 2.5.2

$$L^{V_4} = K(\Delta_4, \lambda_1, \lambda_2, \lambda_3)$$

が成り立つ．

この事実は λ_j が $K(\Delta_3)$ 係数の3次方程式の根であることから導かれる[4]．

差積 Δ_4 は λ_j を使って表すことができる．

$$(x_1 - x_2)(x_3 - x_4) = \lambda_2 - \lambda_3$$
$$(x_1 - x_3)(x_2 - x_4) = \lambda_1 - \lambda_2$$
$$(x_1 - x_4)(x_2 - x_3) = \lambda_1 - \lambda_3$$

より

$$\Delta_4 = (\lambda_1 - \lambda_2)(\lambda_1 - \lambda_3)(\lambda_2 - \lambda_3)$$

---

[4] 次節で説明する体の拡大次数を比べる．
$[L^{V_4} : L^{A_4}] = [A_4 : V_4] = 3$ であり，λ_j は3次方程式の根であることから $[K(\Delta_4, \lambda_1, \lambda_2, \lambda_3) : K(\Delta)] \geq 3$ である．一方，$K(\Delta_4, \lambda_1, \lambda_2, \lambda_3) \subset L^{V_4}$ であるので，両者は一致する．

が成り立つ．これは，λ_j が満たす3次方程式の判別式と元の4次方程式の判別式が一致することを意味している．

　ところで，今までは x_1, x_2, x_3, x_4 は有理数体上代数的に独立と仮定したが，計算を簡単にするために

$$x_1 + x_2 + x_3 + x_4 = 0 \tag{2.8}$$

が成り立つと仮定し x_1, x_2, x_3, x_4 の内の3つが有理数体上代数的に独立と仮定よう．そうすると4次方程式 (2.6) では $a_1 = 0$ となり，フェラリの解法で使った4次方程式と同じ形になる．そこで記号を合わせて

$$\prod_{j=1}^{4}(x - x_j) = x^4 + px^2 + qx + r = 0$$

と書くことにする．

　このときも，例 2.1.10 の議論を使うことができて（条件式 (2.8) はすべての4次置換で不変であることから導かれる），$\mathrm{Aut}_K(L) = S_4$ であり，定理 2.12 も成り立つことが分かる．そこで λ_j が満たす方程式を求めてみよう．まず

$$\begin{aligned}
\lambda_1 + \lambda_2 + \lambda_3 &= x_1 x_2 + x_3 x_4 + x_1 x_4 + x_2 x_3 + x_1 x_3 + x_2 x_4 \\
&= p
\end{aligned}$$

が成り立つ．

$$\begin{aligned}
&\lambda_1 \lambda_2 + \lambda_2 \lambda_3 + \lambda_3 \lambda_1 \\
&= x_1 x_2 x_3 (x_1 + x_2 + x_3) + x_1 x_2 x_4 (x_1 + x_2 + x_4) \\
&\quad + x_1 x_3 x_4 (x_1 + x_3 + x_4) + x_2 x_3 x_4 (x_2 + x_3 + x_4) \\
&= -4 x_1 x_2 x_3 x_4 = -4r
\end{aligned}$$

が成り立ち，さらに

$$\lambda_1\lambda_2\lambda_3 = x_1 x_2 x_3 x_4\,(x_1^2 + x_2^2 + x_3^2 + x_4^2)$$
$$\qquad + x_1^2 x_2^2 x_3^2 + x_1^2 x_3^2 x_4^2 + x_1^2 x_2^2 x_4^2 + x_2^2 x_3^2 x_4^2$$
$$= (x_1 x_2 x_3 + x_1 x_3 x_4 + x_1 x_2 x_3 + x_2 x_3 x_4)^2$$
$$\qquad - 4 x_1 x_2 x_3 x_4\,(x_1 x_2 + x_1 x_3 + x_1 x_4 + x_2 x_3 + x_2 x_4 + x_3 x_4)$$
$$= q^2 - 4pr$$

が成り立つ. 従って λ_j は 3 次方程式

$$\lambda^3 - p\lambda^2 - 4r\lambda + 4pr - q^2 = 0$$

の根である. この 3 次方程式はフェラリの解法で登場した分解方程式 (1.16) に他ならない.

ところで §1.5 で述べたように V_4 で不変な $x_1, \cdots, x_4$ の多項式は他にもあった.

$$\theta_1 = (x_1 + x_2)(x_3 + x_4)$$
$$\theta_2 = (x_1 + x_4)(x_2 + x_3)$$
$$\theta_3 = (x_1 + x_3)(x_2 + x_4)$$

はその一例であった. $x_1, \cdots, x_4$ が 4 次方程式 (2.9) の根であれば, 上の λ_j を使うと

$$\theta_1 = \lambda_2 + \lambda_3$$
$$\theta_2 = \lambda_1 + \lambda_3$$
$$\theta_3 = \lambda_1 + \lambda_2$$

であり, 逆に

$$\lambda_1 = \frac{1}{2}(-\theta_1 + \theta_2 + \theta_3)$$
$$\lambda_2 = \frac{1}{2}(\theta_1 - \theta_2 + \theta_3)$$
$$\lambda_3 = \frac{1}{2}(\theta_1 + \theta_2 - \theta_3)$$

と書くことができ,

$$K(\Delta_4, \lambda_1, \lambda_2, \lambda_3) = K(\Delta_4, \theta_1, \theta_2, \theta_3)$$

であることが分かる．$K(\Delta_4) = L^{A_4}$ に $\lambda_j, j = 1, 2, 3$ を添加しても $\theta_j, j = 1, 2, 3$ を添加しても同じ体 L^{V_4} が得られる．§1.5 で記したように $\theta_j, j = 1, 2, 3$ は3次方程式

$$t^3 - 2pt^2 + (p^2 - 4r)t + q^2 = 0$$

の根である．従って，この3次方程式を解いても，上の分解方程式を解いても元の4次方程式の解を求めることができることが分かる．従って，上の t の3次方程式も分解方程式と呼ぶことができる．

ところで，3次方程式の場合と異なるのは拡大 L/L^{V_4} が群 V_4 と関係していることである．後に示すように $\mathrm{Aut}_{L^{V_4}}(L) = V_4$ である．群 V_4 は4次巡回群ではなく2次巡回群の直積 $\Sigma_2 \times \Sigma_2'$ である．このことが，ラグランジュの分解式が3次方程式の場合と異なる形になっていることに対応する．また，このことが4根を求めるためには，2つの2次方程式（例えば (1.17), (1.18)，あるいは $y^2 = -\theta_1, y^2 = -\theta_2$）を解く必要があったことに対応している．

ところで，V_4 で不変な $x_1, \cdots, x_4$ として §1.4 ではもう一組考察した．§1.4 で述べたように

$$u_1 = (x_1 + x_2) - (x_3 + x_4)$$
$$u_2 = (x_1 + x_3) - (x_2 + x_4)$$
$$u_3 = (x_1 + x_4) - (x_2 + x_3)$$

へ S_4 を作用させると $\pm u_1, \pm u_2, \pm u_3$ が現れる．これは作用を A_4 に制限しても同じである．また $u_j^2, j = 1, 2, 3$ は V_4 の作用で不変である．さらに

$$u_1^2 = x_1^2 + x_2^2 + x_3^2 + x_4^2 + 2(\lambda_1 - \lambda_2 - \lambda_3)$$
$$\quad\;\; = -2p + 2(\lambda_1 - \lambda_2 - \lambda_3)$$
$$u_2^2 = -2p + 2(-\lambda_1 - \lambda_2 + \lambda_3)$$
$$u_3^2 = -2p + 2(-\lambda_1 + \lambda_2 - \lambda_3)$$

が成り立つ．このことから

$$L^{V_4} = K(\Delta_4, \lambda_1, \lambda_2, \lambda_3) = K(\Delta_4, u_1^2, u_2^3, u_3^2)$$

であることが分かる．

　このように異なる 3 次の分解方程式が登場したのは，拡大 L^{V_4}/L^{A_4} をつくる際に，付加する数の違いによることが分かる．また，今までの議論は，方程式の解法と，体の自己同型群 $\mathrm{Aut}_K(L)$ にどのような正規鎖が存在するかという問との間に深い関係があることを示唆している．これから，この問に答えていくが，そのための準備として，次の簡単な事実に注意しておこう．

　まず，今までの議論から離れて，一般の体の拡大 M/F を考える．F 上の M の自己同型群 $G = \mathrm{Aut}_F(M)$ の部分群 H の固定体（不変体）M^H の定義から次の命題は明らかである．

■ **命題 2.5.3**　$G = \mathrm{Aut}_F(M)$ の部分群 H に対して

$$\mathrm{Aut}_{M^H}(M) = H$$

が成り立つ．

　また，次の事実も成り立つ．

■ **命題 2.5.4**　$G = \mathrm{Aut}_F(M)$ の任意の元 g に対して

$$g(M^H) = M^{gHg^{-1}}$$

が成り立つ．すなわち H の固定体 M^H の $g \in G$ による像は H

の共役群 gHg^{-1} の固定体である.

■ **証明**　$a \in M^H$ に対しては H の任意の元 h に対して
$$h(a) = a$$
が成り立っている. 従って
$$g(a) = gh(a) = ghg^{-1}(g(a))$$
がすべての $h \in H$ に対して成立するので $g(a) \in M^{gHg^{-1}}$ が成り立つ. すなわち
$$g(M^H) \subset M^{gHg^{-1}}$$
が成立する. また, 今証明したことから
$$g^{-1}(M^{gHg^{-1}}) \subset M^{g^{-1}(gHg^{-1})(g^{-1})^{-1}} = M^H$$
が成り立つ. 従って
$$g(M^H) = M^{gHg^{-1}}$$
が成り立つ.　　　　　　　　　　　　　　　　　　　　　　　[証明終]

　この命題から H が $G = \mathrm{Aut}_F(M)$ の正規部分群であれば M の F 上の自己同型写像は M^H を M^H に写すことになり, M^H の自己同型を引き起こす. このとき, 次の重要な事実が成り立つ.

■ **命題 2.5.5**　群 H が $G = \mathrm{Aut}_F(M)$ の正規部分群であれば M^H の F 上の自己同型群 $\mathrm{Aut}_F(M^H)$ は剰余群 G/H と同型な部分群を含んでいる.

■ **証明**　$g_1, g_2 \in G = \mathrm{Aut}_F(M)$ に対して
$$g_1(x) = g_2(x), \ \forall x \in M^H$$

が成立したと仮定する．これは

$$g_2^{-1} g_1 (x) = x, \ \forall x \in M^H$$

を意味するので，$g_2^{-1} g_1 \in H$ である．このことは g_1 と g_2 が H に関する同じ同値類に属することを意味する．従って G/H は L^H の K 上の自己同型を引き起こす．　　　　　　　　**［証明終］**

　ではいつ $\mathrm{Aut}_F (M^H) \cong G/H$ となるか．そのことを調べるために，次は体の拡大次数の概念を導入し，体の自己同型群の位数との関係を調べよう．

2.6　体論からの準備 II　拡大次数

　体 K が体 L の部分体であることを，L は K の拡大体であるといい，今まで同様に L/K と記す．特に L の有限個の元 $\eta_1, \eta_2, \cdots, \eta_m$ によって L の任意の元 ξ が

$$\xi = a_1 \eta_1 + a_2 \eta_2 + \cdots + a_m \eta_m,$$

$$a_1, a_2, \cdots, a_m \in K$$

と書くことができるとき L は K の**有限次拡大体**という．L が K の有限次拡大体のときに，上に出て来た $\eta_1, \eta_2, \cdots, \eta_m$ の個数をできるだけ小さくしたい．すなわち最小の個数で L の元を K を係数とする 1 次式で書き表したい．そのために次の概念を導入する．

> **定義 2.6.1** 　 L が K の拡大体であるとき L の元 $x_1, x_2, \cdots, x_n$ が次の性質を持つとき，K 上 **1 次独立** あるいは **線形独立** であるという．
>
> 　　$a_1, a_2, \cdots, a_n \in K$ によって
> $$a_1 x_1 + a_2 x_2 + \cdots + a_n x_n = 0$$
> 　　が成り立てば
> $$a_1 = a_2 = \cdots = a_n = 0$$
> 　　が成立する．
>
> $x_1, x_2, \cdots, x_n$ が K 上 1 次独立でないときは **1 次従属** あるいは **線形従属** であるという．

■ 例 2.6.2 　 1 の 3 乗根

$$\rho = \frac{-1 + \sqrt{3}\, i}{2}$$

を有理数体に付加してできる体，3 次の円分体 $\mathbb{Q}(\rho)$ を考える．体 $\mathbb{Q}(\rho)$ は

$$\mathbb{Q}(\rho) = \{ a + b\rho \mid a, b \in \mathbb{Q} \}$$

と書くことができる．このとき $1, \rho, \rho^2$ は $\mathbb{Q}$ 上 1 次従属である．何故ならば

$$1 + \rho + \rho^2 = 0$$

が成り立つからである．一方 $1, \rho$ は $\mathbb{Q}$ 上 1 次独立である．

$$a + b\rho = \frac{2a - b + b\sqrt{3}\, i}{2} = 0$$

より

$$2a - b = 0,\ b = 0$$

が成り立ち，$a = 0, b = 0$ となるからである．また，$2\rho, 2\rho^2$ も $\mathbb{Q}$ 上 1 次独立である．

$$2a\rho + 2b\rho^2 = \frac{-2a + 2a\sqrt{3}\,i}{2} + \frac{-2b - 2b\sqrt{3}\,i}{2} = 0$$

より

$$a + b = 0, a - b = 0$$

が成り立ち，$a = 0, b = 0$ が成り立つからである．

定義 2.6.3 有限次拡大 L/K に対して K 上 1 次独立である L の元の個数で最大のものを**拡大の次数**と呼び $[L : K]$ と記す．

■ **定理 2.6.4** 有限次拡大 L/K の拡大の次数が m のとき，K 上 1 次独立な L の m 個の元 $x_1, x_2, \cdots, x_m$ を選ぶと L の任意の元 y は

$$y = a_1 x_1 + a_2 x_2 + \cdots + a_m x_m$$
$$a_1, a_2, \cdots, a_m \in K$$

と一意的に書くことができる．

■ **証明** K 上 1 次独立である L の元の個数の最大値が m であるので，$x_1, x_2, \cdots, x_m, y$ は 1 次従属．従って，いずれかの係数は 0 ではない

$$b_1 x_1 + b_2 x_2 + \cdots + b_m x + by = 0,$$
$$b_1, b_2, \cdots, b_m, b \in K$$

となる関係がある．もし $b = 0$ であれば，$x_1, x_2, \cdots, x_m$ は 1 次独

立であるので $b_1=b_2=\cdots=b_m=0$ となり，すべての係数が0となって仮定に反する．従って $b\neq0$．これより

$$y=-\frac{b_1}{b}x_1-\frac{b_2}{b}x_2+\cdots-\frac{b_m}{b}x_m$$

と書くことができる．もし

$$y=a_1x_1+a_2x_2+\cdots+a_mx_m$$
$$=a_1'x_1+a_2'x_2+\cdots+a_m'x_m$$

と二通りに書くことができれば

$$(a_1-a_1')x_1+(a_2-a_2')x_2+\cdots+(a_m-a_m')x_m=0$$

が成り立ち，1次独立性から

$$a_1=a_1', a_2=a_2',\cdots,a_m=a_m'$$

が成り立つので，表示の一意性が成立する．　　　　　　**［証明終］**

■ **定理 2.6.5**　α は体 F の元を係数とする多項式の根とし，F に α を付加してできる F の拡大体 $K=F(\alpha)$ を考える．α の F 上の最小多項式[※5]を $f(x)$ とすると

$$[K:F]=\deg f(x)$$

が成り立つ．

■ **証明**　体 $F(\alpha)$ は F 係数の α の有理式の全体であるが $m=\deg f(x)$ とすると

$$F(\alpha)=\{a_0+a_1\alpha+a_2\alpha^2+\cdots+a_{m-1}\alpha^{m-1}\mid a_0,a_1,\cdots,a_{m-1}\in F\}$$

と書くことができる（補題2.1.5）．

[※5]　α を根に持つ F 係数の1変数多項式 $f(x)$ で次数が最小のものを α の F 上の最小多項式という．最高次の係数を1にとると α の F 上の最小多項式は一意的に決まる．α の F 上の最小多項式は F 上既約である．

また $1, \alpha, \alpha^2, \cdots, \alpha^{m-1}$ は F 上 1 次独立である.

もし 1 次独立でなければ, いずれかの係数が 0 でない関係式

$$b_0 + a_1\alpha + b_2\alpha^2 + \cdots + b_{m-1}\alpha^{m-1} = 0$$

が存在するが, α は $k(x) = b_0 + a_1 x + b_2 x^2 + \cdots + b_{m-1} x^{m-1}$ の根

となり, $f(x)$ が α の最小多項式であることに反する. よって

$$[F(\alpha):F] = \deg f(x)$$

が成り立つ. [証明終]

■ **定理 2.6.6** L は K の有限次拡大体であり, M は L の有限

次拡大体であるとき M は K の有限次拡大体であり

$$[M:K] = [M:L][L:K]$$

が成立する.

■ **証明** $[M:L] = m$ とし, L 上 1 次独立な m 個の M の元を

$x_1, x_2, \cdots, x_m$ とする. また $[L:K] = n$ とし K 上 1 次独立な n 個

の L の元を $y_1, y_2, \cdots, y_n$ とする. M の任意の元 y は

$$y = a_1 x_1 + a_2 x_2 + \cdots + a_m x_m, \quad a_j \in L$$

と一意的に表すことができる. このとき

$$a_k = b_{k1} y_1 + b_{k2} y_2 + \cdots + b_{kn} y_n, \quad b_{kj} \in K,$$
$$k = 1, 2, \cdots, m$$

と一意的に表すことができる. 従って

$$y = \sum_{k=1}^{m} \sum_{j=1}^{n} b_{kj} x_k y_j$$

と書くことができる. $x_k y_j \in M, b_{kj} \in K$ であるので

$$[M:K] \le mn$$

であることが分かる. 一方 $x_k y_j, 1 \le k \le m, 1 \le j \le n$ は K 上 1

次独立であることを示そう. K の元を係数を持つ関係

$$\sum_{k=1}^{m} \sum_{j=1}^{n} c_{kj} x_k y_j = 0$$

が成立したとする.

$$d_k = \sum_{j=1} c_{kj} y_j$$

は L の元である. すると

$$\sum_{k=1}^{m} d_k x_k = 0, d_k \in L$$

が成り立つ. $x_1, \cdots, x_m$ は L 上1次独立であったので

$$d_k = \sum_{j=1}^{n} c_{kj} y_j = 0, 1 \le k \le n, \quad c_{kj} \in K$$

$y_1, \cdots, y_n$ は K 上1次独立であったので $c_{kj} = 0$ でなければならない. 従って $x_k y_j, 1 \le k \le m, \ 1 \le j \le n$ は K 上1次独立である. (2.11) より M のすべての元は $x_k y_j, 1 \le k \le m, 1 \le j \le n$ を使って K 係数の1次式で表すことができるので

$$[M : K] = mn$$

であることが示された. 　　　　　　　　　　　　　　　　　　　[証明終]

2.7　ガロア拡大

§2.5 の命題 2.5.5 に関連した疑問に答えるために, 今少し抽象的な議論を続けよう. 次の補題はガロア理論の基礎となる重要な補題である.

補題 2.7.1 （デデキントの補題）

体 K, L に対して

$$\sigma_1, \sigma_2, \cdots, \sigma_m : K \to L$$

を体 K から体 L の相異なる体の単射同型写像とする.

$c_1, c_2, \cdots, c_m \in L$ に対して

$$c_1\sigma_1(a) + c_2\sigma_2(a) + \cdots + c_m\sigma_m(a) = 0$$

がすべての $a \in K$ に対して成立すれば

$$c_1 = c_2 = \cdots = c_m = 0$$

である.

■ **証明** $\sigma_j(a) = 0$ であれば $a = 0$ であるので, σ_j は $K^\times = K \setminus \{0\}$ から $L^\times = L \setminus \{0\}$ への乗法群の単射同型写像でもある. すなわち

$$\sigma_j(ab^{-1}) = \sigma_j(a)\sigma_j(b)^{-1}, j = 1, 2, \cdots, m$$

がすべての $a, b \in K^\times$ に対して成立する. そこで補題を m に関する帰納法で証明する. $m = 1$ のときは

$$c_1\sigma_1(a) = 0$$

成り立ち $a \neq 0$ であれば $\sigma_1(a) \neq 0$ であるので, $c_1 = 0$ が成り立つ.

次に $m = k$ の時まで補題が成立したと仮定する. そこで

$$c_1\sigma_1(a) + c_2\sigma_2(a) + \cdots + c_{k+1}\sigma_{k+1}(a) = 0 \qquad (2.12)$$

がすべての $a \in K$ で成立したと仮定する. $\sigma_1 \neq \sigma_{k+1}$ であるので $\sigma_1(a_0) \neq \sigma_{k+1}(a_0)$ である $a_0 \in K^\times$ が存在する. $\sigma_{k+1}(a_0)$ を上の等式 (2.12) に掛けると

$$c_1\sigma_{k+1}(a_0)\sigma_1(a) + c_2\sigma_{k+1}(a_0)\sigma_2(a) + \cdots$$
$$+ c_{k+1}\sigma_{k+1}(a_0)\sigma_{k+1}(a) = 0 \qquad (2.13)$$

一方

$$c_1\sigma_1(a_0 a) + c_2\sigma_2(a_0 a) + \cdots + c_{k+1}\sigma_{k+1}(a_0 a) = 0$$

が成り立つので，これを書き換えて

$$c_1\sigma_1(a_0)\sigma_1(a) + c_2\sigma_2(a_0)\sigma_2(a) + \cdots$$
$$+ c_{k+1}\sigma_{k+1}(a_0)\sigma_{k+1}(a) = 0 \qquad (2.14)$$

を得る．$(2.14) - (2.13)$ より

$$c_1(\sigma_1(a_0) - \sigma_{k+1}(a_0))\sigma_1(a) + c_2(\sigma_2(a_0) - \sigma_{k+1}(a_0))\sigma_2(a) +$$
$$\cdots + c_k(\sigma_k(a_0) - \sigma_{k+1}(a_0))\sigma_k(a) = 0$$

を得る．$m = k$ の仮定より

$$c_j(\sigma_j(a_0) - \sigma_{k+1}(a_0)) = 0, j = 1, \cdots, k$$

を得る．特に $c_1(\sigma_1(a_0) - \sigma_{k+1}(a_0)) = 0$ であるが，$\sigma_1(a_0) \neq \sigma_{k+1}(a_0)$ であるので $c_1 = 0$ である．従って (2.12) で $c_1 = 0$ であるので $m = k$ のときの仮定により $c_2 = \cdots = c_{k+1} = 0$ が成り立ち，$m = k+1$ のときに補題が成立することが分かる．　**[証明終]**

補題 2.7.2 （デデキントの補題）

K/F を有限次拡大体で，拡大の次数 $[K:F]$ を n とする．L を F の任意の拡大体とすると

$$|\{\sigma : K \to L \,|\, \sigma は体の単射同型写像, \sigma|_F = \mathrm{id}\}|$$
$$\leq [K:F] = n$$

が成り立つ．ここで集合 A に対して $|A|$ は集合 A の個数を表す．特に

$$|\mathrm{Aut}_F(K)| \leq [K:F]$$

が成立する．

■ **証明**　背理法で証明する．$m = n+1$ とおき，相異なる m 個の K から L への単射同型写像 $\sigma_1, \sigma_2, \cdots, \sigma_m$ で $\sigma_j|_F = \mathrm{id}, j = 1, 2, \cdots, m$ が存在したと仮定する．$[K:F] = n$ であるので n 個の F 上 1 次独立な K の元 $\eta_1, \eta_2, \cdots, \eta_n$ を選んで K の任意の元 α は一意的に

$$\alpha = a_1\eta_1 + a_2\eta_2 + \cdots + a_n\eta_n,$$
$$a_1, a_2, \cdots, a_n \in F$$

と書くことができる．そこで L 係数の連立 1 次方程式

$$\sigma_1(\eta_1)x_1 + \sigma_2(\eta_1)x_2 + \cdots + \sigma_m(\eta_1)x_m = 0$$
$$\sigma_1(\eta_2)x_1 + \sigma_2(\eta_2)x_2 + \cdots + \sigma_m(\eta_2)x_m = 0$$
$$\cdots\cdots\cdots\cdots\cdots\cdots\cdots\cdots\cdots\cdots\cdots\cdots\cdots\cdots = 0$$
$$\sigma_1(\eta_n)x_1 + \sigma_2(\eta_n)x_2 + \cdots + \sigma_m(\eta_n)x_m = 0$$

を考える．$n < n+1 = m$ であるので，この連立方程式は $(0, 0, \cdots, 0)$ でない解 $(c_1, c_2, \cdots, c_m) \in L^m$ を持つ．

$$c_1\sigma_1(\eta_1) + c_2\sigma_2(\eta_1) + \cdots + c_m\sigma_m(\eta_1) = 0$$
$$c_1\sigma_1(\eta_2) + c_2\sigma_2(\eta_2) + \cdots + c_m\sigma_m(\eta_2) = 0$$
$$\cdots\cdots\cdots\cdots\cdots\cdots\cdots\cdots\cdots\cdots\cdots\cdots\cdots\cdots\cdots = 0$$
$$c_1\sigma_1(\eta_n) + c_2\sigma_2(\eta_n) + \cdots + c_m\sigma_m(\eta_n) = 0$$

これらの等式の第 1 式に $a_1 \in F$ を第 2 式に $a_2 \in F$ を第 K 式に $a_k \in F, k = 3, \cdots, m$ を掛けて足し合わせると，$\sigma_j|_F = \mathrm{id}$ より

$$c_1\sigma_1(\alpha) + c_2\sigma_2(\alpha) + \cdots + c_m\sigma_m(\alpha) = 0$$

を得る．$a_j \in F$ を任意に選ぶことによって，任意の元 $\alpha \in K$ でこの等式が成り立つことが分かる．すると補題 2.7.1 より $c_1 = c_2 = \cdots = c_m = 0$ でなければならない．これは $c_1, c_2, \cdots, c_m$ のとり方に反する．これは矛盾であるが，このことは $m = n+1$ 個の相異なる体の単射同型写像 $\sigma_j : K \to L, \sigma_j|_F = \mathrm{id}$ が存在すると仮定したことから生じた．　　　　　　　　　　　　**証明終**

　以上の準備のもとで，先ず，§2.5 の命題 2.5.3 に関連して次

の定理を証明しよう.

■ **定理 2.7.3**　$G = \mathrm{Aut}_F(M)$ の部分群 H に対して
$$|H| = [M : M^H]$$
が成り立つ.

■ **証明**　$H = \mathrm{Aut}_{M^H}(M)$ であるので, 補題 2.7.2 より
$$|H| \leq [M : M^H]$$
が成り立つ. そこで真の不等号が成立すると仮定して矛盾を導く.
$|H| = n$ として
$$H = \{\sigma_1 = \mathrm{id}, \sigma_2, \cdots, \sigma_n\}$$
と置き, $n < [M : M^H]$ より M^H 上 1 次独立な $n+1$ 個の M の元
$$\alpha_1, \alpha_2, \cdots, \alpha_{n+1}$$
を選ぶ. そこで行列
$$S = \begin{pmatrix} \alpha_1 & \alpha_2 & \cdots & \cdots & \alpha_{n+1} \\ \sigma_2(\alpha_1) & \sigma_2(\alpha_2) & \cdots & \cdots & \sigma_2(\alpha_{n+1}) \\ \vdots & \vdots & \vdots & \vdots & \vdots \\ \sigma_n(\alpha_1) & \sigma_n(\alpha_2) & \cdots & \cdots & \sigma_n(\alpha_{n+1}) \end{pmatrix}$$
を使って線型写像
$$\varphi ; M^{n+1} \ni (x_1, \cdots, x_{n+1}) \longmapsto (x_1, \cdots, x_{n+1})\, {}^t S \in M^n$$
を定義する. ここで ${}^t S$ は S の転置行列である. 定義より $\mathrm{Ker}\,\varphi$
は 1 次元以上の M 上の線型空間である. そこで $(0, \cdots, 0)$ 以外の
$\mathrm{Ker}\,\varphi$ の元で, 成分に 0 の個数が最も多いもの $(s_1, s_2, \cdots, s_{n+1})$ を
とる. 必要であれば α_j の順序を入れ替えて
$$s_1 \neq 0, s_2 \neq 0, \cdots, s_m \neq 0, s_{m+1} = 0, \cdots, s_{n+1} = 0$$
であると仮定しても一般性を失わない. さらに, 必要であれば
$(s_1, s_2, \cdots, s_{n+1})$ の各成分に s_1^{-1} を掛けることによって $s_1 = 1$ と仮

定できる. 従って

$$\sigma_k(\alpha_1) + \sigma_k(\alpha_2)s_2 + \cdots + \sigma_k(\alpha_m)s_m = 0,$$

$$k = 1, \cdots, n \tag{2.15}$$

が成り立っている. $\{\alpha_j\}$ は M^H 上一次独立であるので $s_j \notin M^H$ となる元が存在する. 何故ならば, もし $s_i \in M^H, i = 1, \cdots, m$ であれば, (2.15) で $\sigma_1 = \mathrm{id}$ の場合を考えると, $\alpha_1, \cdots, \alpha_m$ は M^H 上1次従属になってしまうからである. (2.15) に σ_ℓ を作用させると

$$(\sigma_\ell \sigma_k)(\alpha_1) + (\sigma_\ell \sigma_k)(\alpha_2)\sigma_\ell(s_2) + \cdots$$

$$+ (\sigma_\ell \sigma_k)(\alpha_m)\sigma_\ell(s_m) = 0 \tag{2.16}$$

$$k = 1, \cdots, n$$

が成り立つ. 集合として

$$\{\sigma_\ell \sigma_1, \sigma_\ell \sigma_2, \cdots, \sigma_\ell \sigma_n\} = \{\sigma_1, \sigma_2, \cdots, \sigma_n\}$$

が成り立つので (2.16) は

$$\sigma_k(\alpha_1) + \sigma_k(\alpha_2)\sigma_\ell(s_2) + \cdots + \sigma_k(\alpha_m)\sigma_\ell(s_m) = 0$$

$$k = 1, \cdots, n \tag{2.17}$$

と書き直すことができる. (2.15) – (2.17) より

$$\sigma_k(\alpha_2)(s_2 - \sigma_\ell(s_2)) + \cdots + \sigma_k(\alpha_m)(s_m - \sigma_\ell(s_m)) = 0$$

$$k = 1, \cdots, n$$

が成り立つ. これは

$$(0, s_2 - \sigma_\ell(s_2), \cdots, s_j - \sigma_\ell(s_j), \cdots, s_m - \sigma_\ell(s_m), 0, \cdots, 0) \in \mathrm{Ker}\, \varphi$$

を意味するが, $s_j \notin M^H$ であるので $s_j - \sigma_\ell(s_j) \neq 0$ であるように σ_ℓ を選ぶことができる. すると $(0, 0, \cdots, 0)$ 以外の元で, $(s_1, s_2, \cdots, s_m, 0, \cdots, 0)$ より, 成分の 0 の個数が多いものが $\mathrm{Ker}\, \varphi$ に存在することになり, 仮定に反する. [証明終]

> **定義 2.7.4**　有限次拡大 L/K に関して
> $$|\mathrm{Aut}_K(L)| = [L:K]$$
> が成り立つときに拡大 L/K を**ガロア拡大**といい，$\mathrm{Aut}_K(L)$ を
> 拡大の**ガロア群**と呼び $\mathrm{Gal}(L/K)$ と記す．

　こう定義しただけではガロア拡大がどの様なものであるかは
分からない．後に，ガロア拡大の特徴付けを与えるが，既に
$\mathrm{Aut}_F(K)$ が計算できている場合には，ガロア拡大であるか否か
は判定できる．上の定理 2.7.3 より $G = \mathrm{Aut}_F(M)$ の部分群 H
に対して H の不変体 M^H を考えると M/M^H はガロア拡大であ
り，ガロア群は $\mathrm{Gal}(M/M^H) = H$ である．

　ところで，部分群 H が $G = \mathrm{Aut}_F(M)$ の正規部分群である場
合，剰余群 G/H は $\mathrm{Aut}_F(M^H)$ の部分群と見ることができた（命
題 2.5.5）．ではいつ両者は一致するのであろうか．次の定理はそ
の答である．

> ■ **定理 2.7.5**　部分群 H が $G = \mathrm{Aut}_F(M)$ の正規部分群であ
> り，$F = M^G$ が成り立つと仮定する．このとき拡大 M^H/F は
> ガロア拡大でありガロア群 $\mathrm{Gal}(M^H/F)$ は剰余群 G/H と同型
> である．

■ **証明**　$F = M^G$ であるので命題 2.5.3 と定理 2.7.3 より M/F
はガロア拡大であり
$$|G| = [M:F]$$
が成り立つ．また M/M^H も H をガロア群に持つガロア拡大であ

り

$$|H|=[M:M^H]$$

が成り立つ．従って定理 2.6.6 より

$$|G|=[M:F]=[M:M^H][M^H:F]$$
$$=|H|[M^H:F]$$

が成り立つ．これより M^H/F の拡大次数に関して

$$[M^H:F]=|G|/|H|=|G/H|$$

が成り立つ．一方，命題 2.5.5 と補題 2.7.2 により

$$|G/H|\leq[M^H:F]$$

が成り立つので，これは等号でなければならず M^H/F はガロア拡大である．またガロア群は G/H と同型である．　　　　**[証明終]**

　次は，この議論をもとに 3 次方程式，4 次方程式の解法とガロア拡大との関係について述べる．

■ 3・4次方程式のガロア理論

2.8　一般の代数方程式のガロア群

　以下の議論は，今まで通り複素数体の部分体で考える．まず，一般の代数方程式の根を付加してできる拡大体の自己同型群を計算しておこう．従来通り体 F は複素数体 $\mathbb{C}$ の部分体とする．$x_1, x_2, \cdots, x_n$ は F 上代数的に独立と仮定する．そこで

$$f(x)=(x-x_1)(x-x_2)\cdots(x-x_n)$$
$$=x^n-s_1x^{n-1}+s_2x^{n-2}+\cdots+(-1)^ns_n$$

によって $x_1, x_2, \cdots, x_n$ の基本対称式 $s_1, \cdots, s_n$ を定義する．体 F に

$s_1, \cdots, s_n$ を付加してできる体を K とし，K に $x_1, \cdots, x_n$ を付加してできる体を L と記す．

$$K = F(s_1, \cdots, s_n),$$
$$L = K(x_1, \cdots, x_n) = F(x_1, \cdots, x_n).$$

■ **定理 2.8.1**　n 次の対称群を S_n と記すと

$$\mathrm{Aut}_K(L) \simeq S_n$$

である．拡大 L/K はガロア拡大であり，拡大次数は $n!$ である．

$$[L : K] = n!$$

以下，$\mathrm{Aut}_K(L) = \mathrm{Gal}(L/K)$ を根の置換 S_n と同一視し，方程式 $f(x) = 0$ のガロア群と呼ぶ．

■ **証明**　この定理は拡大の次数を除けば例 2.1.10 で実質的に証明しているが，その部分も含めて証明する．

$$f(x) = \prod_{j=1}^{n} (x - x_j)$$

とおくと $f(x)$ は K 上既約であり，x_j の K 上の最小多項式は $f(x)$ であることに注意する．

$\sigma \in \mathrm{Aut}_K(L)$ は $f(x)$ を不変にするので，$\sigma(x_j)$ は $f(x)$ の根であり，従って $\sigma(x_j) = x_k$ である k が定まる．この k を $\sigma(j)$ と記す．これより写像

$$\mathrm{Aut}_K(L) \ni \sigma \longmapsto \begin{pmatrix} 1 & 2 & \cdots & n \\ \sigma(1) & \sigma(2) & \cdots & \sigma(n) \end{pmatrix} \in S_n$$

が定義できるが，これは群の準同型写像である．

$$\tau(\sigma(x_j)) = \tau(x_{\sigma(j)}) = x_{\tau(\sigma(j))}$$
$$(\tau\sigma)(x_j) = x_{(\tau\sigma)(j)}$$

より

$$\tau(\sigma(j)) = (\tau\sigma)(j)$$

が成り立つからである. またこの写像は単射である. L の元は $x_1, \cdots, x_n$ の K 係数の多項式として表すことができるので, $\sigma(j) = j, j = 1, \cdots, n$ が成り立てば $\sigma = \mathrm{id}$ となるからである. 従って, $\mathrm{Aut}_K(L)$ は n 次対称群と同型である.

拡大次数の計算は

$$[L:K] = [L:K(x_1, \cdots, x_{n-1})] \cdot [K(x_1, \cdots, x_{n-1}):K(x_1, \cdots, x_{n-2})]$$
$$\cdots [K(x_1, x_2):K(x_1)][K(x_1):K]$$

を使う. §2.6, 定理 2.6.5 より

$$[K(x_1):K] = n$$

である. $K(x_1)$ では $f(x)$ は

$$f(x) = (x - x_1)f_1(x), f_1(x) = \prod_{n=2}^{n}(x - x_j)$$

と因数分解され, $K(x_1)$ で $f_1(x)$ は既約である. もし可約であれば

$$f_1(x) = g(x)h(x)$$

と $K(x_1)$ 係数の多項式に因数分解されるが, L では

$$g(x) = \prod_{k=1}^{m}(x - x_{j_k})$$

と因数分解されるので, 定数項 $x_{j_1} \cdots x_{j_m}$ は $K(x_1)$ に属する. これは $x_1, \cdots, x_n$ が F 上代数的に独立であるという仮定に反する. 従って $f_1(x)$ は $K(x_1)$ 上既約であり, x_2 は $f_1(x)$ の根であるので, 再び §2.6, 定理 2.6.5 より

$$[K(x_1, x_2):K(x_1)] = n - 1$$

が成立する．同様の議論により

$$[K(x_1,\cdots,x_{m+1}):K(x_1,\cdots,x_m)]=n-m$$

が成り立つ．これより

$$[L:K]=n!$$

が成り立つ．一方 $\mathrm{Aut}_K(L)$ の位数も $|S_n|=n!$ であるので L/K はガロア拡大である．　　　　　　　　　　　　　　　　**[証明終]**

2.9　3次方程式とガロア拡大

今まで同様に x_1, x_2, x_3 は体 F 上代数的に独立であると仮定して3次方程式

$$\begin{aligned}f(x)&=(x-x_1)(x-x_2)(x-x_3)\\&=x^3-s_1x^2+s_2x^2+s_3=0\end{aligned} \tag{2.18}$$

を考えよう．

$$K=F(s_1,s_2,s_3), L=K(x_1,x_2,x_3)$$

と定義すると拡大 L/K はガロア拡大であり，ガロア群 $\mathrm{Gal}(L/K)$ は3次対称群 S_3 と同型である．以下，$\sigma \in S_3$ に対して $\sigma(x_i)=x_{\sigma(i)}$ と定義することによって S_3 をガロア群 $\mathrm{Gal}(L/K)$ と同一視する．3次対称群 S_3 と3次交代群 A_3 は

$$\begin{aligned}S_3&=\{e,(12),(13),(23),(123),(132)\},\\A_3&=\{e,(123),(132)\}\end{aligned}$$

であり，

$$S_3 \triangleright A_3 \triangleright \{e\} \tag{2.19}$$

は正規鎖である．この正規鎖に対応して，体の拡大

$$K=L^{S_3} \subset L^{A_3} \subset L \tag{2.20}$$

を定義することができる．拡大 L^{A_3}/K のガロア群は剰余群

S_3/A_3 と同型であり（定理 2.7.5），2次の巡回群である．また拡大 L/L^{A_3} のガロア群は A_3 と同型であり，3次の巡回群である．定理 2.2.2 より

$$L^{A_3} = K(\Delta_3),\ \Delta_3 = (x_1 - x_2)(x_1 - x_3)(x_2 - x_3)$$

である．これは交代群の定義

$$A_3 = \{\sigma \in S_3 \mid \sigma(\Delta_3) = \Delta_3\}$$

から容易に導くことができる．また

$$D_3 = \Delta_3^2$$

は3次方程式の判別式であり，これは x_1, x_2, x_3 の対称式であるので s_1, s_2, s_3 の多項式として表すことができ K に属する．従って $\Delta_3 = \sqrt{D_3}$ と考えることができ

$$L^{A_3} = K(\Delta_3) = K(\sqrt{D_3})$$

である．面倒な計算を要するが

$$D_3 = s_1^2 s_2^2 - 4s_2^3 - 4s_1^3 s_3 + 18 s_1 s_2 s_3 - 27 s_3$$

であることが示される．

拡大 L/L^{A_3} を調べるために F は1の3乗根を含むと仮定する．

$$\rho = \frac{-1 + \sqrt{3}\, i}{2}$$

と置くと，ρ は1の原始3乗根である．そこで，既に何度も登場したがラグランジュの分解式 (ρ^k, x_1) を

$$(1, x_1) = x_1 + x_2 + x_3 = s_1$$
$$(\rho, x_1) = x_1 + \rho x_2 + \rho^2 x_3$$
$$(\rho^2, x_1) = x_1 + \rho^2 x_2 + \rho x_3$$

と定義する．(ρ, x_1) へのガロア群の作用は

$$(12)(\rho, x_1) = \rho(\rho^2, x_1)$$
$$(13)(\rho, x_1) = \rho^2(\rho^2, x_1)$$
$$(23)(\rho, x_1) = (\rho^2, x_1)$$
$$(123)(\rho, x_1) = \rho^2(\rho, x_1)$$
$$(132)(\rho, x_1) = \rho(\rho, x_1)$$

となる．同様に

$$(12)(\rho^2, x_1) = \rho^2(\rho, x_1)$$
$$(13)(\rho^2, x_1) = \rho(\rho, x_1)$$
$$(23)(\rho^2, x_1) = (\rho, x_1)$$
$$(123)(\rho^2, x_1) = \rho(\rho^2, x_1)$$
$$(132)(\rho^2, x_1) = \rho^2(\rho^2, x_1)$$

である．このことから $(\rho, x_1)^3$, $(\rho^2, x_1)^3$ は A_3 の作用によって不変であることが分かる．すなわち

$$(\rho, x_1)^3,\ (\rho^2, x_1)^3 \in L^{A_3} = K(\Delta_3)$$

であることが分かる．さらに，積 $(\rho, x_1)(\rho^2, x_1)$ は S_3 の作用で不変であることが分かり，K に属することが分かる．実際，既に述べたが

$$(\rho, x_1)(\rho^2, x_1) = x_1^2 + x_2^2 + x_3^2 + (\rho + \rho^2)(x_1 x_2 + x_2 x_3 + x_3 x_1)$$
$$= s_1^2 - 3s_2$$

が成り立つ．一方，$\rho^2 + \rho + 1 = 0$ より

$$(\rho, x_1)^3 = (x_1 + \rho x_2 + \rho^2 x_3)^3$$
$$= x_1^3 + x_2^3 + x_3^3 + 3\rho(x_1^2 x_2 + x_2^2 x_3 + x_3^2 x_1)$$
$$\quad + 3\rho^2(x_1 x_2^2 + x_2 x_3^2 + x_3 x_1^2) + 6x_1 x_2 x_3$$
$$= x_1^3 + x_2^3 + x_3^3 + 6s_3$$
$$\quad + 3\rho\{(x_1^2 x_2 + x_2^2 x_3 + x_3^2 x_1) - (x_1 x_2^2 + x_2 x_3^2 + x_3 x_1^2)\}$$
$$\quad - 3(x_1 x_2^2 + x_2 x_3^2 + x_3 x_1^2)$$

が成り立つ．簡単な計算から

$$x_1^2 x_2 + x_2^2 x_3 + x_3^2 x_1 + x_1 x_2^2 + x_2 x_3^2 + x_3 x_1^2$$
$$= s_1 s_2 - 3 s_3$$
$$x_1^3 + x_2^3 + x_3^3 = s_1^3 - 3 s_1 s_2 + 3 s_3$$

であることが分かる．さらに

$$\Delta_3 = x_1^2 x_2 + x_2^2 x_3 + x_3^2 x_1 - (x_1 x_2^2 + x_2 x_3^2 + x_3 x_1^2)$$

が成り立つ．これらの計算結果と $\rho = \dfrac{-1 + \sqrt{3}\, i}{2}$ を使うと

$$(\rho, x_1)^3 = s_1^3 - 3 s_1 s_2 + 3 s_3 + 6 s_3 + 3 \rho \Delta_3 - 3(x_1 x_2^2 + x_2 x_3^2 + x_3 x_1^2)$$

$$= s_1^3 - 3 s_1 s_2 + 9 s_3 + \frac{3\sqrt{3}}{2} i \Delta_3$$

$$- \frac{3}{2}(x_1^2 x_2 + x_2^2 x_3 + x_3^2 x_1 + x_1 x_2^2 + x_2 x_3^2 + x_3 x_1^2)$$

$$= s_1^3 - \frac{9}{2} s_1 s_2 + \frac{27}{2} s_3 + \frac{3\sqrt{3}}{2} i \Delta_3 \qquad (2.21)$$

であることが分かる．また同様に

$$(\rho^2, x_1)^3 = s_1^3 - \frac{9}{2} s_1 s_2 + \frac{27}{2} s_3 - \frac{3\sqrt{3}}{2} i \Delta_3$$

であることが分かる．これらのことから

$$L^{A_3} = K(\Delta_3) = K((\rho, x_1)^3) = K((\rho^2, x_1)^3)$$

であることも分かる．$(\rho, x_1)^3$ の立方根 (ρ, x_1) を一つ定めると，ラグランジュの分解式より

$$x_1 = \frac{1}{3} \{ s_1 + (\rho, x_1) + (\rho^2, x_1) \}$$

$$x_2 = \frac{1}{3} \{ s_1 + \rho^2 (\rho, x_1) + \rho (\rho^2, x_1) \}$$

$$x_3 = \frac{1}{3} \{ s_1 + \rho (\rho, x_1) + \rho^2 (\rho^2, x_1) \}$$

と3次方程式の根を書くことができる．(ρ, x_1) の取り方は3通りあるが，それらは別の立方根をとれば上で定めた x_1, x_2, x_3 の置換

が生じるだけである.

以上の議論より, 基礎体が 1 の原始 3 乗根を含んでいれば, 3 次方程式を解くためには判別式 D_3 の平方根をとり, 次に $(\rho, x_1)^3$ の立方根をとればよいことが分かった. このように 3 次方程式を解くことは体の拡大

$$K \subset K_1 = K(\sqrt{D_3}) \subset L = K_1(\sqrt[3]{(\rho, x_1)^3})$$

を与えることに帰着されることが分かり, しかもこれはガロア群の正規鎖 (2.19) に対応する体の拡大 (2.20) であることが分かった.

ところで, これまでは 3 次方程式 $f(x) = 0$ の根 x_1, x_2, x_3 は F 上代数的に独立と仮定して議論してきた. この仮定をなくすと $K(\Delta_3) = K$ や極端な場合 $K(x_1, x_2, x_3) = K$ であることも起こりえる. この場合でも上の議論はそのまま適用できる. ただ, ガロア群は S_3 ではなく S_3 の部分群になっている. $K(x_1, x_2, x_3) = K$ の場合は 3 次式 $f(x)$ は K で 1 次式の積に因数分解されており, ガロア群は単位群である.

2.10 4 次方程式

今まで同様に x_1, x_2, x_3, x_4 は体 F 上代数的に独立であると仮定して 4 次方程式

$$f(x) = (x - x_1)(x - x_2)(x - x_3)(x - x_4)$$
$$= x^4 - s_1 x^3 + s_2 x^2 - s_3 x + s_4 = 0 \tag{2.22}$$

を考えよう.

$$K = F(s_1, s_2, s_3), \quad L = K(x_1, x_2, x_3)$$

と定義すると拡大 L/K はガロア拡大であり, ガロア群 $\mathrm{Gal}(L/K)$

は4次対称群 S_4 と同型である. S_4 の部分群4次交代群 A_4 は

$$A_4 = \{e, (123), (132), (124), (142), (134), (143),$$
$$(234), (243), (12)(34), (13)(24), (14)(23)\}$$

であり, A_4 の部分群 V_4 は

$$V_4 = \{e, (12)(34), (13)(24), (14)(23)\}$$

と定義した. V_4 は $\mathbb{Z}/2\mathbb{Z} \times \mathbb{Z}/2\mathbb{Z}$ と同型なアーベル群であり, かつ A_4 の正規部分群であり, また, S_4 の正規部分群でもある.
V_4 の部分群 $\Sigma_2, \Sigma_2', \Sigma_2''$ を

$$\Sigma_2 = \{e, (12)(34)\}$$
$$\Sigma_2' = \{e, (14)(23)\}$$
$$\Sigma_2'' = \{e, (13)(24)\}$$

と定義する. V_4 はアーベル群であるので, これらは V_4 の正規部分群であるが, S_4 の正規部分ではない.

$$(13)\Sigma_2(13) = \Sigma_2', \quad (23)\Sigma_2(23) = \Sigma_2''$$

より Σ_2 と Σ_2', Σ_2'' は互いに S_4 の共役部分群である. 従って三つの正規鎖

$$S_4 \rhd A_4 \rhd V_4 \rhd \Sigma_2 \rhd \{e\} \tag{2.23}$$

$$S_4 \rhd A_4 \rhd V_4 \rhd \Sigma_2' \rhd \{e\} \tag{2.24}$$

$$S_4 \rhd A_4 \rhd V_4 \rhd \Sigma_2'' \rhd \{e\} \tag{2.25}$$

ができる. (2.23) に対応する拡大体の列

$$K = L^{S_4} \subset L^{A_4} \subset L^{V_4} \subset L^{\Sigma_2} \subset L$$
$$= K(x_1, x_2, x_3, x_4)$$

を考えよう. 3次方程式の場合と同様に

$$L^{A_4} = K(\Delta_4)$$
$$\Delta_4 = \prod_{1 \le i < j \le 4} (x_i - x_j)$$

であり，L^{A_4}/K は 2 次拡大である．拡大 L^{V_4}/L^{A_4} は V_4 が A_4 の正規部分群であるのでガロア拡大であり，そのガロア群は剰余群 A_4/V_4 と同型である（定理 2.6.5）．剰余群の位数は $|A_4|/|V_4|=3$ であり，拡大 L^{V_4}/L^{A_4} は 3 次拡大であることが分かる．具体的には $\sigma=(123)$ の A_4/V_4 での剰余類を $\bar{\sigma}$ と記すと，$\bar{\sigma}$ が生成する 3 次の巡回群が剰余群 A_4/V_4 である．

　3 次方程式のフェラリによる解法では補助的に導入した 3 次方程式の解は

$$\lambda_1=x_1x_2+x_3x_4,$$
$$\lambda_2=x_1x_4+x_2x_3,$$
$$\lambda_3=x_1x_3+x_2x_4$$

で与えられた（§1.4）．但し §1.4 の議論では $s_2=0$ と仮定して議論していた．ここでは $s_2\neq 0$ であるので，$\lambda_j, j=1,2,3$ はある 3 次方程式（分解方程式）の根であることを示し，それを使って 4 次方程式を解いてみよう．$\lambda_1=x_1x_2+x_3x_4$ を変えない 4 次置換の全体は §1.6 で示したように

$\Sigma'_8=\{e,(12),(34),(12)(34),(13)(24),(14)(23),(1324),(1423)\}$

である．このことは

$$K(\lambda_1)\subset L^{\Sigma'_8}$$

を意味する．Σ'_8 は S_4 の正規部分群でないので $L(\lambda_1)/K$ はガロア拡大ではない．同様に $\lambda_2=x_1x_4+x_2x_3$ を不変にする S_4 の部分群は Σ'_8 の共役群 $\Sigma''_8=(13)\Sigma'_8(13)$，$\lambda_3=x_1x_3+x_2x_4$ を不変にする S_4 の部分群は Σ'_8 の共役群 $\Sigma'''_8=(23)\Sigma'_8(23)$ である．一方，直接計算することによって

$$\lambda_1 + \lambda_2 + \lambda_3 = s_2$$
$$\lambda_1\lambda_2 + \lambda_2\lambda_3 + \lambda_3\lambda_1 = s_1 s_3 - 4s_4$$
$$\lambda_1\lambda_2\lambda_3 = s_1^2 s_4 - 4s_2 s_4 + s_3^2$$

を得る．これは $\lambda_1, \lambda_2, \lambda_3$ は K の元を係数に持つ 3 次方程式

$$\lambda^3 - s_2\lambda^2 + (s_1 s_3 - 4s_4)\lambda - s_1^2 s_4 + 4s_2 s_4 - s_3^2 = 0 \qquad (2.26)$$

の根であることが分かる．この方程式 (2.26) は 4 次方程式 (2.22) の分解方程式と呼ばれる．$\lambda_j \notin K, j = 1, 2, 3$ であるので分解方程式 (2.26) は K 上既約であり，従って

$$[K(\lambda_1) : K] = 3$$

である．一方

$$[L^{\Sigma_8'} : K] = [S_3 : \Sigma_8'] = 3$$

であるので [6]

$$L^{\Sigma_8'} = K(\lambda_1)$$

である．同様に

$$L^{\Sigma_8''} = K(\lambda_2), \ L^{\Sigma_8'''} = K(\lambda_3)$$

であることが示される．また λ_j のとり方から

$$L(\lambda_1, \lambda_2, \lambda_3) \subset L^{V_4}$$

であるが，

$$[L^{V_4} : K] = 6 \qquad (2.27)$$

より

$$[K(\lambda_1, \lambda_2, \lambda_3) : K] \leq 6 \qquad (2.28)$$

であることが分かる．一方，$\lambda_1 + \lambda_2 + \lambda_3 = s_2$ より $K(\lambda_1, \lambda_2, \lambda_3) = K(\lambda_1, \lambda_2)$ であるが，$x_1, \cdots, x_4$ が F 上代数的に独立であること

---

[6] ガロア群が G であるガロア拡大 L/K と G の部分群 H に対して $[L^H : K] = [G : H]$ が成り立つ．何故ならば，$|G| = [L : K] = [L : L^H][L^H : K]$ および $[L : L^H] = |H|$ が成り立つので $[L^H : K] = |G|/|H| = [G : H]$ が成り立つからである．

より

$$K(\lambda_1) \subsetneqq K(\lambda_1, \lambda_2)$$

でなければならない．これは

$$3 < [K(\lambda_1, \lambda_2, \lambda_3) : K] \qquad (2.29)$$

を意味する．ところで, K 係数の方程式 (既約とは限らない) のすべての根をつけ加えてできる K の拡大はガロア拡大であることを後に示す．このことから $K(\lambda_1, \lambda_2, \lambda_3)/K$ はガロア拡大であり，そのガロア群は分解方程式 (2.26) の根の置換を引き起こすので 3 次対称群 S_3 の部分群である．従って，拡大次数 $[K(\lambda_1, \lambda_2, \lambda_3) : K]$ は S_3 の部分群の位数でなければならない．従って (2.28), (2.29) より拡大次数は 6 でなければならないことが分かる．すると (2.27) より

$$K(\lambda_1, \lambda_2, \lambda_3) = L^{V_4}$$

であることが分かる．所で，分解方程式の差積は簡単な計算から

$$(\lambda_1 - \lambda_2)(\lambda_1 - \lambda_3)(\lambda_2 - \lambda_3) = -\Delta_4$$

であることが分かり, 4 次方程式 (2.22) の判別式 $D_4 = \Delta_4^2$ と分解方程式の判別式とは一致することが分かる．従って

$$K(\Delta_4) = K(\sqrt{D_4}) \subset K(\lambda_1, \lambda_2, \lambda_3) \qquad (2.30)$$

であることが分かり，ラグランジュの分解式を使った前節の 3 次方程式の解法を適用することができる．(2.21) より

$$(\rho, \lambda_1)^3 = s_2^3 + s_2(s_1 s_3 - 4s_4) + \frac{27}{2}(s_1^2 s_4 - 4s_2 s_4 + s_3^2) - \frac{3\sqrt{3}}{2} i \Delta_4$$

および

$$(\rho, \lambda_1)(\rho^2, \lambda_2) = s_2^2 - 3(s_1 s_3 - 4s_4)$$

を得, (2.30) より

$$L^{V_4} = K(\lambda_1, \lambda_2, \lambda_3) = K(\sqrt[3]{(\rho, \lambda_1)^3}) \qquad (2.31)$$

と書くことができることが分かる.

　次に $x_1 x_2$ と $x_3 x_4$ を求めるためには

$$x_1 x_2 + x_3 x_4 = \lambda_1$$
$$x_1 x_2 \cdot x_3 x_4 = s_4$$

であるので2次方程式

$$x^2 - \lambda_1 x + s_4 = 0$$

を解けばよい.

$$L^{V_4}(x_1 x_2, x_3 x_4) = L^{V_4}(x_1 x_2) \subset L^{\Sigma_2}$$

であるが

$$2 \leq [L^{V_4}(x_1 x_2, x_3 x_4) : L^{V_4}]$$
$$\leq [L^{\Sigma_2} : L^{V_4}] = [V_4 : \Sigma_2] = 2$$

が成り立つので

$$L^{V_4}(x_1 x_2, x_3 x_4) = L^{V_4}(x_1 x_2) = L^{\Sigma_2}$$

であることが分かる. 同様に

$$L^{V_4}(x_1 x_4, x_2 x_3) = L^{V_4}(x_1 x_4) = L^{\Sigma'_2}$$
$$L^{V_4}(x_1 x_3, x_2 x_4) = L^{V_4}(x_1 x_3) = L^{\Sigma''_2}$$

であることが分かる.

　以上の議論より正規鎖 (2.23) に対応して体の拡大

$$K \subset K_1 = K(\sqrt{D_4}) \subset K_2 = K_1\left(\sqrt[3]{(\rho, \lambda_1)^3}\right)$$
$$\subset K_3 = K_2(x_1 x_2) \subset L \tag{2.32}$$

同様に正規鎖 (2.24), (2.25) に対応する体の拡大は

$$K \subset K_1 = K(\sqrt{D_4}) \subset K_2 = K_1\left(\sqrt[3]{(\rho, \lambda_1)^3}\right)$$
$$\subset K'_3 = K_2(x_1 x_4) \subset L \tag{2.33}$$

$$K \subset K_1 = K(\sqrt{D_4}) \subset K_2 = K_1\left(\sqrt[3]{(\rho, \lambda_1)^3}\right)$$
$$\subset K''_3 = K_2(x_1 x_3) \subset L \tag{2.34}$$

となる. このように4次方程式を解くには平方根と立方根を取る

操作を行えばよいことが分かる.

所で，既に §1.5 で述べたように

$$u_1 = (x_1+x_2) - (x_3+x_4)$$
$$u_2 = (x_1+x_3) - (x_2+x_4)$$
$$u_3 = (x_1+x_4) - (x_2+x_4)$$

とおくと

$$L^{V_4} = K(u_1^2, u_2^2, u_3^2)$$

であり，

$$\theta_1 = (x_1+x_2)(x_3+x_4)$$
$$\theta_2 = (x_1+x_4)(x_2+x_3)$$
$$\theta_3 = (x_1+x_3)(x_2+x_4)$$

とおいても

$$L^{V_4} = K(\theta_1, \theta_2, \theta_3)$$

が成り立つ. これらも別の形の分解方程式の根である. このように L^{V_4} は3次方程式である分解方程式の根を付加することによって得られるが，分解方程式は種々選べることが分かる. u_j や θ_j を使って4次方程式の根がきれいな形で表示できる点については §1.5 を参照されたい.

第3章　円分方程式

3.1　円分多項式

ド・モアブルの定理

$$(\cos\theta + i\sin\theta)^n = \cos n\theta + i\sin n\theta, \, n = 1, 2, \cdots$$

から

$$\zeta_n = \cos\frac{2\pi}{n} + i\sin\frac{2\pi}{n}$$

と記すと，異なる 1 の n 乗根は

$$\zeta_n^k, \quad k = 0, 1, 2, \cdots, n-1$$

で与えられる．1 の n 乗根 ζ_n^k で n 乗して初めて 1 になるものを 1 の**原始 n 乗根**という．次の補題は定義から明かである．

補題 3.1.1

$$\zeta_n^k = \cos\frac{2k\pi}{n} + i\sin\frac{2k\pi}{n}, \quad k = 1, 2, \cdots, n-1$$

が 1 の原始 n 乗根であるための必要十分条件は k と n とが互いに素，言い換えると k と n の最大公約数が 1 であることである．

---

　1 から n までの自然数で n と互いに素となるものの個数を $\varphi(n)$ と記し，$\varphi(n)$ を**オイラーの函数**という．

■ **定理 3.1.2**　自然数 n を因数分解して

$$n = p_1^{a_1} p_2^{a_2} \cdots p_m^{a_m}$$

であるとき

$$\varphi(n) = \prod_{k=1}^{m} p_k^{a_k} \left(1 - \frac{1}{p_k}\right) \tag{3.1}$$

が成り立つ．特に素数 p に対しては

$$\varphi(p^\ell) = p^{\ell-1}(p-1)$$

が成立する．

　この定理を証明するためには n_1 と n_2 が互いに素な自然数であるとき

$$\varphi(n_1 n_2) = \varphi(n_1)\varphi(n_2) \tag{3.2}$$

が成り立つこと，および n が素数のベキのときに定理が成り立つこと（これは簡単に証明できる）を示せばよい．（3.2）の証明のためには中国の剰余定理[※1] が必要となる．

　さて，1 の原始 n 乗根を $\zeta_n^{j_1}, \zeta_n^{j_2}, \cdots, \zeta_n^{j_s}$, $s = \varphi(n)$ とするとき

$$\Phi_n(z) = \prod_{k=1}^{\varphi(n)} (z - \zeta_n^{j_k})$$

[※1] **中国の剰余定理**　n_1, n_2 が互いに素な自然数とするとき，任意の整数 a, b に対して合同式

$$x \equiv a \pmod{n_1},\ x \equiv b \pmod{n_2}$$

は $n_1 n_2$ を法としてただ 1 個の整数解を持つ．
この定理を使うと（3.2）は次のように証明できる．$a_j, j = 1, 2, \cdots, \varphi(n_1)$ を $1 \le a \le n_1$ のうちで n_1 と互いに素となるもの全体とする．同様に $b_k, k = 1, 2, \cdots, \varphi(n_2)$ を $1 \le b \le n_2$ のうちで n_2 と互いに素となるもの全体とする．このとき $x \equiv a_j \pmod{n_1}$, $x \equiv b_k \pmod{n_2}$ を満たす自然数 x_{jk} が自然数 $1 \le x \le n_1 n_2$ の中にただ一つ存在する．この $x_{j\ell}$ の全体が 1 から $n_1 n_2$ のなかで $n_1 n_2$ と互いの素となるもののすべてである．従って（3.2）が成立する．

を n 次の **円分多項式** と呼ぶ．$\Phi_n(z)$ は整数係数の多項式であることを示そう．先ず，補題 3.1.1 より素数 p に対しては

$$\Phi_p(z) = z^{p-1} + z^{p-2} + \cdots + z + 1$$

であることが分かる．また，簡単な計算から

$$\Phi_1(z) = z - 1$$
$$\Phi_2(z) = z + 1$$
$$\Phi_3(z) = z^2 + z + 1$$
$$\Phi_4(z) = z^2 + 1$$
$$\Phi_5(z) = z^4 + z^3 + z^2 + z + 1$$
$$\Phi_6(z) = z^2 - z + 1$$

であることが分かる．さらに，定義から次のことが示される．

補題 3.1.3

$$\Phi_n(z) = \frac{z^n - 1}{\displaystyle\prod_{d \mid n,\, d \neq n} \Phi_d(n)}$$

ここで記号 $d \mid n$ は，自然数 d は n を割り切ることを意味する．

この補題を使って n に関する帰納法で $\Phi_n(z)$ は整数係数の多項式であることを証明する．そのためにガウスの補題を必要とする．整数係数の多項式 $P(z)$ に関して，係数の最大公約数が 1 であるとき，多項式 $P(z)$ は **原始的** であるという．

補題 3.1.4

整数係数多項式 $P(z), Q(z)$ が原始的であれば積 $P(z)Q(z)$ も原始的である．

■ **証明**　仮定より素数 p に対して $P(z) \not\equiv 0 \pmod{p}$ であるので [※2]

$$P(z) \equiv a_{n_1} z^{n_1} + a_{n_2} z^{n_2} + \cdots + a_{n_s} z^{n_s} \pmod{p},$$

$$n_1 > n_2 > \cdots > n_s,$$

$$a_{n_k} \not\equiv 0 \pmod{p}, 1 \le k \le s$$

と書くことができる．同様に

$$Q(z) \equiv b_{m_1} z^{m_1} b_{m_2} z^{m_2} + \cdots + b_{m_s} z^{m_t} \pmod{p},$$

$$m_1 > m_2 > \cdots > m_t,$$

$$a_{m_\ell} \not\equiv 0 \pmod{p}, 1 \le \ell \le t$$

と書くことができる．このとき $a_{n_1} b_{m_1} \not\equiv 0 \pmod{p}$ が成り立つので $P(z)Q(z)$ は p を法として最高次が $a_{n_1} b_{m_1} z^{n_1+m_1}$ である整数係数多項式と合同となり $P(z)Q(z) \not\equiv 0 \pmod{p}$ である．これがすべての素数 p で成り立つので，$P(z)Q(z)$ は原始的である．

[証明終]

■ **定理 3.1.5**　n 次の円分多項式 $\Phi_n(z)$ は原始的整数係数多項式である．

■ **証明**　n に関する数学的帰納法で証明する．

$\Phi_1(z) = z - 1, \Phi_2(z) = z + 1$ は整数係数で原始的であるので定理は $n = 1, 2$ のとき成り立つ．

$n \le m$ のとき定理が成り立つと仮定する．$n = m + 1$ が素数であれば円分多項式は

$$z^m + z^{m-1} + \cdots + z + 1$$

[※2]　整数係数の多項式 $P(z)Q(z)$ に対して $P(z) \equiv Q(z) \pmod{p}$ は $P(z) - Q(z)$ のすべての係数が p の倍数であることを意味する．

であるので定理は成立する．次に $m+1$ を合成数と仮定する．このとき，帰納法の仮定より $m+1$ の約数 $d \neq m+1$ に対して $\Phi_d(z)$ は整数係数かつ原始的である．従って，補題3.1.4より

$$f(z) = \prod_{\substack{d \mid m+1 \\ d \neq m+1}} \Phi_d(z)$$

は原始的整数係数多項式である．補題3.1.3より

$$z^n - 1 = f(z)\Phi_{m+1}(z)$$

が成立する．従って $\Phi_{m+1}(z)$ は有理数係数多項式であることが分かる．係数に現れる分数を通分することによって

$$\Phi_{m+1}(z) = \frac{1}{e}g(z)$$

と書くことができる．ここで e は正整数，$g(z)$ は原始的整数係数多項式である．すると

$$z^n - 1 = \frac{1}{e}f(z)g(z)$$

が成り立つが，z^n-1 および $f(z)g(z)$ は原始的であるので $e=1$ でなければならない．従って $n=m+1$ のときも定理が成り立つ．

[証明終]

■ **定理 3.1.6**　円分多項式は有理数体上既約である．

■ **証明**　自然数 n に対して n 以下の自然数で n と互いに素であるものを

$$a_1 = 1 < a_2 < a_3 < \cdots < a_{\varphi(n)}$$

と記す．

$$\zeta_n = \cos\frac{2\pi}{n} + i\sin\frac{2\pi}{n}$$

と置くと 1 の原始 n 乗根は $\zeta_n^{a_k}$ で与えられ，円分多項式 $\Phi_n(z)$ は

$$\Phi_n(z) = (z-\zeta_n)(z-\zeta_n^{a_2})(z-\zeta_n^{a_3})\cdots(z-\zeta_n^{a_{\varphi(n)}})$$

で定義された．これは整係数の多項式である．

　そこで $f(z)$ を ζ_n の有理数体 $\mathbb{Q}$ 上の最小多項式とする．すなわち有理数係数の 1 変数多項式で ζ_n を根に持つもののうちで次数が最小のものとする．最高次の係数は 1 とする．$f(z)$ は $\Phi_n(z)$ の因子であるので，整数係数の多項式である（定理 3.1.5 の証明を参照のこと）．$f(z)$ は $\mathbb{Q}$ 上既約であるので $f(z) = \Phi_n(z)$ を示せば良い．そこで $f(z) \neq \Phi_n(z)$ と仮定する．$f(z)$ は $\Phi_n(z)$ の既約因子である．

$$f(x) = (z-\zeta_n)(z-\zeta_n^{b_1})\cdots(z-\zeta_n^{b_s})$$
$$= z^{s+1} + c_1 z^s + c_2 z^{s-1} + \cdots + c_s$$

と記すと，このとき $f(z)$ の根とならない 1 の原始 n 乗根で $f(z)$ の根 η のある素数乗 η^p の形をしているものが存在することを示す．$f(z)$ の根とならない 1 の原始 n 乗根 ζ_n^a, $2 \leq a < n$ のうちで a が最小のものをとり，それを ζ_n^a と記す．そこで a の素因数 p を一つ選び，$a = pa_1$ と記すと $1 \leq a_1 < a$ である．すると ζ_n^a のとり方から $\eta = \zeta_n^{a_1}$ は $f(z)$ の根である．

　また，$\eta^p = \zeta_n^a$ は 1 の原始 n 乗根であるので p は n の約数ではない．そこで $f(z)$ の根の p 乗を根とする多項式

$$g(z) = (z-\zeta_n^p)(z-\zeta_n^{pb_1})\cdots(z-\zeta_n^{pb_s})$$
$$= z^{s+1} + C_1 z^s + C_2 z^{s-1} + \cdots + C_s$$

を考えると C_j は整数であり，

$$(x_1+x_2+\cdots+x_m)^p \equiv x_1^p+x_2^p+\cdots+x_m^p \pmod{p}$$

およびフェルマの小定理より

$$C_j \equiv c_j^p \equiv c_j \pmod{p}$$

が成り立つ．従って

$$g(z) \equiv f(z) \pmod{p}$$

が成り立つ．すなわち次数 s 次以下の整数係数多項式 $H(z)$ を使って

$$g(z) = f(z) + pH(z)$$

と書くことができる．

　さて $g(z)$ は根 η^p を持ち，仮定よりこれは $f(z)$ の根ではない．すると $f(z)$ と $g(z)$ は共通根を持たない．何故ならば，もし共通根 ξ を持てば $f(z)$ は ξ の最小多項式でもあるので $g(z)$ を割り切るが，両者は次数が同じであるので不可能であるからである．従って $f(z), g(z)$ は z^n-1 の異なる因子である．今までの考察により

$$z^n-1 = f(z)g(z)F(z) = f(z)(f(z)+pH(z))F(z)$$
$$= f(z)^2 F(z) + p\Psi(z), \deg \Psi(z) < n$$

と書くことができる．両辺を z で微分すると整数係数の多項式の関係式

$$nz^{n-1} - p\Psi'(z) = f(z)\varphi(z)$$

ができる．左辺は $n-1$ 次の多項式であり，最高次の係数だけ p で割りきれない．p は n の約数でないからである．従って

$$f(x)\varphi(x) \equiv nz^{n-1} \pmod{p} \tag{3.3}$$

であり，これより $f(z) \equiv z^{s+1} \pmod{p}$ でなければならない．も

し，他の 0 でない項があれば (3.3) が成り立たないからである．すなわち $f(z)$ は最高次の係数だけが p で割りきれず，残りの係数は p の倍数でなければならない．ところが $f(z)$ の定数項は 1 の n 乗根のいくつかの積であるので，その絶対値は 1 でなければならず p の倍数ではない．これは矛盾である．この矛盾は $f(z)$ が $\Phi_n(z)$ と異なると仮定したことから生じた．従って $f(z) = \Phi_n(z)$ である． 　　　　　　　　　　　　　　　[証明終]

3.2　円分体

自然数 n に対して

$$\zeta_n = \cos\frac{2\pi}{n} + i\sin\frac{2\pi}{n}$$

とおく．有理数体 $\mathbb{Q}$ に ζ_n をつけ加えてできる体，言い換えると $\mathbb{Q}$ と ζ_n を含む複素数体 $\mathbb{C}$ の最小の部分体を $\mathbb{Q}(\zeta_n)$ と記し，**n 次円分体**という．また n 次円分体 $\mathbb{Q}(\zeta_n)$ を以下 L_n とも記す．このとき，定理 $3.1.6$ より次の事実が成り立つ．

補題 3.2.1

$$[\mathbb{Q}(\zeta_n) : \mathbb{Q}] = \varphi(n)$$

であり，

$$L_n = \mathbb{Q}(\zeta_n) = \{a_0 + a_1\zeta_n + a_2\zeta_n^2 + \cdots$$
$$+ a_{\varphi(n)-1}\zeta_n^{\varphi(n)-1} \,|\, a_j \in \mathbb{Q}, j = 0, 1, \cdots, \varphi(n)-1\}$$

が成り立つ．ここで $\varphi(n)$ はオイラーの函数である．また，$\mathbb{Q}(\zeta_n)$ の元は α は

$$\alpha = a_0 + a_1\zeta_n + a_2\zeta_n^2 + \cdots + a_{\varphi(n)-1}\zeta_n^{\varphi(n)-1},$$

$$a_j \in \mathbb{Q}, j = 0, 1, \cdots, \varphi(n) - 1$$

と一意的に表される.

m, n が互いに素な自然数であれば

$$\mathbb{Q}(\zeta_m, \zeta_n) = \mathbb{Q}(\zeta_{mn})$$

が成り立つ.

■ 証明 $\zeta_m = \zeta_{mn}^n \in \mathbb{Q}(\zeta_{mn})$, $\zeta_n = \zeta_{mn}^m \in \mathbb{Q}(\zeta_{mn})$ が成り立つので $\mathbb{Q}(\zeta_m, \zeta_n) \subset \mathbb{Q}(\zeta_{mn})$ である.

一方, m と n は互いに素であるので

$$an + bm = 1$$

を満たす整数 m, n が存在する. すると

$$\zeta_{mn} = \zeta_{mn}^{an+bm} = (\zeta_{mn}^n)^a \cdot (\zeta_{mn}^m)^b = \zeta_m^a \cdot \zeta_n^b$$

が成り立つ. これは $\zeta_{mn} \in \mathbb{Q}(\zeta_m, \zeta_n)$ を意味し, $\mathbb{Q}(\zeta_{mn}) \subset \mathbb{Q}(\zeta_m, \zeta_n)$ が成り立つ. [証明終]

この補題によって m と n が互いに素である場合には, 1 の mn 乗根を求めるには 1 の m 乗根と 1 の n 乗根を求めればよいことになる. 従って n を素因数分解して

$$n = p_1^{m_1} p_2^{m_2} \cdots p_s^{m_s}$$

であるとすれば, 1 の原始 n 乗根を求めるには 1 の原始 $p_j^{m_j}$ 乗根

を求めればよいことが分かる．すなわち，素数べきの 1 の原始乗根を求めればよいことが分かる．素数 p に対して

$$\varphi(p^m) = p^{m-1}(p-1)$$

であるので

$$[\mathbb{Q}(\zeta_{p^m}):\mathbb{Q}] = p^{m-1}(p-1)$$

であることが分かる．1 の原始 p^m 乗根を求めるには方程式 $\varPhi_{p^m}(x) = 0$ を解く必要があるが，それには $p-1$ 次の方程式を解くことと，p^{m-1} 次の累乗根を取ることによって求めることができる．後に示すように $p-1$ 次の方程式はガウスの周期を使って解くことができ，従って，円分方程式 $\varPhi_{p^m}(z) = 0$ は代数的に解くことができる．これがガウスが発見した円分方程式の理論である．

■ **定理 3.2.3**　n 次の円分体 $L_n = \mathbb{Q}(\zeta_n)$ に対して n と互いに素な自然数 $1 \le a < n$ に対して σ_a を

$$\sigma_a(\zeta_n) = \zeta_n^a, \sigma g(\zeta_n) = g(\zeta_n^a), g(x) \in \mathbb{Q}[x]$$

と定義すると円分体 L_n の自己同型となる．また，L_n の自己同型はすべてこの形をしている．さらに対応

$$\sigma_a \longmapsto \overline{a} \in (\mathbb{Z}/n\mathbb{Z})^\times$$

は群の全射同型写像

$$\mathrm{Aut}_{\mathbb{Q}}(L_n) = \mathrm{Aut}(L_n) \simeq (\mathbb{Z}/n\mathbb{Z})^\times$$

を与える．

■ **証明**　L_n の任意の元は $g(\zeta_n), g(x) \in \mathbb{Q}[x]$ の形で書ける．$g(\zeta_n) = h(\zeta_n), h(x) \in \mathbb{Q}[x]$ であれば $g(x) - h(x)$ は $\varPhi_n(x)$ で割り切れる．a が n と互いに素であれば ζ_n^a も $\varPhi_n(x)$ の根である．従

って $g(\zeta_n^a) = h(\zeta_n^a)$ が成り立つ.

そこで n と互いに素な自然数 $1 \le a < n$ に対して $\sigma_a(\zeta_n) = \zeta_n^a$ と定義すると

$$\sigma_a(g_1(\zeta_n) + g_2(\zeta_n)) = g_1(\zeta_n^a) + g_2(\zeta_n^a)$$
$$= \sigma_a g_1(\zeta_n) + \sigma_a g_2(\zeta_n)$$
$$\sigma_a(g_1(\zeta_n) \cdot g_2(\zeta_n)) = g_1(\zeta_n^a) \cdot g_2(\zeta_n^a)$$
$$= \sigma_a g_1(\zeta_n) \cdot \sigma_a g_2(\zeta_n)$$

が成り立ち

$$\sigma_a \in \mathrm{Aut}_{\mathbb{Q}}(L_n)$$

であることが分かる. $a \equiv a' \pmod{n}$ のときに $\sigma_{a'} g(\zeta_n) = g(\zeta_n^{a'})$ と定義するとこれも L_n の自己同型写像を定義するが, $\zeta_n^a = \zeta_n^{a'}$ が成り立つので $\sigma_a = \sigma_{a'}$ が成り立つ.

一方, $\sigma \in \mathrm{Aut}(L_n)$ とする

$$0 = \sigma \Phi_n(\zeta_n) = \Phi(\sigma(\zeta_n))$$

が成り立つので $\sigma(\zeta_n)$ も円分多項式 $\Phi_n(x)$ の根である. 従って $\sigma(\zeta_n) = \zeta_n^a$ となる n と互いに素な自然数 $1 \le a < n$ が一通りに決まる. σ は体の同型写像であるので

$$\sigma g(\zeta_n) = g(\zeta_n^a), g(x) \in \mathbb{Q}[x]$$

が成り立つ. すなわち $\sigma = \sigma_a$ である.

さて b も n と互いに素な整数とすると

$$\sigma_b(\sigma_a g(\zeta_n)) = \sigma_b g(\zeta_n^a) = g((\zeta_n^a)^b)$$
$$= g(\zeta_n^{ab}) = \sigma_{ab}(\zeta_n)$$

が成り立ち,

$$\mathrm{Aut}(L_n) \ni \sigma_a \longmapsto \bar{a} \in (\mathbb{Z}/n\mathbb{Z})^{\times}$$

は群の準同型写像である. $\bar{a} = \bar{1}$ であれば $a \equiv 1 \pmod{n}$ であるの

で，$\sigma_a = \sigma_1 = \mathrm{id}$ が成り立ち，この準同型写像は同型写像である．
逆写像は

$$(\mathbb{Z}/n\mathbb{Z})^\times \ni \overline{a} \longmapsto \sigma_a \in \mathrm{Aut}(L_n)$$

で与えられるので，全射同型写像である．

［証明終］

■ **定理 3.2.4**　m と n とが互いに素な自然数のとき，

$$\sigma \in \mathrm{Aut}_{L_m}(L_{mn}) = \mathrm{Aut}_{L_m}(L_m(\zeta_n))$$

を部分体 $L_n = \mathbb{Q}(\zeta_n)$ に制限すると L_n の自己同型写像となり，
この制限写像 res は群の同型写像

$$\mathrm{res} : \mathrm{Aut}_{L_m}(L_{mn}) \quad \cong \quad \mathrm{Aut}_{\mathbb{Q}}(L_n)$$
$$\cup \qquad\qquad\qquad \cup$$
$$\sigma \qquad \longmapsto \qquad \sigma|_{L_n}$$

を引き起こす．

■ **証明**　$\sigma \in \mathrm{Aut}_{L_m}(L_m(\zeta_n))$ に対して $\sigma(\Phi_n(x)) = \Phi_n(x)$ が成り立つので $\Phi_n(\sigma(\zeta_n)) = \sigma(\Phi_n(\zeta_n)) = 0$ となり $\sigma(\zeta_n)$ は 1 の原始 n 乗根である．従って

$$\alpha = \sum_{j=0}^{\varphi(n)-1} a_j \zeta_n^j \in \mathbb{Q}(\zeta_n)$$

に対して

$$\sigma(\alpha) = \sum_{j=0}^{\varphi(n)-1} a_j \sigma(\zeta_n)^j \in \mathbb{Q}(\zeta_n) = L_n$$

が成り立ち，$\sigma|_{L_n}$ は L_n から L_n への体の同型写像である．従って

$$\sigma|_{L_n} \in \mathrm{Aut}_{\mathbb{Q}}(\mathbb{Q}(\zeta_n))$$

である．制限写像に関しては

$$\sigma_1 \circ \sigma_2 \longmapsto (\sigma_1 \circ \sigma_2)|_{L_n} = \sigma_1|_{L_n} \circ \sigma_2|_{L_n}$$

が成り立つので，制限写像 res は群の準同型写像である．また $\sigma|_{L_n} = \mathrm{id}$ であれば $\sigma(\zeta_n) = \zeta_n$ であるので σ は恒等写像である．従って制限写像 res は単射である．

次に全射であることを示す．$\tau \in \mathrm{Aut}_{\mathbb{Q}}(L_m)$ に対して $\tau(\zeta_n) = \zeta_n^e$ であるとする．e は n と素な整数であり，$1 \leq e < n$ に取ることができる．$L_m(\zeta_n)$ の任意の元 β は L_m 係数の多項式 $P(x)$ によって $\beta = P(\zeta_n)$ と表される．そこで $\tilde{\tau}$ を

$$\tilde{\tau}(P(\zeta_n)) = P(\zeta_n^e)$$

と定義する．これが矛盾なく定義できることを言うためには L_m 係数の多項式 $P(x), Q(x)$ が $P(\zeta_n) = Q(\zeta_n)$ であれば $P(\zeta^e) = Q(\zeta^e)$ を示す必要がある．$P(\zeta_n) = Q(\zeta_n)$ より $P(x) - Q(x)$ は ζ_n の L_m 上の最小多項式で割りきれる．一方，補題 3.2.2 より

$$\varphi(mn) = [\mathbb{Q}(\zeta_m, \zeta_n) : \mathbb{Q}] = [\mathbb{Q}(\zeta_m, \zeta_n) : \mathbb{Q}(\zeta_m)] \cdot [\mathbb{Q}(\zeta_m) : \mathbb{Q}]$$
$$= [\mathbb{Q}(\zeta_m, \zeta_n) : \mathbb{Q}(\zeta_n)] \varphi(m)$$

が成り立ち $\varphi(mn) = \varphi(m)\varphi(n)$ であるので $[\mathbb{Q}(\zeta_m, \zeta_n) : \mathbb{Q}(\zeta_m)] = \varphi(n) = \deg \Phi_n(x)$ が成り立つ．よって定理 3.1.6 より ζ_n の L_m 上の最小多項式は円分多項式 $\Phi_n(x)$ と一致する．従って

$$P(x) - Q(x) = R(x)\Phi_n(x), R(x) \in L_m[x]$$

と書くことができる．ζ_n^e も 1 の原始 n 乗根であるので $\Phi_n(x)$ の根である．従って $P(\zeta_n^e) = Q(\zeta_n^e)$ が成り立ち，$\tilde{\tau}$ は矛盾なく定義できる．これによって $\tilde{\tau}$ は $L_m(\zeta_n)$ の自己同型写像を定義することが分かる．さらに L_m 上では恒等写像であるので $\mathrm{Aut}_{L_m}(L_m(\zeta_n))$ の元を定義することが分かる．従って制限写像 res は全射同型写像であることが示された．　　　　　**[証明終]**

3.3　素数 p に対応する円分方程式

前の補題 3.2.2 より明らかなように，1 の n 乗根を求めるためには n を因数分解して $n = p_1^{m_1} p_2^{m_2} \cdots p_s^{m_s}$ であるとき，1 の $p_j^{m_j}$ 乗根をすべて求めればよい．さらに素数 p に対する円分多項式

$$\Phi_p(x) = x^{p-1} + x^{p-2} + \cdots + x + 1$$

を解いて 1 の原始 p 乗根 ζ を求めることができれば，ζ の p^{m-1} 乗根は 1 の原始 p^m 乗根になっている．円分多項式では

$$\Phi_{p^m}(x) = \Phi_p(x^{p^{m-1}})$$

なる関係がある．従って一般の円分方程式 $\Phi_n(x) = 0$ を代数的に解くためには，素数 p に対する円分方程式 $\Phi_p(x) = 0$ を解くことが基本となることが分かる．

以下，素数 p に対して円分方程式 $\Phi_p(x) = 0$ を代数的に解くことを考えよう．その理論はガウスの『数論研究』に記されている．

円分方程式のガウスによる代数的解法では，初等整数論の原始根が重要な働きをする．

定義 3.3.1　素数 p に対して整数 a が
$$a^k \not\equiv 1 \ (\mathrm{mod}\, p), \ p = 1, 2, \cdots, p-2$$
を満たすとき a を素数 p を法とする**原始根**という．

a が p の倍数でなければフェルマの小定理によって

$$a^{p-1} \equiv 1 \ (\mathrm{mod}\, p)$$

が常に成り立つ. 従って a が p の原始根であれば

$$a, a^2, a^3, \cdots, a^{p-1}$$

は p を法としてすべて異なっている. 整数 b に対して p を法とする剰余類 $\overline{b}$ を

$$\overline{b} = \{m \in \mathbb{Z} \mid m \equiv b \pmod{p}\}$$

と定義する. 剰余類の全体 $\mathbb{Z}/p\mathbb{Z}$ の内で $\overline{0}$ 以外の剰余類の全体を

$$(\mathbb{Z}/p\mathbb{Z})^{\times}$$

と記す. $(\mathbb{Z}/p\mathbb{Z})^{\times}$ は掛け算に関して群をなす. p を法とする原始根 a が存在すると, 上で示したように

$$(\mathbb{Z}/p\mathbb{Z})^{\times} = \{\overline{a}, \overline{a}^2, \overline{a}^3, \cdots, \overline{a}^{p-2}, \overline{a}^{p-1} = \overline{1}\},$$

が成り立つ. これは $(\mathbb{Z}/p\mathbb{Z})^{\times}$ が $\overline{a}$ を生成元とする位数 $p-1$ の巡回群であることを意味する.

■ **定理 3.3.2** 素数 p に対して原始根は必ず存在する. 従って, $(\mathbb{Z}/p\mathbb{Z})^{\times}$ は位数 $p-1$ の巡回群である.

■ **証明** p の倍数でない整数 a に対して $a^m \equiv 1 \pmod{p}$ が成り立つ最小の正整数 m を a の指数とよび, $\mathrm{Ind}_p a$ と記す. $\mathrm{Ind}_p a = p-1$ であれば a は p を法とする原始根である. そこで $m = \mathrm{Ind}_p a < p-1$ と仮定する. すると

$$\overline{a}, \overline{a}^2, \overline{a}^3, \cdots, \overline{a}^m$$

はすべて異なるが $(\mathbb{Z}/p\mathbb{Z})^{\times}$ とは一致しない. 従って, これらの剰余類と異なる剰余類 $\overline{b}$ が存在する. $n = \mathrm{Ind}_p b$ とおく. もし $n = p-1$ であれば b は原始根である. そこで $n < p-1$ と仮定す

る．このとき n は m の約数ではない．もし約数とすると

$$b^m \equiv 1 \pmod{p}$$

となり

$$x^m - 1 \equiv 0 \pmod{p}$$

は p を法として $m+1$ 個以上の解を持ち矛盾するからである[※3]．

　m, n の最大公約数を d，最小公倍数を ℓ とする．

$\ell = \dfrac{mn}{d} = m_0 n_0$，　ここで m_0 は m の約数，n_0 は n の約数で m_0 と n_0 は互いに素であるように選んでおく．n は m の約数でないので $\ell > m$ である．すると

$$\mathrm{Ind}_p\, a^{m/m_0} = m_0,\ \mathrm{Ind}_p\, b^{n/n_0} = n_0$$

が成り立つ．このとき

$$\mathrm{Ind}_p\,(a^{m/m_0} b^{n/n_0}) = m_0 n_0$$

[※3]　$a^m \equiv 1 \pmod{p}$ であれば $x^m - 1 \equiv (x-a)q(x) \pmod{p}$ と因数分解できる．一般に整数係数のモニック多項式 $f(x), g(x), \deg f(x) > \deg g(x)$ のとき $f(x) = q(x)g(x) + r(x), \deg r(x) < \deg g(x)$ と整数係数多項式の範囲内で割り算ができる．これを $f(x) = x^m - 1$, $g(x) = x - a$ に適用すれば $r(x)$ は整数 A であり $a^m - 1 \equiv 0 \pmod{p}$ であるので $A \equiv 0 \pmod{p}$，従って
$$x^m - 1 \equiv (x-a)q(x) \pmod{p}$$
が成り立つ．$q(x)$ は整数係数モニック多項式である．$(a^2)^m - 1 \equiv 0 \pmod{p}$，かつ $a^2 \not\equiv a \pmod{p}$ より $q(a^2) \equiv 0 \pmod{p}$ である．従って $q(x) \equiv (x - a^2)q_1(x)$ $\pmod{p}$ となる整数係数モニック多項式 $q_1(x)$ が存在し，
$$x^m - 1 \equiv (x-a)(x-a^2)q_1(x) \pmod{p}$$
が成り立つ．以下これを繰り返すと
$$x^m - 1 = (x-a)(x-a^2)\cdots(x-a^{m-1})(x-a^m) \pmod{p}$$
が成り立つ．これより $x^m - 1 \equiv 0 \pmod{p}$ は p を法として丁度 m 個の解を持つ．

が成り立つ^{※4}. すると $c=a^{m/m_0}b^{n/n_0}$ の指数は a の指数より大きい. 従って, 指数が $p-1$ より小さければ, それより大きな指数を持つ自然数が存在する. これを繰り返すことによって原始根が存在することが分かる. [証明終]

素数 $p\geqq 3$ を一つ固定し, 1 の p 乗根

$$\zeta=\zeta_p=\cos\frac{2\pi}{p}+i\sin\frac{2\pi}{p}$$

を考える. ガウスは整数 a に対して

$$[a]=\zeta^a$$

という記号を導入した. 記法を簡単にすることと ζ^a の指数の部分が重要なのでそれを取り出したわけである. 指数であるので

$$[a]\cdot[b]=[a+b]$$

であることに注意する. 通常の指数と違うのは 1 の p 乗根を考えているので

$$[a]=[b]\Longleftrightarrow a\equiv b \pmod{p}$$

が成り立つことである. 以下, 素数 p を法とする原始根 g を一つ選んで固定する. このとき集合として

$$\{[1],[2],[3],\cdots,[p-1]\}$$
$$=\{[1],[g],[g^2],\cdots,[g^{p-2}]\}$$

※4 正整数 α,β に対して $\mathrm{Ind}_p\alpha=s$, $\mathrm{Ind}_p\beta=t$ が互いに素であれば $\mathrm{Ind}_p(\alpha\beta)=\mathrm{Ind}_p\alpha\cdot\mathrm{Ind}_p\beta$ が成り立つ. $k=\mathrm{Ind}_p(\alpha\beta)$ とすると $(\alpha\beta)^k\equiv(\alpha\beta)^{ks}\equiv\beta^{ks}\equiv 1 \pmod{p}$ が成り立つ. $t=\mathrm{Ind}_p\beta$ より ks は t の倍数でなければならない. なぜならばもし t の倍数でなければ $ks\equiv t_0 \pmod{t}$, $1\leqq t_0<t$ である t_0 が存在するが $\beta^{t_0}\equiv 1 \pmod{p}$ が成り立ち, 指数 t の定義に反する. s は t と互いに素であるので k は t の倍数である. 同様に k は s の倍数である. 一方, $(\alpha\beta)^{st}\equiv 1 \pmod{p}$ が成り立つので $k=st$ である.

が成り立っていることに注意する.

$p-1$ の約数 e に対して

$$p-1=ef$$

と記し，整数 λ に対して，新たに記号 (f,λ) を

$$(f,\lambda)=[\lambda]+[\lambda g^e]+[\lambda g^{2e}]+\cdots+[\lambda g^{(f-1)e}] \tag{3.2}$$

と定義する．定義より $(f,0)=f$ である．ガウスは (f,λ) を **周期** とよんでいる．ここでは e や f の関係を明確にするために (f,λ) を f 項周期と呼ぼう．f が分かれば e が分かるので λ さえ決めれば f 項周期は決まる．定義から $\lambda \equiv \mu \pmod{p}$ であれば

$$(f,\lambda)=(f,\mu)$$

が成り立つ.

ところで，f 項周期の定義は原始根 g のとり方に依存するように見えるが，実は次の事実が証明できる.

問題 3.3.3

f 項周期 (f,λ) は原始根の取り方によらず λ と f によって一意的に決まる.

■ **証明**　a も p を法とする原始根とする．すると，順番は変わるかもしれないが，集合として

$$\{[1],[a],[a^2],\cdots,[a^{p-2}]\}=\{[1],[g],[g^2],[g^3],\cdots,[g^{p-2}]\}$$

が成り立つので

$$[a]=[g^k],\ [g]=[a^\ell]$$

が成り立つような整数 $1<k,\ell<p-1$ が存在する．このとき $[g]=[a^\ell]=[g^{k\ell}]$ より

$$kℓ ≡ 1 \pmod{p-1}$$

が成立している．従って，集合として

$$\{[1], [a^e], [a^{2e}], \cdots, [a^{(f-1)e}]\} = \{[1], [g^e], [g^{2e}], \cdots, [g^{(f-1)e}]\}$$

が成り立つ．何故ならば，k, $ℓ$ は $p-1$ と，従って f と共通因数を持たないので，任意の $1 \leqq j \leqq p-2$ に対して

$$g^{je} = a^{ℓje} = a^{j'e}, ℓj ≡ j' \pmod{f}, 1 \leqq j' \leqq f-1$$
$$a^{je} = g^{kje} = g^{j''e}, kj ≡ j'' \pmod{f}, 1 \leqq j'' \leqq f-1$$

となることから従う．これは巡回群 $(\mathbb{Z}/p\mathbb{Z})^{\times}$ の位数 f の部分群は1個しか無いことに対応している．従って $\sum_{j=0}^{f-1}[\lambda a^{je}]$ と $\sum_{j=0}^{f-1}[\lambda g^{je}]$ は項の順序は異なるが，現れる項は全体として一致している．　　　　　　　　　　　　　　　　　　　　　　　[証明終]

補題 3.3.4

$(f, 0)$ を除いて e 個の異なる f 項周期が存在する．それらは $(f, 1)$, (f, g), $(f, g^2), \cdots, (f, g^{e-1})$ で与えられる．また

$$(f, 1) + (f, g) + (f, g^2) + \cdots + (f, g^{e-1}) = -1$$

が成立する．

■ **証明**　(f, λ) の項 $[\lambda g^{se}]$ が λ と異なる整数 μ に関して (f, μ) の1項と一致したと仮定する．すなわち

$$[\lambda g^{se}] = [\mu g^{te}], 1 \leqq s, t \leqq f-1$$

が成立したと仮定する．このとき $(f, \lambda) = (f, \mu)$ を示す．$\lambda ≡ 0 \pmod{p}$ のときはすべての項が1となって主張は明らか．そこで $\lambda \not\equiv 0 \pmod{p}$ と仮定する．原始根の性質から

$$\lambda \equiv g^{\ell_1} \pmod{p}, \mu \equiv g^{\ell_2} \pmod{p},$$

$$0 \leq \ell_1, \ell_2 \leq p-2$$

となる整数 ℓ_1, ℓ_2 が存在する。従って

$$\ell_1 + se \equiv \ell_2 + te \pmod{(p-1)}$$

が成立する。これは

$$\ell_1 \equiv \ell_2 \pmod{e}$$

を意味する。$\ell_2 = \ell_1 + me$ とすると

$$[\mu g^{je}] = [g^{\ell_2 + je}] = [g^{\ell_1 + (j+m)e}]$$

が成り立つので

$$(f, \mu) = \sum_{j=0}^{f-1} [\mu g^{je}] = \sum_{j=0}^{f-1} [g^{\ell_1 + (m+j)e}]$$

$$= \sum_{k=m}^{m+f-1} [g^{\ell_1 + ke}] = \sum_{k=0}^{f-1} [g^{\ell_1 + ke}] = \sum_{k=0}^{f-1} [g^{\ell_1} g^{ke}]$$

$$= \sum_{k=0}^{f-1} [\lambda g^{ke}] = (f, \lambda)$$

以上の議論から，$(f, 0)$ 以外の f 項周期の相異なるものは $(f, g^k), k = 0, 1, \cdots, e-1$ で与えられることも分かった。このとき

$$\sum_{k=0}^{e-1} (f, g^k)$$

には ζ の 1 から $p-1$ 乗のすべての項が 1 回ずつ現れるので，この和は -1 である。　　　　　　　　　　　　　　[証明終]

■ **系 3.3.5**　(f, λ) と (f, μ) が一つの項を共有すれば

$$(f, \lambda) = (f, \mu)$$

補題 3.3.6

f 項周期の積は f 項周期の和として表すことができる。

■■ **証明**　(f,λ) と (f,μ) の積は次のように変形できる.

$$
\begin{aligned}
(f,\lambda)\cdot(f,\mu) &= \sum_{j=0}^{f-1}\left[\lambda g^{je}\right]\cdot\sum_{k=0}^{f-1}\left[\mu g^{ke}\right] \\
&= \sum_{j=0}^{f-1}\sum_{k=0}^{f-1}\left[\lambda g^{je}+\mu g^{ke}\right] \\
&= \sum_{j=0}^{f-1}\sum_{k=0}^{f-1}\left[\lambda g^{(j-k)e}g^{ke}+\mu g^{ke}\right] \\
&= \sum_{j=0}^{f-1}\sum_{k=0}^{f-1}\left[(\lambda g^{(j-k)e}+\mu)g^{ke}\right] \\
&= \sum_{m=0}^{f-1}\sum_{k=0}^{f-1}\left[(\lambda g^{me}+\mu)g^{ke}\right] \\
&= \sum_{m=0}^{f-1}(f,\lambda g^{me}+\mu)
\end{aligned}
$$

3.4　$p=7$ の場合

手始めに $p=7$ の場合を考えてみよう.

$$
\zeta = \cos\frac{2\pi}{7}+i\sin\frac{2\pi}{7}
$$

とおく. 3 は 7 を法とする原始根であり,

$$
[3],\ [3^2]=[2],\ [3^3]=[6],\ [3^4]=[4],
$$
$$
[3^5]=[5],\ [3^6]=[1]
$$

である. $p-1=6=2\cdot3$ であるので 2 項周期を考える. 異なる 2 項周期は 3 個存在する. それらは

$$
(2,1)=[1]+[3^3]=[1]+[6]=\zeta+\zeta^{-1}
$$
$$
(2,3)=[3]+[3^3\cdot3]=[3]+[4]=\zeta^3+\zeta^{-3}
$$
$$
(2,2)=[2]+[3^3\cdot2]=[2]+[5]=\zeta^2+\zeta^{-2}
$$

で与えられる. $(2,2)=(2,3^2)$ であることに注意する. これらの 2

項周期が満たす3次方程式を2項周期の計算を使って求めよう.
まず，定義より

$$(2,1)+(2,3)+(2,2)=-1$$

が成り立つ．また

$$(2,1)\cdot(2,3)=(2,3)+(2,2)$$
$$(2,3)\cdot(2,2)=(2,2)+(2,1)$$
$$(2,2)\cdot(2,1)=(2,3)+(2,1)$$

が成り立ち，さらに

$$(2,1)^2=(2,2)+(2,0)=(2,2)+2$$
$$(2,3)^2=(2,1)+(2,0)=(2,1)+2$$
$$(2,2)^2=(2,3)+(2,0)=(2,3)+2$$

が成立する．以上の結果より

$$(2,1)\cdot(2,3)+(2,3)\cdot(2,2)+(2,2)\cdot(2,1)$$
$$=(2,3)+(2,2)+(2,2)+(2,1)+(2,3)+(2,1)=-2$$

および

$$(2,1)\cdot(2,3)\cdot(2,2)=((2,3)+(2,2))\cdot(2,2)$$
$$=(2,2)+(2,1)+(2,3)+2=1$$

が成り立つことが分かる．根と係数の関係より，求める3次方程式は

$$w^3+w^2-2w-1=0 \tag{3.3}$$

であることが分かる．この式は

$$\Phi_7(x)=x^6+x^5+x^4+x^3+x^2+x+1=0$$

から $w=x+1/x$ と置くことによって導くことができるが，円分方程式を変形しなくて2項周期の計算だけで方程式が得られることが重要である．これはあらゆる f 項周期に対して成立することであり，それを支えているのが補題3.3.6である.

次に3項周期を考えてみよう.

$$(3,1)=[1]+[3^2]+[3^4]=[1]+[2]+[4]$$
$$(3,3)=[3]+[3^3]+[3^5]=[3]+[6]+[5]$$

このとき

$$(3,1)+(3,3)=-1$$

であり，また

$$(3,1)\cdot(3,3)=(3,1)+(3,3)+(3,0)=2$$

が成り立つ．従って，$(3,1)$, $(3,3)$ は 2 次方程式

$$z^2+z+2=0$$

の根であることが分かる．もちろん，この方程式は $z=x+x^2+x^4$ と置いて $x^7=1$ を使うと円分方程式 $\varPhi_7(x)=0$ から導くこともできる．

次に 3 次方程式 (3.3) をカルダノ・ボンベリの公式を使わずに解いてみよう．ラグランジュの分解式の考え方を使う．今の場合，1 の 3 乗根

$$\rho=\cos\frac{2\pi}{3}+\sin\frac{2\pi}{3}=\frac{-1+\sqrt{3}\,i}{2}$$

を使って，ラグランジュの分解式を

$$\eta_1=(\rho,(2,1))=(2,1)+\rho(2,3)+\rho^2(2,2)$$
$$\eta_2=(\rho^2,(2,1))=(2,1)+\rho^2(2,3)+\rho(2,2)$$
$$\eta_3=(1,(2,1))=(2,1)+(2,3)+(2,2)=-1$$

と定義する．η_1^3 は整数係数の ρ の多項式（これは 3 次円分体 $L_3=\mathbb{Q}(\rho)$ の整数である）になることを証明しよう．$\rho^2+\rho+1=0$ を使って，まず次の計算を行う．

$$\eta_1\eta_2 = (2,1)^2 + (2,3)^2 + (2,3)^2 + (\rho+\rho^2)(2,1)(2,3)$$
$$+ (\rho+\rho^2)(2,3)(2,2) + (\rho+\rho^2)(2,2)(2,1)$$
$$= (2,2) + 2 + (2,1) + 2 + (2,3) + 2$$
$$- \{(2,1)(2,3) + (2,3)(2,2) + (2,2)(2,1)\}$$
$$= 5 + 2 = 7$$

次に

$$\eta_1^2 = (2,1)^2 + \rho^2(2,3)^2 + \rho(2,2)^2 + 2\rho(2,1)(2,3)$$
$$+ 2(2,3)(2,2) + 2\rho^2(2,2)(2,1)$$
$$= (2,2) + 2 + \rho^2\{(2,1)+2\} + \rho\{(2,3)+2\} + 2\rho\{(2,3)+(2,2)\}$$
$$+ 2\{(2,2)+(2,1)\} + 2\rho^2\{(2,3)+(2,1)\}$$
$$= (2+3\rho^2)(2,1) + (2\rho^2+3\rho)(2,3) + (2\rho+3)(2,2)$$
$$= (2+3\rho^2)(2,1) + \rho^2(2,3) + \rho(2,2)$$
$$= -(1+3\rho)\eta_2$$

を得るので

$$\eta_1^3 = -(1+3\rho)\eta_1\eta_2 = -7(1+3\rho)$$

であることが分かった．このように η_1^3 は 3 次円分体 $L_3 = \mathbb{Q}(\rho)$ の整数になっている．また

$$\eta_2^3 = \frac{7^3}{\eta_1^3} = -\frac{7^2}{1+3\rho} = -\frac{7^2(1+3\rho^2)}{(1+3\rho)(1+3\rho^2)}$$
$$= -\frac{7^2(1+3\rho^2)}{7} = -7(1+3\rho^2)$$

がなりたち，η_2^3 も 3 次円分体の整数である．定理 3.2.3 を 7 次の円分体 $L_7 = \mathbb{Q}(\zeta)$ に，定理 3.2.4 を $L_3(\zeta) = \mathbb{Q}(\rho,\zeta)$ に適用すると，$\sigma(\zeta) = \zeta^3$，$L_3(\zeta)$ の場合はさらに $\sigma(\rho) = \rho$ と定義すると，σ はこれらの体の自己同型を引き起こすことが分かる．σ は 6 次の巡回群を生成し，

$$\sigma((2,1)) = (2,3),\ \sigma((2,3)) = (2,2),$$
$$\sigma((2,2)) = (2,1)$$

となることから

$$\sigma(\eta_1) = \rho^2\eta_1,\ \sigma(\eta_2) = \rho\eta_2$$

が成り立つ．これより

$$\sigma(\eta_1^3) = \eta_1^3,\ \sigma(\eta_2^3) = \eta_2^3$$

であることが分かる．これは $\eta_1^3, \eta_2^3 \in L_3$ を意味している．η_1, η_2 は定義から代数的整数であるので η_1^3, η_2^3 は L_3 の整数である．

以上の議論から η_1 は $\eta_1^3 = -7(1+3\rho)$ の立方根であることが分かったが，どの立方根であるかを決めよう．$-(1+3\rho)$ の偏角を $\theta°$ と記そう．

$$-(1+3\rho) = \frac{1}{2} - \frac{3\sqrt{3}}{2}i = \sqrt{7}\left(\cos\theta° + i\sin\theta°\right)$$

すると

$$\cos\theta° = \frac{\sqrt{7}}{14} \fallingdotseq 0.188982,$$

$$\sin\theta° = -\frac{3\sqrt{21}}{14} \fallingdotseq -0.09819805$$

であるので，三角関数表より $\theta° \fallingdotseq 280.89°$ であることが分かる．従って $-7(1+3\rho)$ の立方根は

$$\sqrt[3]{-7(1+3\rho)} = \sqrt{7}\left(\cos\frac{\theta°}{3} + i\sin\frac{\theta°}{3}\right)$$

と定義すると，残りの 2 根は $\rho\sqrt[3]{-7(1+3\rho)}$，$\rho^2\sqrt[3]{-7(1+3\rho)}$ である．

$$\rho\sqrt[3]{-7(1+3\rho)} = \sqrt{7}\left(\cos\left(120° + \frac{\theta°}{3}\right) + i\sin\left(120° + \frac{\theta°}{3}\right)\right)$$

$$\rho^2\sqrt[3]{-7(1+3\rho)} = \sqrt{7}\left(\cos\left(240° + \frac{\theta°}{3}\right) + i\sin\left(240° + \frac{\theta°}{3}\right)\right)$$

η_1 がこれらの立方根のどれに対応するかを見るために $\mathrm{Re}\,\eta_1$ を見ればよい．$(2,1), (2,3), (2,2)$ はすべて実数であり

$$(2,1) = 2\cos(2\pi/7) > 0, \ (2,3) = 2\cos(6\pi/7) < 0,$$
$$(2,2) = 2\cos(4\pi/7) < 0,$$

より

$$\mathrm{Re}\,\eta_1 = (2,1) - \frac{1}{2}(2,3) - \frac{1}{2}(2,2) > 0$$

であることが分かる. $\theta^\circ/3 \fallingdotseq 93.63^\circ$ より実部が正になるのは $\rho^2\sqrt[3]{-7(1+3\rho)}$ であることから

$$\eta_1 = \sqrt{7}\left(\cos\left(240^\circ + \frac{\theta^\circ}{3}\right) + i\sin\left(240^\circ + \frac{\theta^\circ}{3}\right)\right)$$

で与えられることが分かる. これから $\eta_2 = 7/\eta_1$ が決まり

$$(2,1) = \frac{\eta_1 + \eta_2 - 1}{3}, \quad (2,3) = \frac{\rho^2\eta_1 + \rho\eta_2 - 1}{3},$$
$$(2,2) = \frac{\rho\eta_1 + \rho^2\eta_2 - 1}{3}$$

となることが分かる.

$(2,1) = \zeta + \zeta^{-1}$ であったので, 1 の 7 乗根 ζ は 2 次方程式

$$z^2 - (2,1)z + 1 = 0$$

の根である. $\mathrm{Im}\,\zeta > 0, \mathrm{Im}\,\zeta^{-1} < 0$ より

$$\zeta = \frac{(2,1) + \sqrt{(2,1)^2 - 4}}{2}, \quad \zeta = \frac{(2,1) - \sqrt{(2,1)^2 - 4}}{2}$$

であることが分かる. 但し, $(2,1)^2 - 4 < 0$ であるので, $\sqrt{(2,1)^2 - 4} = \sqrt{4 - (2,1)^2}\,i$ と定義する.

このようにして 1 の 7 乗根を冪根を使って表すことができた.

3.5　$p = 17$ の場合

　正 17 角形が定規とコンパスを使って作図できることは素数 17 に対応する円分方程式

$$\Phi_{17}(z) = z^{16} + z^{15} + z^{14} + \cdots + z + 1 = 0$$

が 2 次方程式だけで解くことができることから示すことができる. 今は先ずそのことを見ることとする.

3 は素数 17 を法とする原始根である.

$$[3^0] = [1], \ [3] = [3], \ [3^2] = [9], \ [3^3] = [10],$$
$$[3^4] = [13], \ [3^5] = [5], \ [3^6] = [15],$$
$$[3^7] = [11], \ [3^8] = [16], \ [3^9] = [14],$$
$$[3^{10}] = [8], \ [3^{11}] = [7], \ [3^{12}] = [4],$$
$$[3^{13}] = [12], \ [3^{14}] = [2], \ [3^{15}] = [6]$$

また, $p-1 = 16$ の因数は $e = 1, 2, 4, 8, 16$ であり, 対応して $ef = p-1$ である f は $16, 8, 4, 2, 1$. である. 異なる f 項周期は次の形に分類される.

$$-1 = (16,1) \begin{cases} (8,1) \begin{cases} (4,1) \begin{cases} (2,1) \ [1], [16] \\ (2,4) \ [4], [13] \end{cases} \\ (4,9) \begin{cases} (2,2) \ [2], [15] \\ (2,8) \ [8], [9] \end{cases} \end{cases} \\ (8,3) \begin{cases} (4,3) \begin{cases} (2,3) \ [3], [14] \\ (2,5) \ [5], [12] \end{cases} \\ (4,10) \begin{cases} (2,6) \ [6], [11] \\ (2,7) \ [7], [10] \end{cases} \end{cases} \end{cases}$$

$f = 16$ に対応する周期は唯 1 個 $(16,1) = -1$ である. $f = 8$ に対応する周期は 2 個

$$(8,1) = [1] + [9] + [13] + [15] + [16] + [8] + [4] + [2]$$
$$(8,3) = [3] + [10] + [5] + [11] + [14] + [7] + [12] + [6]$$

であり

$$(8,1)+(8,3)=\sum_{k=1}^{16}\zeta^k=-1$$

が成り立つ．また

$$(8,1)\cdot(8,3)=4((8,1)+(8,3))=-4.$$

が成り立つので，$\eta_1=(8,1)$ と $\eta_2=(8,3)$ は 2 次方程式

$$y^2+y-4=0$$

の根である．ところで

$$[a]+[17-a]=[a]+[-a]$$
$$=\cos\frac{2a\pi}{17}+i\sin\frac{2a\pi}{17}+\cos\frac{2a\pi}{17}-i\sin\frac{2a\pi}{17}=2\cos\frac{2a\pi}{17}$$

より η_1,η_2 は実数である．さらに $\cos(\pi-a)=-\cos\alpha$ を使うと

$$\eta_1=2\Big(\cos\frac{2\pi}{17}+\cos\frac{4\pi}{17}+\cos\frac{8\pi}{17}-\cos\frac{\pi}{17}\Big)>0$$

が分かり

$$\eta_1=\frac{-1+\sqrt{17}}{2},\ \eta_2=\frac{-1-\sqrt{17}}{2}$$

であることが分かる．

　異なる 4 周期は 4 個ある．それらは

$$(4,1)=[1]+[13]+[16]+[4]$$
$$(4,9)=[9]+[15]+[8]+[2]$$
$$(4,3)=[3]+[5]+[14]+[12]$$
$$(4,10)=[10]+[11]+[7]+[6]$$

である．まず，

$$(4,1)+(4,9)=(8,1)=\eta_1,$$
$$(4,3)+(4.10)=(8,3)=\eta_2$$

であることが分かる．さらに

$$(4,1)\cdot(4,9)=(4,10)+(4,3)+(4,9)+(4,1)=-1$$
$$(4,3)\cdot(4,10)=(4,1)+(4,9)+(4,10)+(4,3)=-1$$

が成り立つ．従って $\eta_3=(4,1)$ と $\eta_4=(4,9)$ は 2 次方程式

$$x^2-\eta_1 x-1=0$$

の根であり，$\eta_5=(4,3)$ と $\eta_6=(4,10)$ は 2 次方程式

$$x^2-\eta_2 x-1=0$$

の根である．$x^2-\eta_1 x-1=0$ の 2 根は

$$\frac{\eta_1\pm\sqrt{\eta_1^2+4}}{2}=\frac{-1+\sqrt{17}\pm\sqrt{34-2\sqrt{17}}}{4}$$

であり，正根と負根が現れる．$0<x<\pi/2$ のとき $\cos x>0$ である
ので

$$\eta_3=2\Big(\cos\frac{2\pi}{17}+\cos\frac{8\pi}{17}\Big)>0$$

が得られる．従って

$$\eta_3=\frac{-1+\sqrt{17}+\sqrt{34-2\sqrt{17}}}{4},$$

$$\eta_4=\frac{-1+\sqrt{17}-\sqrt{34-2\sqrt{17}}}{4}$$

であることが分かる．

　同様に $x^2-\eta_2 x-1=0$ の 2 根 η_5,η_6 は

$$\eta_6=2\Big(\cos\frac{12\pi}{17}+\cos\frac{14\pi}{17}\Big)<0$$

より

$$\eta_5=\frac{-1-\sqrt{17}+\sqrt{34+2\sqrt{17}}}{4},$$

$$\eta_6=\frac{-1-\sqrt{17}-\sqrt{34+2\sqrt{17}}}{4}$$

であることが分かる．

　2 周期は異なるものが 8 個ある．そのうちの 4 個

$$(2,1) = [1] + [16]$$
$$(2,4) = [4] + [13]$$
$$(2,3) = [3] + [14]$$
$$(2,5) = [5] + [12]$$

を考える.

$$(2,1) + (2,4) = (4,1) = \eta_3,$$
$$(2,3) + (2,5) = (4,3) = \eta_5$$

であり

$$(2,1) \cdot (2,4) = (2,5) + (2,3) = (4,3) = \eta_5$$

であることが分かる.

これより $\eta_7 = (2,1)$ と $\eta_8 = (2,4)$ は 2 次方程式

$$x^2 - \eta_3 x + \eta_5 = 0$$

の根である. $\eta_7 = 2\cos\dfrac{2\pi}{17} > 2\cos\dfrac{8\pi}{17} = \eta_8$ より

$$\eta_7 = \frac{\eta_3 + \sqrt{\eta_3^2 - 4\eta_5}}{2}, \eta_8 = \frac{\eta_3 - \sqrt{\eta_3^2 - 4\eta_5}}{2}$$

であることが分かる.

最後に $(1,1) = [1] = \zeta$, $(1,16) = [16] = \zeta^{-1}$ は 2 次方程式

$$x^2 - \eta_7 x + 1 = 0$$

の根である. $0 < \eta_7 = 2\cos\dfrac{2\pi}{17} < 2$ であるので,$\eta_7^2 - 4 < 0$ である. 従って

$$\zeta = \frac{\eta_7 + i\sqrt{4 - \eta_7^2}}{2}, \zeta^{-1} = \frac{\eta_7 - i\sqrt{4 - \eta_7^2}}{2},$$

であることが分かる. このように 1 の 17 乗根,言い換えれば方程式 $\varPhi_{17}(x) = 0$ の根は四則演算と平方根の計算を繰り返すことによって求めることができる. このことは定規とコンパスを使って

正 17 角形を作図することができることを意味している.

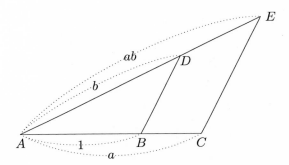

図 2.1　$AB = 1, AC = a, AD = b$ のとき点 C から BD に平行な半直線を引き半直線 AD との交点を E とすると $AE = ab$ である. 一方 $AB = 1, AC = a, AE = c$ のとき点 B から CE に平行な半直線を引き AE との交点を D とすると $AD = c/a$ となる. 平行線は定規とコンパスを規定通り使って引くことができるので乗法, 除法で得られる数値は作図できる.

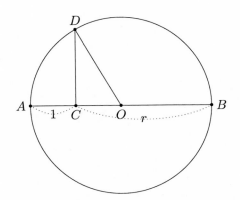

図 2.2　長さ 1 と長さ r が与えられたとき, 点 A から点 B まで長さ $1 + r$ の線分を引き, $AC = 1$ であるように点 C を取る. 線分 AB の中点を O とし, O を中心に半径 $OA = (1 + r)/2$ の円を描く. 点 C から立てた垂線の円との交点の一つを D とすると, $CD = \sqrt{r}$ である. 従って $\sqrt{r}$ は定規とコンパスを使って作図できる.

　ここで，定規は任意与えられた二点を通る直線を引くこと，コンパスは任意に与えられた半径の円を描くことにのみに使うことが許される．このことを定規とコンパスを規定通りに使って作図するという．定規とコンパスを使えば単位の長さが与えられたときに，与えられた二数を線分で表すと，この二数の加減乗除で得られる数に対応する線分は簡単に作図することができる（図 2.1）．さらに，与えられた数を線分で表したときにその平方根に対応する線分も定規とコンパスを使って作図できる（図 2.2）．複素数に関しては複素平面に数を表示したとき，その絶対値の平方根を定規とコンパスを使って作図し，偏角を 2 等分することによって複素平面上に与えられた数の平方根を作図することができる．

　直線は 1 次式，円は 2 次式で表されるので，定規とコンパスで作図できる数は，与えられた数から四則演算を使ってえられる数と，作図できる数を係数とする 2 次方程式の根であることが分かる．

3.6　角の 3 等分

　一般の角の 3 等分は定規とコンパスを規定通り使って作図することは不可能であることを証明しておこう．そのためには 60°が作図不可能であることを証明すれば十分である．

■ **定理 3.6.1**　角度 60°の三等分角 20°を定規とコンパスを規定通り使って作図することは不可能である．従って，一般の角の三等分は定規とコンパスを規定通り使って行うことは不可能である．

■ **証明** この定理を証明するためには cos 20°が作図不可能であることを示せばよい. なぜならば, 単位の長さを決めたときに, 線分 AB が cos 20°に対応するとすると, A を中心に長さ 1 の円を描き, 点 B から直線 AB に立てた垂線との交点を C とすると $\angle CAB = 20°$ となるからである.

さて余弦函数の 3 倍角の公式は

$$\cos 3\theta = 4\cos^3\theta - 3\cos\theta$$

で与えられる. 従って cos 20° は 3 次方程式

$$8x^3 - 6x - 1 = 0 \tag{3.4}$$

の根である. (3.4) は有理数体上既約であることを証明しよう. もし可約であれば少なくとも 1 個 1 次式を因数に持つので, (3.4) は有理数解を持つ. それを a/b とし, a, b は互いに素であると仮定する. すると

$$8a^3 - 6ab^2 = b^3$$

が成り立つので, b は偶数である. そこで $b = 2c$ とおくと $8a^3 - 24ac^2 = 8c^3$ が成り立つので

$$a(a^2 - 3c^2) = c^3 \tag{3.5}$$

が成り立たなければならない. $a = 1$ とすると $1 = c^2(c+3)$ が成り立たなければならないが, c は整数であるのでこれは不可能である. 従って $a \neq 1$ である. すると (3.5) より c と a は共通因数を持つ. これは a, b が互いに素であるという仮定に反する. よって (3.4) は既約方程式である. すると §2.5 定理 2.5.5 より

$$[\mathbb{Q}(\cos 20°) : \mathbb{Q}] = 3$$

である. もし cos 20° が作図可能であれば, これは有理数体から四則演算と平方根をとることを繰り返すことによって得られる体

$$\mathbb{Q} \subset \mathbb{Q}(\sqrt{r_1}) \subset \mathbb{Q}(\sqrt{r_1}, \sqrt{r_2}) \subset \cdots$$
$$\subset \mathbb{Q}(\sqrt{r_1}, \sqrt{r_2}, \cdots, \sqrt{r_{m-1}})$$
$$\subset \mathbb{Q}(\sqrt{r_1}, \sqrt{r_2}, \cdots, \sqrt{r_{m-1}}, \sqrt{r_m})$$

に属さなければならない．ここで r_k は $\mathbb{Q}(\sqrt{r_1}, \cdots, \sqrt{r_{k-1}})$ の元であり，その平方根はこの体に属さない．この体の拡大は2次拡大の繰り返しであるので

$$[\mathbb{Q}(\sqrt{r_1}, \sqrt{r_2}, \cdots, \sqrt{r_{m-1}}, \sqrt{r_m}) : \mathbb{Q}] = 2^m$$

が成り立つ．一方 $\cos 20° \in \mathbb{Q}(\sqrt{r_1}, \sqrt{r_2}, \cdots, \sqrt{r_m})$ であれば $[\mathbb{Q}(\cos 20°) : \mathbb{Q}] = 3$ は 2^m の約数でなければならないが，これは不可能である．従って $\cos 20°$ は2次方程式を有限回解くことによっては得られない．従って定規とコンパスを規定通り使って $\cos 20°$ は作図できない．　　　　　　　　　　　　［**証明終**］

3.7　$p = 19$ の場合

次に $p = 19$ の場合を簡単に述べる．紙数の関係で具体的な計算は読者に任せることとする．$p = 19$ のとき．2は19を法とする原始根である．

異なる f 項周期に関しては次にようにまとめることができる．

$$-1=(18,1)\begin{cases}(6,1)\begin{cases}(2,1)\quad[1],[18]\\(2,8)\quad[8],[11]\\(2,7)\quad[7],[12]\end{cases}\\(6,2)\begin{cases}(2,2)\quad[2],[17]\\(2,3)\quad[3],[16]\\(2,5)\quad[5],[14]\end{cases}\\(6,4)\begin{cases}(2,4)\quad[4],[15]\\(2,6)\quad[6],[13]\\(2,9)\quad[9],[10]\end{cases}\end{cases}$$

先ず 6 項周期に対しては

$$(6,1)=(2,1)+(2,8)+(2,7)$$
$$(6,2)=(2,2)+(2,3)+(2,5)$$
$$(6,4)=(2,4)+(2,6)+(2,9)$$

であることが分かる．また，定義より

$$(6,1)+(6,2)+(6,4)=-1$$

が成り立つ．さらに，直接の計算によって

$$(6,1)\cdot(6,2)=3\cdot(6,4)+2\cdot(6,2)+(6,1)$$
$$(6,2)\cdot(6,4)=3\cdot(6,1)+2\cdot(6,4)+(6,2)$$
$$(6,4)\cdot(6,1)=3\cdot(6,2)+2\cdot(6,1)+(6,4)$$

が示される．従って

$$(6,1)\cdot(6,2)+(6,2)\cdot(6,4)+(6,4)\cdot(6,1)$$
$$=6((6,1)+(6,2)+(6,4))=-6$$

が成り立つ．ところで

$$(6,1)^2=4-(6,2) \tag{3.6}$$

であることを使うと，上の結果より

$$(6,1)\cdot(6,2)\cdot(6,4)=7$$

を得る．従って $\eta_1=(6,1)$, $\eta_2(6,2)$, $\eta_3=(6,4)$ は 3 次方程式

$$x^3+x^2-6x-7=0 \tag{3.7}$$

の解である．一方 (3.6) より
$$(6,1)^2-(6,1)=4-\{(6,1)+(6,2)\}=5+(6,4)$$
が成り立つ．従って，このことと (3.6) より
$$\eta_2=4-\eta_1^2 \qquad\qquad (3.8)$$
$$\eta_3=-5-\eta_1+\eta_1^2 \qquad\qquad (3.9)$$
が成り立つ．

ところで，$y=f(x)=x^3+x^2-6x-7$ は $x=\dfrac{-1-\sqrt{19}}{3}$ で
極大値を $x=\dfrac{-1+\sqrt{19}}{3}$ で極小値を取る．これより 3 次方程式
(3.7) の 3 根は -3 と -2 の間に 1 根，-2 と -1 の間に 1 根，
2 と 3 の間に 1 根あることが分かる．一方
$$\eta_1=2\Big(\cos\frac{2\pi}{19}-\cos\frac{3\pi}{19}-\cos\frac{5\pi}{19}\Big)$$
より $-2<\eta_1<-1$ であることが分かる．これと (3.8) より
$2<\eta_2<3$ であることが分かり，これより $-3<\eta_3<-2$ であるこ
とも分かる．

すでに $p=7$ の例で述べたように，カルダノ・ボンベリの公式
を使わなくても，ラグランジュの分解式を使うことによって η_j を
求めることができる．この方法は円分多項式を解くときの基本と
なる．その意味はガロア理論を使うと明確になるので後に説明す
る．

1 の 3 乗根 $\rho=\cos\dfrac{2\pi}{3}+i\sin\dfrac{2\pi}{3}$ を使って
$$\xi_1=(\rho,(6,1))=(6,1)+\rho(6,2)+\rho^2(6,4)$$
$$\xi_2=(\rho^2,(6,1))=(6,1)+\rho^2(6,2)+\rho(6,4)$$
と置く．ξ_1^3 を計算してみよう．そのためにまず $(6,2)^2,\ (6,4)^2$ を
計算すると

$$(6,2)^2 = 4-(6,4), \ (6,4)^2 = 4-(6,1)$$

を得る．これより，少々面倒な計算すると

$$\xi_1^2 = (2-3\rho)\xi_2$$

が成り立つことが分かる．また

$$\xi_1\xi_2 = 19$$

であることも直接計算で示される．従って

$$\xi_1^3 = 19(2-3\rho), \ \xi_1\xi_2 = 19 \tag{3.10}$$

を得る．これより

$$\xi_1 = \sqrt[3]{19(2-3\rho)}$$

を得る．どの3乗根を取るかは三角函数表などを参考にして決める必要がある．ξ_1 が決まると ξ_2 は $19/\xi_1$ で決まる．実際には，次のようにして ξ_1 を決めることができる．

$$2-3\rho = \frac{7}{2} - \frac{3\sqrt{3}}{2}i = \sqrt{19}\,(\cos\theta + i\sin\theta)$$

より $2-3\rho$ の偏角 θ は

$$\cos\theta = \frac{7\sqrt{19}}{38} = 0.802955\cdots,$$

$$\sin\theta = -\frac{3\sqrt{57}}{38} = -0.596039\cdots$$

で決まる．三角函数表より θ はほぼ $-36°35'$ であることが分かる．以下簡単のため $\theta = -36.6°$ として近似計算を行う．立方根 $\sqrt[3]{19(2-3\rho)}$ として偏角が負で，その絶対値が一番小さいものに取る．するとこの立方根の偏角はほぼ $-12.2°$ である．

$$\sqrt[3]{19(2-3\rho)} = \sqrt{19}\left(\cos\frac{\theta}{3} + i\sin\frac{\theta}{3}\right)$$
$$\doteqdot 4.3589 \cdot (0.9774 - 0.2113i)$$

すると

$$\rho \sqrt[3]{19(2-3\rho)} = \sqrt{19}\left(\cos(\theta/3+120°)+i\sin(\theta/3+120°)\right)$$
$$\fallingdotseq 4.3589\cdot(-0.30569+0.95213i)$$
$$\rho^2 \sqrt[3]{19(2-3\rho)} = \sqrt{19}\left(\cos(\theta/3+240°)+i\sin(\theta/3+240°)\right)$$
$$\fallingdotseq 4.3589\cdot(-0.67172-0.7408i)$$

を得る．上で示したように

$$-2<\eta_1<-1,\; 2<\eta_2<3,\; -3<\eta_3<-2$$

が成り立つので

$$-2-1.5+1<\eta_1-\eta_2/2-\eta_3/2<-1-1+1.5$$

および $\mathrm{Re}\,\xi_1=\eta_1-\eta_2/2-\eta_3/2$ より

$$-2.5<\mathrm{Re}\,\xi_1<-0.5$$

が成り立つ．一方，実部が負となるのは $\rho\sqrt[3]{19(2-3\rho)}$,
$\rho^2\sqrt[3]{19(2-3\rho)}$ であり，上で示した計算より

$$\mathrm{Re}\,\rho\sqrt[3]{19(2-3\rho)}\fallingdotseq-1.332,$$
$$\mathrm{Re}\,\rho^2\sqrt[3]{19(2-3\rho)}\fallingdotseq-2.9278$$

が成り立つ．従って

$$\xi_1=\rho\sqrt[3]{19(2-3\rho)}$$

であることが分かり，$\xi_2=19/\xi_1$ である．

従って連立方程式

$$(6,1)+\rho(6,2)+\rho^2(6,4)=\xi_1$$
$$(6,1)+\rho^2(6,2)+\rho(6,4)=\xi_2$$
$$(6,1)+(6,2)+(6,4)=-1$$

より

$$\eta_1 = (6,1) = \frac{\xi_1 + \xi_2 - 1}{3}$$

$$\eta_2 = (6,2) = \frac{\rho^2 \xi_1 + \rho \xi_2 - 1}{3}$$

$$\eta_3 = (6,4) = \frac{\rho \xi_1 + \rho \xi_2^2 - 1}{3}$$

を得る．このようにして $19(2-3\rho)$ の立方根をとることによって $(6,1), (6,2), (6,4)$ を求めることができる．この方法を使うことによって，どのような円分多項式も冪根を使って解くことができることが示される．これが，ガウスが見出した主定理の一つである．

つぎに $\eta_5 = (2,1)$, $\eta_6 (2,8)$, $\eta_6 = (2,7)$ が満たす方程式を求める．

$$(2,1) + (2,8) + (2,7) = (6,1) = \eta_2$$

および

$$(2,1) \cdot (2,8) = (2,9) + (2,7)$$
$$(2,8) \cdot (2,7) = (2,4) + (2,1)$$
$$(2,7) \cdot (2,1) = (2,8) + (2,13)$$

より

$$(2,1) \cdot (2,8) + (2,8) \cdot (2,7) + (2,7) \cdot (2,1) = \eta_1 + \eta_3$$

を得る．(3.9) を使えば

$$\eta_1 + \eta_3 = -1 - \eta_2 = -5 + \eta_1^2$$

と書き直すこともできる．また

$$(2,1)^2 = 2 + (2,2)$$

が成り立つので

$$(2,1) \cdot (2,8) \cdot (2,7) = 2 + \eta_2$$

を得る．従って η_4, η_5, η_6 は 3 次方程式

$$x^3 - \eta_1 x^2 + (\eta_2 + \eta_3) x^2 - \eta_2 = 0 \tag{3.11}$$

であることが分かる．

$$\eta_4 = (2,1) = 2\cos\frac{2\pi}{19}$$

$$\eta_5 = (2,8) = 2\cos\frac{16\pi}{19} = -2\cos\frac{3\pi}{19}$$

$$\eta_6 = (2,7) = 2\cos\frac{14\pi}{19} = -2\cos\frac{5\pi}{19}$$

であるので

$$\eta_5 < \eta_6 < 0 < \eta_4$$

であることが分かるので，3次方程式 (3.11) を解くことによって η_4, η_5, η_6 を決めることができる.

問題 3.7.1

$(2,1)$, $(2,8)$, $(2,7)$ のラグランジュの分解式を

$$\xi_3 = (\rho, (2,1)) = (2,1) + \rho(2,8) + \rho^2(2,7)$$

$$\xi_4 = (\rho^2, (2,1)) = (2,1) + \rho^2(2,8) + \rho(2,7)$$

と置くときに，$\xi_3^3, \xi_3\xi_4$ を計算して，上と同様に $(2,1)$, $(2,8)$, $(2,7)$ を求めよ. 但し，今度は

$$(2,1) + (2,8) + (2,7) = (6,1) = \eta_2$$

$$= \frac{\xi_3 + \xi_4 - 1}{3}$$

であることに注意.

η_4 が求まると ζ と ζ^{-1} は2次方程式

$$x^2 - \eta_4 + 1 = 0$$

の根である. ζ の虚部は正であることに注意すると

$$\zeta = \frac{\eta_4 + i\sqrt{4 - \eta_4^2}}{2}$$

であることが分かる.

3.8 $p=17$ の円分方程式のガロア理論

$p=17$, $p=19$ の場合の円分方程式の解法をガロア群の立場から見ておこう. $p=17$ の場合は 3 が 17 を法とする原始根の一つであった. いつものように

$$\zeta_n = \cos\frac{2\pi}{n} + i\sin\frac{2\pi}{n}$$

とおく. 17 次の円分体 $L_{17} = \mathbb{Q}(\zeta_{17})$ のガロア群 $G = \mathrm{Gal}(L_{17}/\mathbb{Q})$ は $(\mathbb{Z}/17\mathbb{Z})^{\times}$ と同型であり, ガロア群は

$$\sigma(\zeta_{17}) = \zeta_{17}^3$$

より生成される位数 16 の巡回群である. すると

$$(8,1) = \sum_{k=0}^{7}\left[3^{2k}\right] = \sum_{k=0}^{7}\sigma^{2k}\left(\zeta_{17}\right)$$

$$(8,3) = \sum_{k=0}^{7}\left[3\cdot 3^{2k}\right] = \sum_{k=0}^{7}\sigma^{2k+1}\left(\zeta_{17}\right) = \sigma(8,1)$$

であり,

$$\sigma(8,3) = (8,1),$$
$$\sigma^2(8,1) = (8,1),\ \sigma^2(8,3) = (8,3)$$

が成り立つ. σ^2 から生成されるガロア群 G の部分群 H_8 は位数 8 の部分群であり, $(8,1)+(8,3) = -1$ より

$$L_{17}^{H_8} = \mathbb{Q}(\zeta_{17})^{H_8} = \mathbb{Q}((8,1),(8,3)) = \mathbb{Q}((8,1))$$

が成り立つ.

次に, σ^4 が生成する G の部分群 H_4 は位数 4 の部分群である. このとき

$$(4,1) = \sum_{k=0}^{3}\sigma^{4k}\left(\zeta_{17}\right)$$

であり

$$\sigma(4,1)=(4,3),\ \sigma^2(4,1)=(4,9),$$
$$\sigma^3(4,1)=(4,10)$$

また

$$\sigma^4(4,1)=(4,1),\ \sigma^4(4,3)=(4,3),$$
$$\sigma^4(4,9)=(4,9),\ \sigma^4(4,10)=(4,10)$$

このことから

$$L_{17}^{H_4}=\mathbb{Q}((4,1),(4,3),(4,9),(4,10))$$

であることが分かる．さらに §3.5 で述べたように

$$(4,1)+(4,9)=(8,1)$$
$$(4,3)+(4,10)=(8,3)$$
$$(4,1)\cdot(4,9)=-1$$
$$(4,3)\cdot(4,10)=-1$$

が成り立つので

$$\mathbb{Q}((4,1))=\mathbb{Q}((4,9))\supset\mathbb{Q}((8,1))$$
$$\mathbb{Q}((4,3))=\mathbb{Q}((4,10))\supset\mathbb{Q}((8,3))=\mathbb{Q}((8,1))$$

が成り立つ．一方，

$$(4,3^k)^2=(4,3^{k+14})+2(4,3^{k+1})+4$$

が成り立つ．特に $k=1$ のときは

$$(4,3)^2=(4,10)+2(4,9)+2$$

となり $(4,9)\in\mathbb{Q}((4,3),(4,10))=\mathbb{Q}((4,3))$ より

$$\mathbb{Q}((4,1))=\mathbb{Q}((4,9)\subset\mathbb{Q}(4,3))$$

が成り立つ．一方，$k=2$ のときは

$$(4,9)^2=(4,1)+2(4,10)+4$$

が成立し，$(4,10)\in\mathbb{Q}((4,9))=\mathbb{Q}((4,1))$ となり

$$\mathbb{Q}((4,3)) = \mathbb{Q}((4,10)) \subset \mathbb{Q}((4,1))$$

が成り立つ. 以上の議論によって

$$L_{17}^{H_4} = \mathbb{Q}((4,1),(4,3),(4,9),(4,10))$$
$$= \mathbb{Q}((4,1)) = \mathbb{Q}((4,3))$$
$$= \mathbb{Q}((4,9)) = \mathbb{Q}((4,10))$$

であることが示された.

最後に σ^8 は位数 2 の部分群 H_2 を生成する. このとき

$$(2,1) = \zeta_{17} + \sigma^8(\zeta_{17})$$

であり,

$$\sigma(2,1) = (2,3),$$
$$\sigma^2(2,1) = (2,3^2) = (2,8),$$
$$\sigma^3(2,1) = (2,3^3) = (2,7),$$
$$\sigma^4(2,1) = (2,3^4) = (2,4),$$
$$\sigma^5(2,1) = (2,3^5) = (2,5),$$
$$\sigma^6(2,1) = (2,3^6) = (2,2),$$
$$\sigma^7(2,1) = (2,3^7) = (2,6),$$
$$\sigma^8(2,1) = (2,3^8) = (2,1)$$

が成り立ち, これらはすべて σ^8 で不変である. これより

$$L_{17}^{H_2} = \mathbb{Q}((2,3^k))_{k=0}^{7} \tag{3.12}$$

であることが分かる.

一方,

$$(2,3^k)^2 = 2 + (2,3^{k+14})$$

が成り立つので, k が偶数のときは $(2,3^k)$ は $(2,1)$ の整数係数の多項式として, k が奇数のときは $(2,3^k)$ は $(2,3)$ の整数係数の多項式として表すことができる. すなわち

$$(2,3^{2k}) \in \mathbb{Q}((2,1)), \ (2,3^{2k+1}) \in \mathbb{Q}((2,3)), \quad k=0,1,2,\cdots$$

が成り立つ．従って (3.12) より

$$L_{17}^{H_2} = \mathbb{Q}((2,1),(2,3))$$

と表すこともできる．

さらに

$$\begin{aligned}(2,1) \cdot (2,3) &= (2,4) + (2,2) \\ &= (2,3^{12}) + (2,3^{14}) \in \mathbb{Q}((2,1))\end{aligned}$$

が成り立つので，

$$(2,3) \in \mathbb{Q}((2,1))$$

であることが分かり，

$$L_{17}^{H_2} = \mathbb{Q}((2,1),(2,3)) = \mathbb{Q}((2,1))$$

が成り立つ．

以上を図示する．

体の拡大	ガロア群
$L_{17} = \mathbb{Q}(\zeta_{17})$	$\{e\}$
$\mid$	$\cap$
$L_{17}^{H_2} = \mathbb{Q}((2,1))$	$H_2 = \langle \sigma^8 \rangle$
$\mid$	$\cap$
$L_{17}^{H_4} = \mathbb{Q}((4,1))$	$H_4 = \langle \sigma^4 \rangle$
$\mid$	$\cap$
$L_{17}^{H_8} = \mathbb{Q}((8,1))$	$H_8 = \langle \sigma^2 \rangle$
$\mid$	$\cap$
$L_{17}^{G} = \mathbb{Q}$	$G = \langle \sigma \rangle$

このとき，拡大 $L_{17}^{H_8}/\mathbb{Q}$, $L_{17}^{H_4}/L_{17}^{H_8}$, $L_{17}^{H_2}/L_{17}^{H_4}$, $L_{17}/L_{17}^{H_2}$ はすべてガロア拡大であり，ガロア群はそれぞれ G/H_8, H_8/H_4, H_4/H_2, H_2 と同型であり，これらはすべて 2 次巡回群である．

3.9　$p=19$の円分方程式のガロア理論

2 は 19 の原始根であり,

$$
\begin{array}{llll}
[2^0]=[1] & [2]=[2] & [2^2]=[4] & [2^3]=[8] \\
[2^4]=[16] & [2^5]=[13] & [2^6]=[7] & [2^7]=[14] \\
[2^8]=[9] & [2^9]=[18] & [2^{10}]=[17] & [2^{11}]=[15] \\
[2^{12}]=[11] & [2^{13}]=[3] & [2^{14}]=[6] & [2^{15}]=[12] \\
[2^{16}]=[5] & [2^{17}]=[10]
\end{array}
$$

である. また円分体 $L_{19}=\mathbb{Q}(\zeta_{19})$ のガロア群 G は

$$\sigma(\zeta_{19})=\zeta_{19}^2$$

から生成される位数 18 の巡回群 $\langle\sigma\rangle$ である. 従って 6 項周期は

$$(6,1)=\sum_{k=0}^{5}[2^{3k}]=\sum_{k=0}^{5}\sigma^{3k}(\zeta_{19})$$

$$(6,2)=\sum_{k=0}^{5}[2\cdot2^{3k}]=\sum_{k=0}^{5}\sigma^{3k+1}(\zeta_{19})=\sigma(6,1)$$

$$(6,4)=\sum_{k=0}^{5}[2^2\cdot2^{3k}]=\sigma^2(6,1)$$

が成り立つ. またこのことより

$$\sigma^3(6,1)=(6,1),\ \sigma^3(6,2)=(6,2),$$
$$\sigma^3(6,4)=(6,4)$$

が成り立ち, σ^3 で生成される G の部分群 H_6 で不変な L_{19} の元は $\mathbb{Q}$ 上 $(6,1),(6,2),(6,3)$ で生成されることが分かる.

$$L_{19}^{H_3}=\mathbb{Q}((6,1),(6,2),(6,4))$$

ところで

$$(6,1)+(6,2)+(6,4)=-1$$
$$(6,1)\cdot(6,2)\cdot(6,4)=7$$
$$(6,1)^2=4-(6,2)$$

が成り立つので, $(6,2),(6,4)\in\mathbb{Q}((6,1))$ となり

$$L_{19}^{H_3}=\mathbb{Q}((6,1))$$

であることが分かる.

H_6 の部分群 H_2 を

$$H_2 = \langle \sigma^9 \rangle$$

と定義する. このとき2項周期は

$$(2,1) = \zeta_{19} + \sigma^9(\zeta_{19})$$
$$(2,2^k) = \zeta_{19}^{2^k} + \sigma^9(\zeta_{19}^{2^k}) = \sigma^k(2,1),$$
$$k = 1, 2, \cdots, 8$$

なる関係があるので H_2 の固定体は

$$L_{19}^{H_2} = \mathbb{Q}((2,2^m))_{m=0}^8$$

であることが分かる. また

$$(2,2^k)^2 = 2 + (2,2^{k+1}), \, k = 0, 1, \cdots, 8$$

が成り立つ. これより $(2,2^{k+1})$ は $(2,2^k)$ の整数係数の多項式として表すことができるので, k に関する帰納法により $(2,2^k)$ はすべて $(2,1)$ の整数係数の多項式として表現できることが分かる. これは

$$L_{19}^{H_2} = \mathbb{Q}((2,1))$$

であることを意味する. 一方,

$$(2,2^9) = (2,1)$$

が成り立つことを使うと, 各 $0 \leqq k \leqq 8$ に対して, すべての2項周期は $(2,2^k)$ の整数係数の多項式として表すこともでき

$$L_{19}^{H_2} = \mathbb{Q}((2,2^k)), \, k = 0, 1, \cdots, 8$$

であることが示される.

以上の結果を図示すると

$$
\begin{array}{cc}
\text{体の拡大} & \text{ガロア群} \\
L_{19}=\mathbb{Q}(\zeta_{19}) & \{e\} \\
| & \cap \\
L_{19}^{H_2}=\mathbb{Q}((2,1)) & H_2=\langle \sigma^9 \rangle \\
| & \cap \\
L_{19}^{H_6}=\mathbb{Q}((6,1)) & H_6=\langle \sigma^3 \rangle \\
| & \cap \\
L_{19}^{G}=\mathbb{Q} & G=\langle \sigma \rangle
\end{array}
$$

と書くことができる．ここで，拡大 $L_{19}^{H_6}/\mathbb{Q}$ は 3 次拡大であり，そのガロア群は 3 次巡回群 G/H_6 と同型である．拡大 $L_{19}^{H_2}/L_{19}^{H_6}$ も 3 次拡大であり，そのガロア群は 3 次巡回群 H_6/H_2 と同型である．$L_{19}/L_{19}^{H_2}$ は 2 次拡大である．

　§ 3.7 で述べたように，周期 $(6,1),(2,1)$ は 3 次方程式の根であり，1 の立方根を使ってラグランジュの分解式を定義して根を求めた．カルダノ・ボンベリの公式でも 1 の立方根が必要になる．そこで，$p=19$ の場合の円分多項式 $\varPhi_{19}(z)=0$ の基礎体として $\mathbb{Q}$ に 1 の立方根 $\rho=\dfrac{-1+\sqrt{3}\,i}{2}$ を添加してできる体 $K=\mathbb{Q}(\rho)$ をとり，$M=K(\zeta_{19})$ とおく．このとき定理 3.2.4 より

$$
\mathrm{Aut}_K(M) \cong (\mathbb{Z}/19\mathbb{Z})^\times \cong \mathrm{Gal}(L_{19}/\mathbb{Q})
$$

となり，ガロア群は変わらない．従って

$$
\begin{aligned}
M^{H_6} &= L^{H_6}(\rho)=K((6,1)), \\
M^{H_2} &= L^{H_2}(\rho)=K((2,1))
\end{aligned}
$$

であるが，1 の立方根が付け加あったことによって拡大 $M^{H_6}/K, M^{H_2}/M^{H_6}$ をラグランジュの分解式を使って書き換えることができる．

　§ 3.7 の $p=19$ の場合の議論より

$$\xi_1 = (6,1) + \rho(6,2) + \rho^2(6,4)$$
$$\xi_2 = (6,1) = \rho^2(6,2) + \rho(6,4)$$

とおくと

$$\xi_1^3 = 19(2-3\rho) \in K, \ \xi_1\xi_2 = 19$$

であり，

$$(6,1) = \frac{\xi_1 + \xi_2 - 1}{3}, \ (6,2) = \frac{\rho^2\xi_1 + \rho\xi_2 - 1}{3}$$
$$(6,4) = \frac{\rho\xi_1 + \rho^2\xi_2 - 1}{3}$$

が成り立つ．従って

$$M^{H_6} = K((6,1)) = K(\xi_1)$$

であることが分かる．$a = \xi_1^3 \in K$ とおくと

$$M^{H_6} = K(\sqrt[3]{a})$$

となり，拡大 M^{H_6}/K は K のある元の立方根を付加してできることになる．

拡大 M^{H_2}/M^{H_6} に関しては問題 3.7.1 として記した．

$$\xi_3 = (2,1) + \rho(2,8) + \rho^2(2,7)$$
$$\xi_4 = (2,1) + \rho^2(2,8) + \rho(2,7)$$

とおくと

$$\sigma^3(\xi_3) = (2,8) + \rho(2,7) + \rho^2(2,1) = \rho^2\xi_3$$
$$\sigma^3(\xi_4) = (2,8) + \rho^2(2,7) + \rho(2,1) = \rho\xi_4$$

が成り立つ．従って，積 $\xi_3\xi_4$ および ξ_3^3, ξ_4^3 は σ^3 の作用で不変であり

$$\xi_3\xi_4, \xi_3^3, \xi_4^3 \in M^{H_6}$$

であることが分かる．さらに

$$(2,1) + (2,8) + (2,7) = (6,1) = \xi_1 = \sqrt[3]{a}$$

であるので,

$$(2,1) = \frac{\xi_3 + \xi_4 + \xi_1}{3}$$

$$(2,8) = \frac{\rho^3 \xi_3 + \rho \xi_4 + \xi_1}{3}$$

$$(2,7) = \frac{\rho \xi_3 + \rho^2 \xi_4 + \xi_1}{3}$$

が成り立つ. 以上のことから

$$M^{H_2} = K((2,1)) = K(\xi_3)$$

であることが分かり, $b = \xi_3^3 \in M^{H_6}$ とおくと拡大 M^{H_2}/M^{H_6} は $\sqrt[3]{b}$ を付加して得られる.

$$M^{H_2} = M^{H_6}(\sqrt[3]{b}).$$

拡大 $M^{H_6}/K, M^{H_2}/M^{H_6}$ のガロア群はそれぞれ $G/H_6, H_6/H_2$ と同型であり, 3 次巡回群である. このようにガロア拡大 L/K のガロア群が n 次巡回群であり, K が 1 の原始 n 乗根を含んでいるときは L は K の元の n 乗根を付加して得らることが知られている. そのことを示すのがクンマー拡大の理論である.

3.10　ラグランジュの分解式とクンマー拡大

定理 3.10.1　体 K は 1 の n 乗根をすべて含むと仮定する. ガロア拡大 L/K のガロア群が n 次巡回群であれば L は K の元 a の n 乗根を付加することによって得られる.

$$L = K(\sqrt[n]{a}).$$

証明

　仮定より $G = \mathrm{Aut}_K(L)$ は n 次巡回群であるので G は K 上の体 L の自己同型 σ より生成される．また仮定より

$$[L:K] = n, \quad L^G = K$$

である．ζ を 1 の原始 n 乗根をする．デデキントの補題（補題 2.7.1）より

$$\alpha = \beta + \zeta\sigma(\beta) + \zeta^2\sigma^2(\beta) + \cdots + \zeta^{(n-1)}\sigma^{n-1}(\beta) \neq 0$$

となる $\beta \in L$ が存在する．このとき

$$\begin{aligned}\sigma(\alpha) &= \sigma(\beta) + \zeta\sigma^2(\beta) + \zeta^2\sigma^3(\beta) + \cdots + \zeta^{n-1}\sigma^n(\beta) \\ &= \zeta^{-1}\alpha\end{aligned}$$

が成立するので

$$\sigma^j(\alpha) = \zeta^{-j}\alpha, \quad j = 0, 1, 2, \cdots, n-1$$

がなりたち，これらはすべて異なっている．また

$$\sigma(\alpha^n) = \alpha^n$$

が成り立つので，$a = \alpha^n \in K$ である．従って $\zeta^{-j}\alpha$ は $x^n - a$ の根である．α の K 上の最小多項式を $p(x)$ とすると

$$\deg p(x) = [K(\alpha):K] \leq [L:K] = n$$

が成り立つ．一方 $p(\alpha) = 0$ より $\sigma^j(p(\alpha)) = p(\sigma^j\alpha) = p(\zeta^{-j}\alpha) = 0$ より $p(x)$ は $\zeta^{-j}\alpha$, $j = 0, 1, \cdots, n-1$ を根として持つ．従って $\deg p(x) \geq n$ である．よって，上の不等式から $\deg p(x) = n$ であり，$p(x) = x^n - a$ であることが示された．従って

$$[K(\alpha):K] = n$$

となり

$$L = K(\alpha)$$

が成立する．　　　　　　　　　　　　　　　　　　　　　　　**[証明終]**

拡大 $K(\sqrt[n]{a})/K$ を n 次の巡回クンマー拡大という.

さて $K(\theta)/K$ はガロア拡大でありガロア群は n 次巡回群であるとしよう. さらに K は 1 の原始 n 乗根を含むと仮定する. すなわち, $K(\theta)/K$ は n 次の巡回クンマー拡大であると仮定する. このとき 1 の原始 n 乗根の一つを ζ とするとき

$$(\zeta^k, \theta) = \sum_{j=0}^{n-1} \zeta^{jk} \sigma^j(\theta), \ k = 0, 1, 2, \cdots, n-1$$

$$(3.13)$$

をラグランジュの分解式という. ラグランジュの分解式によって方程式が代数的に解けることを保証するのが次の命題である.

命題 3.10.2　$K(\theta)/K$ は n 次巡回群をガロア群とするガロア拡大とする. また K は 1 の原始 n 乗根を含むと仮定する. このときラグランジュの分解式を (3.13) のように定義すると $(1, \theta) \in K$ であり,

$$(\zeta^k, \theta)^n \in K, \quad k = 1, 2, \cdots, n-1$$

が成り立つ. さらに

$$\theta = \frac{1}{n} \sum_{k=0}^{n-1} (\zeta^k, \theta)$$

が成り立つ.

証明

$$\sigma((\zeta^k, \theta)) = \zeta^{-k}(\zeta^k, \theta)$$

が成り立つので, $k = 0$ のときは $(1, \theta) \in K$, $k = 1, 2, \cdots, n-1$ のときは

$$\sigma((\zeta^k, \theta)^n) = (\zeta^k, \theta)^n$$

が成り立ち $(\zeta^k, \theta)^n \in K$ であることが分かる. 従って (ζ^k, θ) は K

の元の n 乗根である．一方，$1 \leq j \leq n-1$ のとき

$$\sum_{k=0}^{n-1} \zeta^{kj} = 0$$

が成立する．なぜならば ζ^j は $1 \leq j \leq n-1$ のとき 1 とは異なる 1 の n 乗根であるので

$$x^{n-1} + x^{n-2} + \cdots + x + 1 = 0$$

の根だからである．従って

$$\sum_{k=0}^{n-1} (\zeta^k, \theta) = \sum_{k=0}^{n-1} \theta + \sum_{k=0}^{n-1} \zeta^k \sigma(\theta) + \cdots + \sum_{k=0}^{n-1} \zeta^{kj} \sigma^j(\theta)$$

$$+ \cdots + \sum_{k=0}^{n-1} \zeta^{k(n-1)} \sigma^{n-1}(\theta)$$

$$= n\theta$$

が成立する． **[証明終]**

円分体 $L_n = \mathbb{Q}(\zeta_n)$ のガロア群は $(\mathbb{Z}/n\mathbb{Z})^\times$ と同型である（定理 3.2.3）．n の素因数分解 $n = p_1^{m_1} p_2^{m_2} \cdots p_s^{m_s}$ と中国の剰余定理を使えば，乗法群 $(\mathbb{Z}/p_j^{m_j}\mathbb{Z})^\times, j = 1, \cdots, s$ の直積と同型である．また，初等整数論で $(\mathbb{Z}/p^{m_j}\mathbb{Z})^\times$ は $p_j \geq 3$ であれば位数 $p_j^{m_j-1}(p_j-1)$ の巡回群であることも示されている．従って素数 p に対してガウスの周期の理論を使って 1 の p 乗根を代数的に解くことができ，さらに 1 の p^m 乗根は 1 の p 乗根から出発して p 乗根を $(m-1)$ 回とることによって求めることができる．代数的に解くために必要な付加すべき 1 の ℓ 乗根は，1 の p 乗根を求めるときには ℓ は $p-1$ の約数であり，その後の操作で必要になるのは 1 の p 乗根である．こうして，帰納的に円分多項式は代数的に解くことができることが示される．このことを支えているのは円分体のガロア群はアーベル群であるという事実である．

第4章 ガロア理論

　今まで，ガロア理論に言及しながら，いくつかの特別な代数方程式の解法について論じてきた．この章ではガロア理論の一般論を述べる．これまで体の自己同型群を使ってガロア群を定義したが，これはガロアによる本来のものではなく，デデキントに始まる定義である．この章では，最初に現代的な観点からガロア理論を述べ，その後ガロアによるガロア群の定義を述べることにする．

4.1 ガロアの基本定理

4.1.1 ガロア理論を支える補題と定理

　既に一部述べたように次の補題と定理がガロア理論の土台になっている．

補題 4.1.1.1（補題 2.7.2）

　有限次拡大 L/K に関して

$$\left|\mathrm{Aut}_K(L)\right| \leq [L:K]$$

が成り立つ．

> **■ 定理 4.1.1.2**（定理 2.6.3）.
>
> 　体の拡大 L/K に対して $G = \operatorname{Aut}_K(L)$ の部分群 H の固定体 L^H に関して
> $$[L : L^H] = |H|$$
> が成り立つ．ここで $|H|$ は群 H の位数を表す．

　この補題と定理が以下の証明で重要な働きをする．

4.1.2　正規拡大

　体 K の元を係数とする多項式 $f(x)$ はそのすべての既約因子が重根を持たないときに**分離多項式**という．有限次拡大 L/K は体 K に有限個の元を付加して得られる．
$$L = K(\alpha_1, \alpha_2, \cdots, \alpha_m)$$
このとき各 α_j の K 上の最小多項式が分離多項式であるとき，すなわち重根を持たないときに**分離拡大**という．体の標数が 0 であればすべての有限次拡大は分離拡大である．一方，K の標数が素数 p のときは，拡大は分離的であるとは限らない．例えば，$a \in K$ が K の元の p 乗でなければ $x^p - a$ は K 上既約であり，この式の根の一つを α とすると $x^p - a = (x - \alpha)^p$ であるので $x^p - a$ は p 重根を持つ．従って $x^p - a$ は分離多項式ではなく，この場合の拡大 $K(\alpha)/K$ は**非分離拡大**と呼ばれる．

　さらに α の体 K 上の最小多項式が分離多項式のとき α は K 上分離的であるという．

　有限次分離拡大に関しては次の定理が基本的である．この定理はガロアによるガロア群の定義で大切な役割をする．

■ **定理 4.1.2.1**

$L = K(\alpha_1, \alpha_2, \cdots, \alpha_n)$ が K 上有限次分離拡大であれば

$$L = K(\alpha_1, \alpha_2, \cdots, \alpha_n) = K(\zeta)$$

となる L の元 ζ が存在する．さらに ζ は

$$\zeta = a_1\alpha_1 + a_2\alpha_2 + \cdots + a_n\alpha_n,$$
$$a_1 a_2, \cdots, a_n \in K$$

の形をしていると仮定してよい．

■ **証明** $L = K(\alpha_1, \alpha_2, \cdots, \alpha_n)$ は K に $\alpha_1, \alpha_2, \cdots$ を順に付加して得られるので，付加する α_j の個数 n に関する帰納法で証明する．さらに K は無限体であると仮定して証明する[1]．

$n = 1$ のときは定理は自明に成り立つ．

$n = m - 1$ のときまで定理が成立したと仮定する．

$$K(\alpha_1, \cdots, \alpha_{m-1}) = K(\xi),$$
$$\xi = a_1\alpha_1 + a_2\alpha_2 + \cdots + a_{m-1}\alpha_{m-1}, a_j \in K.$$

ξ の K 上の最小多項式を $p(x)$，α_m の K 上の最小多項式を $q(x)$ とし，これらの多項式を K の代数的閉体[2]で因数分解して

---

[1] K が有限体であれば L も有限体である．このときは $L^{\times} = L \setminus \{0\}$ は巡回群であることが知られており，生成元を ζ とすれば $L = K(\zeta)$ が成立する．

[2] 体 L は L 係数の任意の一変数多項式が必ず L に根を持つとき，代数的閉体と呼ばれる．この条件は L 係数の任意の一変数多項式は L 係数の一次式に因数分解できると言い換えることもできる．

$$p(x) = (x-\xi)\prod_{j=1}^{n_1}(x-u_j),$$

$$q(x) = (x-\alpha_m)\prod_{k=1}^{n_2}(x-v_k),$$

とする．そこで

$$w_{jk} = -\frac{\xi - u_j}{\alpha_m - v_k},\ 1 \leqq j \leqq n_1,\ 1 \leqq k \leqq n_2$$

とおき（拡大が分離的であるので $\alpha_m \neq v_k$ が成り立ち，w_{jk} は常に意味を持つ），$a_m \in K \setminus \{0\}$ を $a_m \neq w_{jk},\ 1 \leqq j \leqq n_1,\ 1 \leqq k \leqq n_2$ であるように選ぶ．このとき

$$\zeta = \xi + a_m \alpha_m = a_1 \alpha_1 + a_2 \alpha_2 + \cdots + a_m \alpha_m$$

とおくと

$$K(\alpha_1, \cdots, \alpha_m) = K(\zeta)$$

が成り立つことを証明する．$L = K(\zeta)$ とおき，α_m の L 上の最小多項式を $g(x)$ とおく．そこで

$$h(x) = p(\zeta - a_m x)$$

とおくと $h(\alpha_m) = p(\zeta - a_m \alpha_m) = p(\xi) = 0$ が成り立つので，$h(x)$ は $g(x)$ で割りきれる．また $q(x)$ も $q(\alpha_m) = 0$ より $g(x)$ で割りきれる．従って，もし $\deg g(x) > 1$ であれば

$$g(x) = (x-\alpha_m)(x-v_{k_1})(x-v_{k_2})\cdots(x-v_{k_\ell}),$$
$$v_{k_j} \in \{v_1, v_2, \cdots, v_{n_2}\}$$

と因数分解できる．すると $g(x)$ は $h(x)$ を割り切るので

$$0 = h(v_{k_1}) = p(\zeta - a_m v_{k_1})$$

が成り立ち，$\zeta - a_m v_{k_1} = u_j$ となる u_j が存在する．これは

$$\xi + a_m(\alpha_m - v_{k_1}) = u_j$$

を意味し，

$$a_m = -\frac{\xi - u_j}{\alpha_m - v_{k_1}} = w_{jk_1}$$

が成り立つ．これは a_m のとり方に反する．従って $\deg g(x) = 1$ でなければならない．これは $\alpha_m \in K(\zeta)$ を意味する．すると $\xi \in K(\zeta)$ が成り立ち，$K(\xi, \alpha) = K(\zeta)$ であることが分かる．帰納法の仮定より $K(\xi) = K(\alpha_1, \cdots, \alpha_{m-1})$ が成り立つので

$$K(\zeta) = K(\alpha_1, \cdots, \alpha_{m-1}, \alpha_m)$$

が成り立ち，$n = m$ のときも定理が成り立つことが分かる．

[証明終]

■ 定理 4.1.2.2

K 係数の分離多項式 $f(x) \in K[x]$ のすべての根 $\alpha_1, \cdots, \alpha_n$ を付加してできる体 $L = K(\alpha_1, \cdots, \alpha_n) = K[\alpha_1, \cdots, \alpha_n]$ に対して $L = K(\zeta)$ であれば，ζ の K 上の最小多項式 $g(x)$ の任意の根 η に対して

$$L = K(\eta)$$

が成り立つ．

■ 証明

$$\zeta \in K(\alpha_1, \cdots, \alpha_n)$$

であるので，$t_1, t_2, \cdots, t_n$ の K 係数の多項式 $\varphi(t_1, t_2, \cdots, t_n) \in K[t_1, \cdots, t_n]$ で

$$\zeta = \varphi(\alpha_1, \cdots, \alpha_n)$$

なるものが存在する．そこで

$$h(x) = \prod_{\sigma \in S_n} (x - \varphi(\alpha_{\sigma(1)}, \alpha_{\sigma(2)}, \cdots, \alpha_{\sigma(n)}))$$

と定義すると $h(x)$ の係数は n 次対称群 S_n の作用で不変であるので $f(x)$ の係数の整数係数の多項式を使って表すことができる（対称式の基本定理）．従って $h(x) \in K[x]$ である． $h(x)$ の定義より $h(\zeta) = 0$ であるので $h(x)$ は $g(x)$ で割りきれる．従って

$$\eta = \varphi(\alpha_{\tau(1)}, \alpha_{\tau(2)}, \cdots, \alpha_{\tau(n)})$$

が成り立つような $\tau \in S_n$ が存在する．これは $\eta \in K(\alpha_1, \cdots, \alpha_n) = K = K(\zeta)$ を意味する．従って

$$K(\eta) \subset K(\zeta)$$

が成り立つ． ζ の K 上の最小多項式 $g(x)$ は K 上既約であり， η の K 上の最小多項式も $g(x)$ でもあるので

$$[K(\eta):K] = \deg g(x) = [K(\zeta):K]$$

が成り立ち，従って $K(\eta) = K(\zeta)$ が成立する． **[証明終]**

■ **系4.1.2.3** 定理 4.1.2.2 と同じ条件と記号を使うと次のことが成り立つ．

(1) $\alpha_1, \alpha_2, \cdots, \alpha_n$ は ζ の K 係数の多項式として表すことができる．

(2) $g(x) \in K[x]$ は ζ を根とする既約多項式であり， $\zeta_1 = \zeta, \zeta_2,$ $\zeta_3, \cdots, \zeta_N$ は $g(x)$ の根とする．このとき ζ_j は ζ の K 係数の多項式として表すことができる．また逆に ζ は ζ_j の K 係数の多項式として表すことができる．

(3) (1) により

$$\alpha_j = \theta_j(\zeta), \quad \theta_j(x) \in K[x], \quad j = 1, 2, \cdots, n$$

と表すことができるが， $\theta_j(\zeta_i), j = 1, 2, \cdots, n$ も $f(x)$ の相異なる根である．

■ **証明** (1), (2) は定理 4.1.2.2. より明らか，主張 (3) のみ証

明を要する.

$$\alpha_j = \theta_j(\zeta), \ \ \theta_j(x) \in K[x]$$

と表したとき $f(\theta_j(x))$ と $g(x)$ は ζ を共通根に持つ. $g(x)$ は ζ の最小多項式であるので, $f(\theta_j(x))$ は $g(x)$ で割り切れる. 従って $f(\theta_j(\zeta_i)) = 0, \ i = 1, 2, \cdots, N, N = \deg g(x)$ が成り立つ. すなわち $\theta_j(\zeta_i)$ は $f(x)$ の根である. [証明終]

定義 4.1.2.4 有限次拡大 L/K に対して K 係数の既約多項式 $f(x)$ が L に根を持てばすべての根が L に属するとき拡大 L/K を **正規拡大** という. また K 係数の既約多項式 $f(x)$ の根をすべて含む K の拡大体で最小のものを $f(x)$ の **最小分解体** という. $f(x)$ の根を $\alpha_1, \alpha_2, \cdots, \alpha_n$ とすると $f(x)$ の最小分解体は $K(\alpha_1, \alpha_2, \cdots, \alpha_n)$ である.

■ **例 4.1.2.5** $f(x) = (x^2 - 2)(x^2 - 3)$ の $\mathbb{Q}$ 上の最小分解体は $\mathbb{Q}(\sqrt{2}, \sqrt{3})$ である. このとき

$$\mathbb{Q}(\sqrt{2}, \sqrt{3}) = \mathbb{Q}(\sqrt{2} + \sqrt{3})$$

が成り立つ. $\sqrt{2} + \sqrt{3}$ の $\mathbb{Q}$ 上の最小多項式は

$p(x) = x^4 - 10x^2 + 1$
$\quad = (x - \sqrt{2} - \sqrt{3})(x - \sqrt{2} + \sqrt{3})(x + \sqrt{2} - \sqrt{3})(x + \sqrt{2} + \sqrt{3})$

である. このとき

$$\mathbb{Q}(\sqrt{2}, \sqrt{3}) = \mathbb{Q}(\pm(\sqrt{2} + \sqrt{3})) = \mathbb{Q}(\pm(\sqrt{2} - \sqrt{3}))$$

が成り立つ.

> **定義 4.1.2.6**　有限次拡大 L/K に関して
> $$|\mathrm{Aut}_K(L)|=[L:K]$$
> が成り立つときに**ガロア拡大**といい，　$\mathrm{Aut}_K(L)$ を拡大の**ガロア群**
> と呼び $\mathrm{Gal}(L/K)$ と記す．

　有限次拡大 L/K は分離的かつ正規拡大のときガロア拡大と定義する流儀もある．次の定理 4.1.2.7 より両者の定義は同値であることが分かる．

> **■ 定理 4.1.2.7**　L/K は有限次拡大体であるとき次の条件は同値である．
> (1) L/K は分離的かつ正規拡大である．
> (2) L は K 係数のある分離多項式 $f(x)$ の最小分解体である．
> (3) L/K はガロア拡大である．すなわち
> $$|\mathrm{Aut}_K(L)|=[L:K]$$
> 　が成り立つ．
> (4) $G=\mathrm{Aut}_K(L)$ とおくと $L^G=K$ が成り立つ．

■ 証明

　(1) $\Longrightarrow$ (2)　$L=K(\alpha_1,\cdots,\alpha_n)$ とし，α_j の K 上の最小多項式を $p_j(x)$ とすると $p_j(x)$ は仮定より分離多項式である．$p_j(x)$ の根はすべて L に属するので L は K に $f(x)=p_1(x)\cdots p_n(x)$ のすべての根を付加してできる．従って，分離多項式 $f(x)$ の最小分解体である．

　(2) $\Longrightarrow$ (3)　分離多項式 $f(x)\in K[x]$ の根 $\alpha_1,\alpha_2,\cdots,\alpha_n$ を K に付加してできる体が L であると仮定する．

$$L = K(\alpha_1, \alpha_2, \cdots, \alpha_n),$$

$$f(x) = \prod_{j=1}^{n} (x - a_j) \in K[x]$$

このとき，定理 4.1.2.1 より

$$L = K(\alpha_1, \cdots, \alpha_n) = K(\zeta),$$

となる

$$\zeta = a_1\alpha_1 + a_2\alpha_2 + \cdots + a_n\alpha_n, \quad a_1, \cdots, a_n \in K$$

が存在する．ζ の K 上の最小多項式を $g(x)$ とし，その根を

$$\zeta_1 = \zeta, \zeta_2, \cdots, \zeta_N, \quad N = \deg g(x)$$

する．定理 4.1.2.2 より

$$K(\zeta) = K(\zeta_j), \quad j = 1, 2, \cdots, N$$

が成り立つ．さらに，体の同型

$$\mu_j: \quad K[x]/(g(x)) \quad \simeq \quad K(\zeta_j)$$

$$p(x) \bmod (g(x)) \quad \longmapsto \quad p(\zeta_j)$$

が存在する．このとき $\sigma_j = \mu_j \circ \mu_1^{-1} : K(\zeta) \longrightarrow K(\zeta_j) = K(\zeta)$ は体の同型写像であり $\sigma_j \in \mathrm{Aut}_K(L)$ である． $j = 1, \cdots, N$ であるので，補題 4.1.1.1 より

$$N \leq |\mathrm{Aut}_K(L)| \leq [L:K] = N$$

が成り立つので

$$|\mathrm{Aut}_K(L)| = [L:K]$$

が成り立つ．

(3) $\Longrightarrow$ (4) $\quad G = \mathrm{Aut}_K(L)$ とおく．仮定より

$$|G| = [L:K]$$

G の定義より

$$K \subset L^G$$

が成り立つが，定理 4.1.1.2 より

$$[L:K] \leqq [L:L^G] = |G| = [L:K]$$

が成立するので

$$L^G = K$$

である.

(4) $\Longrightarrow$ (1)　　$G = \mathrm{Aut}_K(L)$ と置きそこで $a \in L$ に対して $\sigma(a), \sigma \in G$, の内, 異なるものを

$$\sigma_1(a), \sigma_2(a), \cdots, \sigma_m(a)$$

と置く. 任意の $\tau \in G$ に対して $\tau(a)$ は $\sigma_j(a)$ のいずれかと一致する. このことから, 任意の $\tau \in G$ に対して集合として

$$\{\sigma_1(a), \sigma_2(a), \cdots, \sigma_m(a)\}$$
$$= \{\tau\sigma_1(a), \tau\sigma_2(a), \cdots, \tau\sigma_m(a)\}$$

が成り立つ. すると

$$h(x) = \prod_{j=1}^{m}(x - \sigma_j(a))$$

と置くと, G の任意の元 τ に対して

$$\tau(h(x)) = \prod_{j=1}^{m}(x - \tau\sigma_j(a)) = \prod_{j=1}^{m}(x - \sigma_j(a)) = h(x)$$

が成り立つ. 従って $p(x)$ の x^k の係数は G 不変であり, $L^G = K$ の元である. よって $h(x) \in K[x]$. a の最小多項式 $g(x)$ は $h(x)$ を割り切るので, $g(x)$ は重根を持たず, かつすべての $g(x)$ 根は $\sigma_j(a)$ の形をしているので L に属する. よって L/K は分離的かつ正規拡大である.　　　　　　　　　　[証明終]

■ **系 4.1.2.8**　拡大 L/K の中間体[※3] を M とする. L/K がガロア拡大であれば L/M もガロア拡大である.

[※3]　体 K, M, L が $K \subset M \subset L$ であるとき M を体の拡大 L/K の中間体という.

■ **証明** L は K 係数のある分離多項式 $f(x)$ の最小分解体である．$f(x)\in M[x]$ でもあるので L は M 係数の多項式 $f(x)$ の最小分解体となり L/M はガロア拡大である． 　　　　[**証明終**]

4.1.3 ガロアの基本定理

以上の準備のもとにガロアの基本定理を証明しよう．

■ **定理 4.1.3.1**（ガロアの基本定理）

L/K は有限次ガロア拡大としそのガロア群を $G=\mathrm{Gal}(L/K)$ とする．G の部分群 H に対して
$$L^H=\{\beta\in L\mid \sigma(\beta)=\beta,\ \forall\sigma\in H\}$$
と定義する．L/K の中間体 M，すなわち，体 $K\subset M\subset L$ に対して
$$G(M)=\{\tau\in G\mid \tau(a)=a,\ \forall a\in M\}$$
と定義する．このとき L^H は L/K の中間体であり，$G(M)$ はガロア群 G の部分群であり，次が成り立つ．

(1) G の部分群 H に対して L/L^H はガロア拡大であり
$$[L:L^H]=|H|$$
が成り立つ．

(2) L/K の中間体 M に対して L/M はガロア拡大であり
$$\mathrm{Gal}(L/M)=G(M).$$

(3) 対応 $H\longmapsto L^H, M\longmapsto G(M)$ によって G の部分群と L/K の中間体とが 1 対 1 に対応し
$$G(L^H)=H,\ \ L^{G(M)}=M$$
が成り立つ．

(4) M_1, M_2 を L/K の中間体とすると次が成り立つ.

（ⅰ）$M_1 \subset M_2 \Longleftrightarrow G(M_1) \supset G(M_2)$.

（ⅱ）$\sigma \in G = \mathrm{Gal}(L/K)$ に対して

$$G(\sigma(M)) = \sigma G(M)\sigma^{-1}.$$

(5) L/K の中間体 M に対して

M/K がガロア拡大

$$\Longleftrightarrow G(M) \triangleleft G = \mathrm{Gal}(L/K) \text{（正規部分）}.$$

このとき

$$\mathrm{Gal}(M/K) \simeq G/G(M)$$

が成り立つ.

■ **証明**　(1) これは定理 4.1.1.2 の直接の帰結である.

(2), (3) を併せて証明する. 最初に (3) の主張の前半部

$$G(L^H) = H$$

を示す. L^H の定義より H の各元は L^H に恒等写像として作用するので

$$H \subset G(L^H)$$

が成り立つ. 一方, $G(L^H)$ の定義より $L^{G(L^H)}$ は L^H を含んでいる.

$$L^H \subset L^{G(L^H)}$$

従って定理 4.1.1.2 より

$$|H| = [L : L^H] \geqq [L : L^{G(L^H)}] = |G(L^H)|$$

が成り立つが, 一方 H は $G(L^H)$ の部分群であるので $|H| \leqq |G(L^H)|$ が成り立つので

$$|H| = |G(L^H)|$$

でなければならない. よって

$$H = G(L^H)$$

が成立する. これが (3) の主張の前半部である.

次に (2) を示す. 定理 4.1.2.7 より L/M はガロア拡大である. 従って再び定理 4.1.2.7 より

$$[L : M] = |\operatorname{Aut}_M(L)|, \quad M = L^{\operatorname{Aut}_M(L)}$$

が成り立つ. 従って, 今証明した (3) の前半部より

$$G(M) = G(L^{\operatorname{Aut}_M(L)}) = \operatorname{Aut}_M(L) = \operatorname{Gal}(L/M)$$

が成り立つ.

L/M はガロア拡大であったので再び定理 4.1.2.7 より

$$M = K^{\operatorname{Aut}_M(L)} = L^{G(M)}$$

が成り立つ. これが (3) の後半部であった.

(4) (ⅰ) は明らか.

(ⅱ) 中間体 M と $\sigma \in \operatorname{Gal}(L/M)$ に対して

$$\begin{aligned}
\tau \in G(\sigma(M)) &\Longleftrightarrow \tau(\sigma(a)) = \sigma(a), \, \forall a \in M \\
&\Longleftrightarrow \sigma^{-1}\tau(\sigma(a)) = a, \, \forall a \in M \\
&\Longleftrightarrow \sigma^{-1}\tau\sigma \in G(M) \\
&\Longleftrightarrow \tau \in \sigma G(M)\sigma^{-1}
\end{aligned}$$

(5) M/K がガロア拡大であるための必要十分条件は

$$\sigma(M) = M, \, \forall \sigma \in \operatorname{Gal}(L/K)$$

であることを示す. M/K はガロア拡大と仮定する. もし, $\sigma(M) \neq M$ となる σ が存在すれば $a \in M$ で $\sigma(a) \notin M$ となる a が存在する. $p(x)$ を a の K 上の最小多項式とすると $\sigma(a)$ も $p(x)$ の根である. しかし $\sigma(a) \notin M$ より M/K は正規拡大ではないことになり, 仮定に反する. 逆にすべての $\sigma \in \operatorname{Gal}(L/K)$ に対して $\sigma(M) = M$ が成り立つと仮定する. $a \in M$ の K 上の最小多

項式を $p(x)$ とする．$p(x)$ の根はすべて L に含まれる．また
$$q(x) = \prod_{\sigma \in G} (x - \sigma(a))$$
は K 係数の多項式であり，$q(a) = 0$ であるので $p(x)$ で割りきれ
る．従って $p(x)$ の根はすべて $\sigma(a)$ の形をしている．従って，仮定
$\sigma(M) = M$ より $\sigma(a) \in M$ が成り立ち，$p(x)$ の根はすべて M に
含まれる．よって M/K は正規拡大である．L/K は分離拡大で
あるので M/K も分離拡大である．従って M/K はガロア拡大で
ある．また，このとき

　　M/K はガロア拡大

$$\Longleftrightarrow \sigma(M) = M, \ \forall \sigma \in \mathrm{Gal}(L/K)$$
$$\Longleftrightarrow G(\sigma(M)) = G(M), \ \forall \sigma \in \mathrm{Gal}(L/K)$$
$$\Longleftrightarrow \sigma G(M) \sigma^{-1} = G(M), \ \forall \sigma \in \mathrm{Gal}(L/K)$$
$$\Longleftrightarrow G(M) \lhd \mathrm{Gal}(L/K)$$

が成り立つ．さらに制限写像

$$\psi: \mathrm{Gal}(L/K) \longrightarrow \mathrm{Gal}(M/K)$$
$$\sigma \longmapsto \sigma|_M$$

の核は $G(M)$ であるので $G/G(M)$ は $\mathrm{Gal}(M/K)$ の部分群と考え
られる．一方，

$$|\mathrm{Gal}(M/K)| = [M:K] = |G|/|G(K)| = |G/G(K)|$$

より

$$\mathrm{Gal}(M/K) \simeq G/G(M)$$

であることが分かる．　　　　　　　　　　　　　　　　［**証明終**］

　ガロアの基本定理を方程式に応用する前に，ガロア群を初めて
定義したガロアによる定義を見ておこう．

4.2. ガロアが考えたこと

4.2.1 ガロアによるガロア群の定義

　説明をわかりやすくするために現在の数学用語を使って説明する．ガロアが「体」という用語は使っておらず，「方程式の係数の有理数を係数とする有理式」という表現で体の各要素を言い表していた．

　ガロアは既約とは限らないが重根を持たない複素数を係数とする方程式

$$f(x) = 0$$

を考えた．その根を $\alpha_1, \alpha_2, \cdots, \alpha_n$ とし，有理数体 $\mathbb{Q}$ に方程式の係数を付加してできる体を K と記し，ガロアは K に方程式の根をすべて付加してできる体 $K(\alpha_1, \cdots, \alpha_n)$ を考えた．$K(\alpha_1, \cdots, \alpha_n)$ は方程式 $f(x) = 0$ の最小分解体である．このとき

$$\zeta = m_1\alpha_1 + m_2\alpha_2 + \cdots + m_n\alpha_n, m_j \in \mathbb{Z}$$

とおき，

$$\sigma(\zeta) = m_1\alpha_{\sigma(1)} + m_2\alpha_{\sigma(2)} + \cdots + m_n\alpha_{\sigma(n)}, \sigma \in S_n$$

がすべて異なる値を取れば $K(\zeta) = K(\alpha_1, \cdots, \alpha_n)$ であることを示し，議論の出発点とした．

　$\sigma(\zeta)$ がすべて異なるという条件が満たされれば $K(\zeta) = K(\alpha_1, \cdots, \alpha_n)$ を示すことができる．（証明は次節 §4.2.2 を参照のこと．本節では $K(\zeta) = K(\alpha_1, \cdots, \alpha_n)$ であることしか使わない．）ζ の K 上の最小多項式 $F(x)$ を **拡大** $K(\alpha_1, \cdots, \alpha_n)/K$ **のガロアの分解式** とよぶ．分解式 $F(x) = 0$ は ζ のとり方に依存するが，その次数は体の拡大次数 $N = [K(\alpha_1, \alpha_2, \cdots, \alpha_n) : K]$ と一致するので一意的に定まる．ガロアの分解式 $F(x) = 0$ の根を $\zeta_1 = \zeta, \zeta_2, \cdots, \zeta_N$ とおく

と，前節の系 4.1.2.3 (2) より

$$K(\alpha_1, \alpha_2, \cdots, \alpha_n) = K(\zeta_j), j = 1, 2, \cdots, N$$

が成り立つ．さらに K 係数の多項式 $\theta_j(x)$ によって

$$\alpha_j = \theta_j(\zeta)$$

と書くことができ，再び前節の系 4.1.2.3 (3) より，各 $1 \leqq j \leqq N$ に対して

$$\theta_k(\zeta_j), k = 1, 2, \cdots, n$$

は $F_j(x)$ のすべての根を表す．これらの事実を使ってガロアはガロア群を次のように定義した．ガロア自身は「方程式の群」と呼んでいるが，以下では簡単のためガロア群と呼ぶことにする．

定義 4.2.1.1（ガロア）

既約とは限らないが重根を持たない多項式 $f(x) \in K[x]$ のすべての根 $\alpha_1, \cdots, \alpha_n$ を K に付加してできる拡大 $K(\alpha_1, \cdots, \alpha_n)/K$ を考える．この拡大のガロアの分解式を $F(x) = 0$ とし，$F(x)$ の根を $\zeta_1 = \zeta, \zeta_2, \cdots, \zeta_N$ と記して

$$\alpha_k = \theta_k(\zeta), \theta_k(x) \in K[x], k = 1, 2, \cdots, n$$

とする．このとき，根の置換

$$\tau_j = \begin{pmatrix} \theta_1(\zeta) & \theta_2(\zeta) \cdots \theta_n(\zeta) \\ \theta_1(\zeta_j) & \theta_2(\zeta_j) \cdots \theta_n(\zeta_j) \end{pmatrix}$$

$$= \begin{pmatrix} \alpha_1 & \alpha_2 \cdots \alpha_n \\ \alpha_{j_1} & \alpha_{j_2} \cdots \alpha_{j_n} \end{pmatrix}, j = 1, 2, \cdots, N \qquad (2.1)$$

を定義することができる．これがガロアによる方程式 $f(x) = 0$ に付随する置換の定義である．これらの置換の全体 $\{\tau_j\}_{j=1}^{N}$ は群をなすことを以下で証明する．この群が，ガロアが定義した方程式 $f(x) = 0$ の**ガロア群** G_f である．

この定義が意味を持つことを証明する必要がある.

■ **定理 4.2.1.2**　上と同じ条件と記号の下で次のことが成り立つ.

(1) $\alpha_k = \theta_k(\zeta),\ \theta_k(x) \in K[x],\ k = 1, 2, \cdots, n$

　に対して $\theta_k(\zeta_j)$ は $\theta_k(x)$ の取り方によらず一意的に定まり, $k \neq k'$ であれば

$$\theta_k(\zeta_j) \neq \theta_{k'}(\zeta_j).$$

(2) (2.1) によって根の置換 $\tau_j, j = 1, 2, \cdots, N$ を定義すると

$$G_f = \{\tau_1, \tau_2, \cdots, \tau_N\}$$

　は根の置換全体のなす群 $\mathrm{Aut}(\{\alpha_1, \alpha_2, \cdots, \alpha_n\}) \simeq S_n$ の部分群をなす.

■ **証明** (1) 二つの多項式 $\theta_k(x),\ \tilde{\theta}_k(x) \in K[x]$ を

$$\alpha_k = \theta_k(\zeta) = \tilde{\theta}_k(\zeta)$$

が成り立つように選ぶ. すると $\theta_k(x) - \tilde{\theta}_k(x)$ と $F(x)$ は ζ を共通根としてもち, $F(x)$ は ζ の K 上の最小多項式であるので $\theta_k(x) - \tilde{\theta}_k(x)$ は $F(x)$ で割り切れる. 従って

$$\theta_k(\zeta_j) - \tilde{\theta}_k(\zeta_j) = 0, \quad j = 1, 2, \cdots, N$$

が成り立つ. これは $\theta_k(\zeta_j)$ が $\theta_k(x)$ の取り方によらずに一意的に決まることを意味する. 次に

$$\theta_k(\zeta_j) = \theta_{k'}(\zeta_j)$$

が成り立ったと仮定する. このとき $\theta_k(x) - \theta_{k'}(x)$ と $F(x)$ は ζ_j を根に持ち, $F(x)$ は ζ_j の K 上の最小多項式でもあるので, $\theta_k(x) - \theta_{k'}(x)$ は $F(x)$ で割りきれる. 従って $\theta_k(x) - \theta_{k'}(x)$ は ζ

を根に持ち $\theta_k(\zeta) = \theta_{k'}(\zeta)$ が成り立つ．これは $k = k'$ を意味する．

(2) 前節の系 4.1.2.3 (2) より
$$\zeta_j = \lambda_j(\zeta), \lambda_j(x) \in K[x], \quad j = 1, 2, \cdots, N$$
となる K 係数多項式 $\lambda_j(x)$ が存在する．このとき，任意の i, j に対して
$$\lambda_i(\lambda_j(\zeta)) = \lambda_k(\zeta) \tag{2.2}$$
が成り立つように k を一意的に選ぶことができることを示す．これは
$$\lambda_i(\zeta_j) = \zeta_k$$
となる k が i, j より一意的に決まることを意味する．さて $F(\lambda_i(x))$ と $F(x)$ は ζ を共通根として持つ．$F(x)$ は ζ の K 上の最小多項式であることより $F(\lambda_i(x))$ は $F(x)$ で割り切れる．従って $F(\lambda_i(\zeta_j)) = 0$ が成り立ち，$\lambda_i(\zeta_j)$ は $F(x)$ の根である．従って $\lambda_i(\zeta_j) = \lambda_k$ となる k が唯一つ存在する．

以上の準備のもとに，(2.1) の記号を使って $\tau_j \tau_i(\alpha_p)$ を考える．$\tau_i(\alpha_p) = \alpha_{i_p}$ であるとするとこれは
$$\theta_p(\zeta_i) = \theta_p(\lambda_i(\zeta)) = \theta_{i_p}(\zeta)$$
と書き直すことができる．このとき任意の j に対して
$$\theta_p(\lambda_i(\zeta_j)) = \theta_{i_p}(\zeta_j)$$
が成り立つことを示そう．$\theta_p(\lambda_i(x)) - \theta_{i_p}(x)$ と $F(x)$ は ζ を共通根として持つ．従って $F(x)$ が K 上の ζ の最小多項式であることより $\theta_p(\lambda_i(x)) - \theta_{i_p}(x)$ は $F(x)$ で割り切れ，
$$\theta_p(\lambda_i(\zeta_j)) - \theta_{i_p}(\zeta_j) = 0$$
が成り立つ．言い換えると

$$\theta_p\left(\lambda_i\left(\lambda_j\left(\zeta\right)\right)\right) = \theta_{i_p}\left(\lambda_j\left(\zeta\right)\right), \quad j = 1, 2, \cdots, N$$

が成り立つ．これより

$$\tau_j\tau_i\left(\alpha_p\right) = \tau_j\tau_i\theta_p\left(\zeta\right) = \tau_j\theta_p\left(\zeta_i\right) = \tau_j\theta_{i_p}\left(\zeta\right)$$
$$= \theta_{i_p}\left(\zeta_j\right) = \theta_{i_p}\left(\lambda_j\left(\zeta\right)\right) = \theta_p\left(\lambda_i\left(\lambda_j\left(\zeta\right)\right)\right)$$

が成り立つ．従って

$$\tau_j\tau_i\left(\alpha_p\right) = \theta_p\left(\lambda_i\left(\lambda_j\left(\zeta\right)\right)\right) = \theta_p\left(\lambda_k\left(\zeta\right)\right)$$
$$= \theta_p\left(\zeta_k\right) = \tau_k\theta_p\left(\zeta\right). \tag{2.3}$$

言い換えると

$$\tau_j\tau_i\left(\theta_p\left(\zeta\right)\right) = \tau_k\left(\theta_p\left(\zeta\right)\right) \tag{2.4}$$

がすべての p に対して成り立つ．これより $\tau_i, \tau_k \in G_f$ であれば

$$\tau_j\tau_i = \tau_k \in G_f$$

であることが分かる．

次に τ_i に対して G_f 内に逆元が存在することを示す．そのために，任意の $1 \leq i \leq N$ に対して

$$\lambda_i\left(\lambda_j\left(\zeta\right)\right) = \zeta = \lambda_1\left(\zeta\right) \tag{2.5}$$

を満たす λ_j が存在することを最初に示す．

$F\left(\lambda_i\left(x\right)\right)$ と $F\left(x\right)$ は ζ を共通根として持つ．従って $F\left(\lambda_i\left(x\right)\right)$ は $F\left(x\right)$ で割り切れる．よってすべての j に対して $F\left(\lambda_i\left(\zeta_j\right)\right) = 0$ が成り立つ．$\lambda_i\left(\zeta_j\right), j = 1, 2, \cdots, N$ はすべて異なるので $\lambda_i\left(\zeta_j\right) = \zeta_1 = \zeta$ となる j が存在する．これは (2.5) を意味する．このとき，(2.3) より

$$\tau_j\tau_i\left(\alpha_p\right) = \theta_p\left(\lambda_i\left(\lambda_j\left(\zeta\right)\right)\right) = \theta_p\left(\zeta\right) = \alpha_p$$

がすべての p に対して成り立つ．これは

$$\tau_j \tau_i = e$$

を意味し，τ_j は τ_i の左逆元である．よって，すべての G_f の元に対して左逆元が存在することが示された．そこで τ_j の左逆元を $\tau_{i'}$ とする．

$$\tau_{i'} \tau_j = e$$

このとき

$$\tau_i = e\tau_i = (\tau_{i'} \tau_j)\tau_i = \tau_{i'}(\tau_j \tau_i) = \tau_{i'}e = \tau_{i'}$$

が成り立ち，これより

$$\tau_i \tau_j = \tau_j \tau_i = e$$

が成り立つことが分かる．すなわち τ_j は τ_i の逆元である．

[証明終]

　以下，ガロアの定義に基づいて方程式のガロア群を計算して見よう．具体的な計算は，簡単な場合でもかなり複雑になる．

■ **例 4.2.1.3**　$f(x) = (x^2 - 2)(x^2 - 3)$ の根を $\mathbb{Q}$ に付加してできる体，すなわち $f(x) = 0$ の最小分解体は $\mathbb{Q}(\sqrt{2}, \sqrt{3})$ である．この体は単純拡大として例えば

$$\mathbb{Q}(\sqrt{2}, \sqrt{3}) = \mathbb{Q}(\sqrt{2} + \sqrt{3}) = \mathbb{Q}(\sqrt{2} - \sqrt{3})$$

を取ることができる（例 4.1.2.5）．$\sqrt{2} + \sqrt{3}$ の $\mathbb{Q}$ 上の最小多項式は

$$\begin{aligned} F(x) &= (x - \sqrt{2} - \sqrt{3})(x - \sqrt{2} + \sqrt{3}) \\ &\quad \cdot (x + \sqrt{2} - \sqrt{3})(x + \sqrt{2} + \sqrt{3}) \\ &= x^4 - 10x^2 + 1 \end{aligned}$$

であることが分かる．これが体の拡大 $\mathbb{Q}(\sqrt{2}, \sqrt{3})\,/\mathbb{Q}$ のガロアの

分解式である. $\zeta = \sqrt{2} + \sqrt{3}$ とおくと

$$\sqrt{2} = \frac{1}{2}(\zeta^3 - 9\zeta)$$

$$\sqrt{3} = \frac{1}{2}(-\zeta^3 + 11\zeta).$$

そこで

$$\theta_1(x) = \frac{1}{2}(x^3 - 9x),$$

$$\theta_2(x) = \frac{1}{2}(-x^3 + 9x),$$

$$\theta_3(x) = \frac{1}{2}(-x^3 + 11x),$$

$$\theta_4(x) = \frac{1}{2}(x^3 - 11x),$$

とおくと

$$\sqrt{2} = \theta_1(\zeta), \quad -\sqrt{2} = \theta_2(\zeta),$$
$$\sqrt{3} = \theta_3(\zeta), \quad -\sqrt{3} = \theta_4(\zeta).$$

が成り立つ. $F(x)$ の根を

$$\zeta_1 = \zeta = \sqrt{2} + \sqrt{3}, \zeta_2 = \sqrt{2} - \sqrt{3},$$
$$\zeta_3 = -\sqrt{2} + \sqrt{3}, \zeta_4 = -\sqrt{2} - \sqrt{3}$$

と置くと, ガロア群は $\tau_1 = \mathrm{id}$ および

$$\tau_2 = \begin{pmatrix} \theta_1(\zeta) & \theta_2(\zeta) & \theta_3(\zeta) & \theta_4(\zeta) \\ \theta_1(\zeta_2) & \theta_2(\zeta_2) & \theta_3(\zeta_2) & \theta_4(\zeta_2) \end{pmatrix}$$

$$= \begin{pmatrix} \sqrt{2} & -\sqrt{2} & \sqrt{3} & -\sqrt{3} \\ \sqrt{2} & -\sqrt{2} & -\sqrt{3} & \sqrt{3} \end{pmatrix} = (34)$$

$$\tau_3 = \begin{pmatrix} \theta_1(\zeta) & \theta_2(\zeta) & \theta_3(\zeta) & \theta_4(\zeta) \\ \theta_1(\zeta_3) & \theta_2(\zeta_3) & \theta_3(\zeta_3) & \theta_4(\zeta_3) \end{pmatrix}$$

$$= \begin{pmatrix} \sqrt{2} & -\sqrt{2} & \sqrt{3} & -\sqrt{3} \\ -\sqrt{2} & \sqrt{2} & \sqrt{3} & -\sqrt{3} \end{pmatrix} = (12)$$

$$\tau_4 = \begin{pmatrix} \theta_1(\zeta) & \theta_2(\zeta) & \theta_3(\zeta) & \theta_4(\zeta) \\ \theta_1(\zeta_4) & \theta_2(\zeta_4) & \theta_3(\zeta_4) & \theta_4(\zeta_4) \end{pmatrix}$$

$$= \begin{pmatrix} \sqrt{2} & -\sqrt{2} & \sqrt{3} & -\sqrt{3} \\ -\sqrt{2} & \sqrt{2} & -\sqrt{3} & \sqrt{3} \end{pmatrix} = (12)(34)$$

であり，ガロア群 $\{\tau_1, \tau_2, \tau_3, \tau_4\}$ は二つの 2 次の巡回群の直積である.

上の証明で登場した λ_j も計算しておこう.

$$\sqrt{2} - \sqrt{3} = \zeta^3 - 10\zeta$$

に注意して

$$\lambda_1(x) = x, \quad \lambda_2(x) = x^3 - 10x,$$
$$\lambda_3(x) = -x^3 + 10x, \quad \lambda_4(x) = -x$$

とおくと

$$\zeta_1 = \lambda_1(\zeta), \zeta_2 = \lambda_2(\zeta), \zeta_3 = \lambda_3(\zeta), \zeta_4 = \lambda_4(\zeta)$$

が成り立つ. また，

$$\zeta_2 = \lambda_1(\zeta_2), \zeta_1 = \lambda_2(\zeta_2), \zeta_4 = \lambda_3(\zeta_2),$$
$$\zeta_3 = \lambda_4(\zeta_2)$$
$$\zeta_3 = \lambda_1(\zeta_3), \zeta_4 = \lambda_2(\zeta_3), \zeta_1 = \lambda_3(\zeta_3),$$
$$\zeta_2 = \lambda_4(\zeta_3)$$
$$\zeta_4 = \lambda_1(\zeta_4), \zeta_3 = \lambda_2(\zeta_4), \zeta_2 = \lambda_3(\zeta_4),$$
$$\zeta_1 = \lambda_4(\zeta_4)$$

が成立する.

■ **例 4.2.1.4**　$f(x) = (x^3 - 2)(x^2 + x + 1)$ の $\mathbb{Q}$ 上の最小分解体は $L = \mathbb{Q}(\sqrt[3]{2}, \rho)$ である. ここで $\rho = \dfrac{-1 + \sqrt{3}\,i}{2}$ は 1 の原始立方根である. また

$$L = \mathbb{Q}(\sqrt[3]{2}, \rho) = \mathbb{Q}(\sqrt[3]{2}, \sqrt{3}\,i)$$

が成り立ち，L は $g(x)=(x^3-2)(x^2+3)=0$ の $\mathbb{Q}$ 上の最小分解体でもある．さらに

$$L=\mathbb{Q}(\sqrt[3]{2}+\rho)=\mathbb{Q}(\sqrt[3]{2}+\sqrt{3}\,i)$$

が成り立つことも示すことができる．$\sqrt[3]{2}+\rho$ の $\mathbb{Q}$ 上の最小多項式 $F(x)$ は

$$\begin{aligned}
F(x)&=(x-\sqrt[3]{2}-\rho)(x-\rho\sqrt[3]{2}-\rho)(x-\rho^2\sqrt[3]{2}-\rho)\\
&\quad\cdot(x-\sqrt[3]{2}-\rho^2)(x-\rho\sqrt[3]{2}-\rho^2)(x-\rho^2\sqrt[3]{2}-\rho^2)\\
&=\{(x-\rho)^3-2\}\{(x-\rho^2)^3-2\}\\
&=\{(x-\rho)(x-\rho^2)\}^3-2\{(x-\rho)^3+(x-\rho^2)^3\}+4\\
&=(x^2+x+1)^3-2\{2x^3-3(\rho+\rho^2)x^2+3(\rho+\rho^2)x-2\}+4\\
&=x^6+3x^5+6x^4+3x^3+9x+9
\end{aligned}$$

となる．そこで $\zeta=\sqrt[3]{2}+\rho$ および $\alpha=\sqrt[3]{2}$ とおくと

$$\zeta^3=3+3\rho\alpha^2+3\rho^2\alpha=3+3\rho\alpha\zeta.$$

を得る．従って

$$\rho\alpha=\frac{1}{3}\zeta^2-\zeta^{-1}.$$

また，

$$\begin{aligned}
\zeta^4&=2\alpha+8\rho+6\rho^2\alpha^2+4\alpha+\rho\\
&=9\rho+6\alpha+6\rho^2\alpha^2
\end{aligned}$$

が成り立つので

$$\begin{aligned}
9\rho+6\alpha&=\zeta^4-6\rho^2\alpha^2=\zeta^4-6\left(\frac{1}{3}\zeta^2-\zeta^{-1}\right)^2\\
&=\frac{1}{3}\zeta^4+4\zeta-6\zeta^{-2}
\end{aligned}$$

が成り立つ．よって

$$\rho=\frac{1}{9}\zeta^4-\frac{2}{3}\zeta-2\zeta^{-2}$$

$$\alpha=-\frac{1}{9}\zeta^4+\frac{5}{3}\zeta+2\zeta^{-2}.$$

を得る．そこで

$$\theta_1(x) = \frac{1}{9}x^4 - \frac{2}{3}x - 2x^{-2}, \ \theta_2(x) = \theta_1(x)^2$$

$$\theta_3(x) = -\frac{1}{9}x^4 + \frac{3}{5}x + 2x^{-2}$$

$$\theta_4(x) = \theta_1(x)\theta_3(x), \ \theta_5(x) = \theta_1(x)^2\theta_3(x),$$

とおくと

$$\rho = \theta_1(\zeta), \ \rho^2 = \theta_2(\zeta), \ \sqrt[3]{2} = \theta_3(\zeta),$$

$$\rho\sqrt[3]{2} = \theta_4(\zeta), \ \rho^2\sqrt[3]{2} = \theta_5(\zeta).$$

と書くことができる．ところで，式中に現れる x^{-2} は次のように
して $F(x)$ を法として x の多項式に書き直すことができる．互除
法によって

$$F(x) = x^2(x^4 + 3x^3 + 6x^2 + 3x) + 9x + 9,$$

$$x^2 = \frac{1}{9}x(9x + 9) - x,$$

$$9x + 9 = -9(-x) + 9$$

となるので，これを逆に書き直すと

$$9 = (9x + 9) + 9(-x)$$

$$= (9x + 9) + 9\left\{x^2 - \frac{1}{9}x(9x + 9)\right\}$$

$$= 9x^2 + \left(-\frac{1}{9}x + 1\right)(9x + 9)$$

$$= 9x^2 + \left(-\frac{1}{9}x + 1\right)\{F(x) - (x^4 + 3x^3 + 6x^2 + 3x)x^2\}$$

$$= \left(-\frac{1}{9}x + 1\right)F(x) - (x^4 + 3x^3 + 6x^2 + 3x - 9)x^2$$

となり，

$$-\frac{1}{9}(x^4 + 3x^3 + 6x^2 + 3x - 9)x^2 \equiv 1 \pmod{F(x)}$$

が成り立つ．従って $\theta_j(x)$ の式で x^{-2} の部分を $-\frac{1}{9}(x^4 + 3x^3 +$

$6x^2 + 3x - 9)$ に置き変えると x の多項式とすることができる.
$F(x) = 0$ の根を

$$\zeta_1 = \zeta = \sqrt[3]{2} + \rho,\ \zeta_2 = \rho\sqrt[3]{2} + \rho,\ \zeta_3 = \rho^2\sqrt[3]{2} + \rho$$
$$\zeta_4 = \sqrt[3]{2} + \rho^2,\ \zeta_5 = \rho\sqrt[3]{2} + \rho^2,\ \zeta_6 = \rho^2\sqrt[3]{2} + \rho^2$$

とおく.

$$\tau_2 = \begin{pmatrix} \theta_1(\zeta_1) & \theta_2(\zeta_1) & \theta_3(\zeta_1) & \theta_4(\zeta_1) & \theta_5(\zeta_1) \\ \theta_1(\zeta_2) & \theta_2(\zeta_2) & \theta_3(\zeta_2) & \theta_4(\zeta_2) & \theta_5(\zeta_2) \end{pmatrix}$$
$$= \begin{pmatrix} \rho & \rho^2 & \sqrt[3]{2} & \rho\sqrt[3]{2} & \rho^2\sqrt[3]{2} \\ \rho & \rho^2 & \rho\sqrt[3]{2} & \rho^2\sqrt[3]{2} & \sqrt[3]{2} \end{pmatrix} = (345)$$

$$\tau_3 = \begin{pmatrix} \theta_1(\zeta_1) & \theta_2(\zeta_1) & \theta_3(\zeta_1) & \theta_4(\zeta_1) & \theta_5(\zeta_1) \\ \theta_1(\zeta_3) & \theta_2(\zeta_3) & \theta_3(\zeta_3) & \theta_4(\zeta_3) & \theta_5(\zeta_3) \end{pmatrix}$$
$$= \begin{pmatrix} \rho & \rho^2 & \sqrt[3]{2} & \rho\sqrt[3]{2} & \rho^2\sqrt[3]{2} \\ \rho & \rho^2 & \rho^2\sqrt[3]{2} & \sqrt[3]{2} & \rho\sqrt[3]{2} \end{pmatrix} = (354)$$

$$\tau_4 = \begin{pmatrix} \theta_1(\zeta_1) & \theta_2(\zeta_1) & \theta_3(\zeta_1) & \theta_4(\zeta_1) & \theta_5(\zeta_1) \\ \theta_1(\zeta_4) & \theta_2(\zeta_4) & \theta_3(\zeta_4) & \theta_4(\zeta_4) & \theta_5(\zeta_4) \end{pmatrix}$$
$$= \begin{pmatrix} \rho & \rho^2 & \sqrt[3]{2} & \rho\sqrt[3]{2} & \rho^2\sqrt[3]{2} \\ \rho^2 & \rho & \sqrt[3]{2} & \rho\sqrt[3]{2} & \rho^2\sqrt[3]{2} \end{pmatrix} = (12)$$

$$\tau_5 = \begin{pmatrix} \theta_1(\zeta_1) & \theta_2(\zeta_1) & \theta_3(\zeta_1) & \theta_4(\zeta_1) & \theta_5(\zeta_1) \\ \theta_1(\zeta_5) & \theta_2(\zeta_5) & \theta_3(\zeta_5) & \theta_4(\zeta_5) & \theta_5(\zeta_5) \end{pmatrix}$$
$$= \begin{pmatrix} \rho & \rho^2 & \sqrt[3]{2} & \rho\sqrt[3]{2} & \rho^2\sqrt[3]{2} \\ \rho^2 & \rho & \rho\sqrt[3]{2} & \rho^2\sqrt[3]{2} & \sqrt[3]{2} \end{pmatrix} = (12)(345)$$

$$\tau_6 = \begin{pmatrix} \theta_1(\zeta_1) & \theta_2(\zeta_1) & \theta_3(\zeta_1) & \theta_4(\zeta_1) & \theta_5(\zeta_1) \\ \theta_1(\zeta_5) & \theta_2(\zeta_5) & \theta_3(\zeta_5) & \theta_4(\zeta_5) & \theta_5(\zeta_5) \end{pmatrix}$$
$$= \begin{pmatrix} \rho & \rho^2 & \sqrt[3]{2} & \rho\sqrt[3]{2} & \rho^2\sqrt[3]{2} \\ \rho^2 & \rho & \rho^2\sqrt[3]{2} & \rho\sqrt[3]{2} & \sqrt[3]{2} \end{pmatrix} = (12)(354)$$

そこで, $\tau_1 = \mathrm{id}$ とおくと

$$\{\tau_1, \tau_2, \tau_3, \tau_4, \tau_5, \tau_6\} = \{e, (12), (345), (354), (12)(345), (12)(354)\}$$

が方程式 $f(x)=0$ のガロア群であり，$\mathbb{Z}/2\mathbb{Z}\times\mathbb{Z}/3\mathbb{Z}$ と同型である．

　ところで，定理 4.2.1.2 の証明では体の同型 $K(\zeta_i)\cong K(\zeta)$ が K 係数の多項式 $\lambda_i(x)\in K[x]$ によって

$$K(\zeta_i)\ni p(\zeta_i)\longmapsto p(\lambda_i(\zeta))\in K(\zeta)$$

で表されることを使った．これと体の同型写像

$$\mu_i\colon K(\zeta)\ni q(\zeta)\longmapsto q(\zeta_i)\in K(\zeta_i)$$

を合成すると，$K(\zeta)$ の自己同型

$$\tilde{\tau}_i\colon K(\zeta)\ni q(\zeta)\longmapsto q(\lambda_i(\zeta))\in K(\zeta)$$

ができる．逆に $K(\zeta)$ の自己同型 $\tilde{\tau}$ に対して $\tilde{\tau}(\zeta)$ は $F(x)$ の根であるので，それを ζ_i とする

$$\zeta_i=\lambda_i(\zeta),\lambda_i(x)\in K[x]$$

と表すことができる．従って $\tilde{\tau}=\tilde{\tau}_i$ であることが分かる．また

$$\tilde{\tau}_j\circ\tilde{\tau}_i(q(\zeta))=\tilde{\tau}_j(q(\lambda_i(\zeta)))=q(\lambda_i(\lambda_j(\zeta)))$$

が成り立つのでこのことから，$\lambda_i(\lambda_j(\zeta))$ に対応する $K(\zeta)$ の自己同型は $\tilde{\tau}_j\circ\tilde{\tau}_i$ であり，それはある $\tilde{\tau}_k$ と一致する．さらに，

$$\tilde{\tau}_i(\alpha_k)=\tau_i(\theta_k(\zeta))=\theta_k(\lambda_i(\zeta))=\theta_k(\zeta_i)$$

となり，$\tilde{\tau}_i$ は根の置換 (2.1) の τ_i を引き起こす．逆に，置換 (2.1) の τ_i は体 $K(\alpha_1,\cdots,\alpha_n)$ の自己同型 $\tilde{\tau}_i$ を引き起こすことが，上の議論を逆に辿ることによって示すことができる．

　以上の議論によって次の事実も明らかになった．

> ■ **定理 4.2.1.5** 根の置換
> $$\tau_j = \begin{pmatrix} \theta_1(\zeta) & \theta_2(\zeta)\cdots\theta_n(\zeta) \\ \theta_1(\zeta_j) & \theta_2(\zeta_j)\cdots\theta_n(\zeta_j) \end{pmatrix} \quad j=1,2,\cdots,N$$
> に $L=K(\zeta)$ の自己同型 $\tilde{\tau}_j$ を対応させることによって群の同型 $G_f \simeq \mathrm{Gal}(L/K)$ が引き起こされる.

　この事実はすでにガロアが指摘している.

　ところで，ガロアは複素数体の部分体を係数に持つ方程式のガロア群を定義したが，この定義は分離多項式に対しても適用できる．すなわち分離多項式 $f(x)\in K[x]$ の根 $\alpha_1,\cdots,\alpha_n$ をすべて付加してできる $f(x)=0$ の最小分解体に対して，上と同様の議論が適用できる.

4.2.2　ラグランジュの補題

　ガロアによるガロア群の定義で，方程式 $f(x)=0$ の根を $\alpha_1,\cdots,\alpha_n$ とし，$\mathbb{Q}$ に方程式 $f(x)$ の係数を付加してできる体を K とするとき，
$$\zeta = m_1\alpha_1 + n_2\alpha_2 + \cdots + m_n\alpha_n, m_j \in \mathbb{Z}$$
が根の置換ですべて異なる値を取れば，$K(\zeta)=K(\alpha_1,\cdots,\alpha_n)$ とできることの証明については述べなかった．この事実は，すでにラグランジュが指摘している．ここでは，ラグランジュの議論を整理して述べたデデキントの方法を紹介する.

■ **命題 4.2.2.1**（ラグランジュ，デデキント）

体 K 上の n 次多項式 $f(x)=0$ は重根を持たないと仮定し，そ

の根を $\alpha_1, \cdots, \alpha_n$ とする．根の K 上の有理式
$$\beta = \varphi(\alpha_1, \cdots, \alpha_n), \gamma = \psi(\alpha_1, \cdots, \alpha_n)$$
に関して，β を不変にするすべての根の置換に対して γ が不変であれば γ は β の K 上の有理式として表すことができる．

■ **証明**　β を不変にする $S_n = \mathrm{Aut}\{\alpha_1, \cdots, \alpha_n\}$ の部分群を H とし，H による S_n の右剰余類分解を
$$S_n = H + \sigma_2 H + \cdots + \sigma_m H$$
とするとき
$$\beta_1 = \beta, \beta_2 = \sigma_2 \beta, \cdots, \beta_m = \sigma_m \beta$$
とおくと，これらはすべて異なる．また，$S_n \beta$ の各元はこれらのいずれかと一致する．そこで，γ に対して
$$\gamma_1 = \gamma, \gamma_2 = \sigma_2 \gamma, \cdots, \gamma_m = \sigma_m \gamma$$
とおくと，これらの中には同じものがあるかもしれないが，$S_n \gamma$ の各元はこれらのいずれかと一致する．そこで
$$F(x) = (x - \beta_1)(x - \beta_2) \cdots (x - \beta_m)$$
とおくと，$F(x)$ は S_n の作用で不変であるので K 係数の多項式である．さらに
$$G(x) = F(x)\left\{\frac{\gamma_1}{x - \beta_1} + \frac{\gamma_2}{x - \beta_2} + \cdots + \frac{\gamma_m}{x - \beta_m}\right\}$$
は S_n 不変な多項式になるので，K 係数の多項式である．$G(x)$ に $x = \beta = \beta_1$ を代入すると
$$G(\beta) = F'(\beta)\gamma$$
を得る．ここで $F'(x)$ は $F(x)$ を x で微分してできる多項式である．これより
$$\gamma = \frac{G(\beta)}{F'(\beta)}$$

となり，γ は β の K 係数の有理式として表現できる．　　[**証明終**]

　ガロアの考察した $\beta=\zeta, \gamma=\alpha_j$ の場合は $H=\{e\}$ となり，この命題を適用することができる．しかし，ガロアはラグランジュの論法を使わず別の証明をしている．ガロアは証明の粗筋しか書いていないので，少し補足して記しておこう．$t_1, t_2, \cdots, t_n$ を独立な変数とし，k を除いた $\{1, \cdots, k-1, k+1, \cdots, n\}$ の置換全体がなす群を H_k と記す．これらは $(n-1)$ 次対称群と同型である．上記の $\zeta=m_1\alpha_1+m_2\alpha_2+\cdots+m_n\alpha_n,\ m_j\in\mathbb{Z}$ を使って

$$F(t_1, t_2, \cdots, t_n)=\prod_{\tau\in H_1}\left(\zeta-m_1t_1-\sum_{j=2}^n m_jt_{\tau(j)}\right)$$

と定義する．$t_1, t_2, \cdots, t_n$ の k 次基本対称式を $\sigma_k, t_2, \cdots, t_n$ の k 次基本対称式を s_k と記すと

$$\sigma_1=t_1+s_1,\ \sigma_k=t_1s_{k-1}+s_k,\ k=2, \cdots, n$$

が成り立つ．従って $F(t_1, t_2, \cdots, t_n)$ は

$$\begin{aligned}&F(t_1, t_2, \cdots, t_n)\\&=G_0(\sigma_1, \sigma_2, \cdots, \sigma_n)t_1^p+G_1(\sigma_1, \cdots, \sigma_n)t_1^{p-1}+\cdots\\&\quad\cdots+G_{p-1}(\sigma_1, \cdots, \sigma_n)t_1+G_p(\sigma_1, \cdots, \sigma_n)\end{aligned} \qquad (2.6)$$

と書くことができる．$G_j(\sigma_1, \cdots, \sigma_n)$ は $K(\zeta)$ 係数の $\sigma_1, \cdots, \sigma_n$ の多項式である．また

$$\begin{aligned}f(x)&=\prod_{j=1}^n(x-\alpha_j)\\&=x^n-c_1x^{n-1}+c_2x^{n-2}+\cdots+(-1)^nc_n\end{aligned}$$

と記すと $c_n\in K$ であり，

$$\begin{aligned}H(t_1)&=G_0(c_1, c_2, \cdots, c_n)t_1^p+G_1(c_1, c_2, \cdots, c_n)t_1^{p-1}+\cdots\\&\quad\cdots+G_{n-1}(c_1, c_2, \cdots, c_n)t_1+G_n(c_1, c_2, \cdots, c_n)\end{aligned}$$

とおくと

$$H(t_1) = \prod_{\tau \in H_1} \left(\zeta - m_1 t_1 - \sum_{j=2}^{n} m_j \alpha_{\tau(j)} \right)$$

が成り立つ．$H(t_1)$ は $K(\zeta)$ の元を係数に持つ多項式である．$H_1(t_1) \in K(\zeta)[t_1]$．また $H(t_1)$ の定義から

$$H(\alpha_1) = F(\alpha_1, \alpha_2, \cdots, \alpha_n) = 0$$

が成立する．一方 $k \neq 1$ に対して互換 $(1k)$ を $F(t_1, \cdots, t_n)$ に施すと

$$(1k)F(t_1, \cdots, t_m)$$
$$= \prod_{\tau \in H_k} \left(\zeta - m_1 t_k - \sum_{j=1}^{k-1} m_j t_{\tau(j)} - m_k t_{\tau(1)} - \sum_{j=k+1}^{n} m_j t_{\tau(j)} \right)$$

となるが，(2.6) より

$$(1k)F(t_1, \cdots, t_n)$$
$$= G_0(\sigma_1, \sigma_2, \cdots, \sigma_n)t_k^p + G_1(\sigma_1, \cdots, \sigma_n)t_k^{p-1} + \cdots + G_p(\sigma_1, \cdots, \sigma_n)$$

が成り立つ．従って

$$H(t_k) = G_0(c_1, c_2, \cdots, c_n)t_k^{p-1} + G_1(c_1, c_2, \cdots, c_n)t_k^{p-1} + \cdots$$
$$\cdots + G_m(c_1, c_2, \cdots, c_n)$$
$$= \prod_{\tau \in H_k} \left(\zeta - m_1 t_k - \sum_{j=1}^{k-1} m_j \alpha_{\tau(j)} - m_k \alpha_{\tau(1)} - \sum_{j=k+1}^{n} m_j \alpha_{\tau(j)} \right)$$

が成り立つ．任意の $\sigma \in S_n$, $\sigma \neq id$ に対して $\sigma(\zeta) \neq \zeta$ であるので

$$H(\alpha_k) \neq 0, \, k = 2, \cdots, m \tag{2.7}$$

であることが分かる．$K(\zeta)$ での α_1 の最小多項式を $g(x)$ とすると，$g(x)$ は $H(x)$ の $k(\zeta)[x]$ での既約因子であり，また $f(x)$ の $K(\zeta)[x]$ での既約因子でもある．従って，$\deg g(x) \geqq 2$ であれば，$g(x)$ の α_1 以外の根は α_i でなければならないが，(2.7) よりこれは不可能である．よって，$\deg g(x) = 1$ である．従って $g(x) = x - \alpha_1$ と書くことができるが，$g(x)$ は $K(\zeta)$ 係数の多項式であるので，$\alpha_1 \in K(\zeta)$ である．同様の議論で，$\alpha_k, k = 2, \cdots, m$

も $K(\zeta)$ に属することが分かる．従って α_j は ζ の K 係数の多項式で表すことができる．これがガロアの論法である．

4.2.3 代数的に解くことができる方程式の特徴づけ

　ガロアの目的は代数的に解ける方程式がどの様なものであるかを見出すことであった．ガロアは代数的に方程式が解ける条件を，彼が導入したガロア群を使って記述した．ここでも簡単のため，複素数係数の方程式を考えることにする．

　ところで，方程式が代数的に解けることを正確に定義する必要がある．2 次方程式，3 次方程式，4 次方程式の根の公式で見たように，重根を持たない 1 変数の代数方程式 $f(x)=0$ の係数から四則演算と冪根をとる操作を有限回行って根を表示できるときに方程式は代数的に解くことができると定義しよう．これは，根が

$$\sqrt[m_1]{\cdots + \sqrt[m_2]{\cdots + \sqrt[m_3]{\cdots}}} \cdots + {} + \sqrt[m_k]{\cdots + \sqrt[m_{k+1}]{\cdots + \sqrt[m_{k+2}]{\cdots}}} + \cdots + \cdots \tag{2.8}$$

の形で表せることを意味する．k は有理数体 $\mathbb{Q}$ に $f(x)$ の係数を付加してできる $f(x)=0$ の基礎体である．ただし，条件としては (2.8) の冪根の値をどのようにとっても方程式の根を表すことを課す必要がある．ただし，同じ冪根 $\sqrt[k_1]{a}$ が式の中に複数回現れることがあるが，その際はすべて同じ値をとると仮定する．これは 2 次方程式，3 次方程式，4 次方程式の根の公式の場合は満たされている条件である．実は，新たに課した条件は自動的に満たされていることが以下の定理から分かる．

　一つだけ群に関する用語を用意する．G_k/G_{k+1} がすべて巡回群

であるような正規鎖

$$G_0 = G \triangleright G_1 \triangleright G_2 \triangleright \cdots \triangleright G_m \triangleright \{e\}$$

を群 G が持つとき**可解群**とよぶ．このとき，任意の巡回群は各剰余群が素数位数の巡回群であるような正規鎖を持つので，上の定義で G_k/G_{k+1} は素数位数の巡回群であると条件を強めて可解群を定義することもできる．また，アーベル群は巡回群の直和になるので，すべての剰余群 G_k/G_{k+1} はアーベル群であると条件を弱めて可解群を定義することもできる．これらはすべて同値な定義である．さらに，可解群の定義から可解群 G の部分群 H や可解群 G の正規部分群 H の剰余群 G/H も可解群であることを示すことができる．

■ **定理4.2.3.1** 重根を持たない1変数 n 次方程式 $f(x) = 0$ の係数を有理数体に付加してできる体を F と記す．F にすべての自然数 $m \leqq n$ に対して1の m 乗根を付加してできる体を K と記す．

(1) 方程式 $f(x) = 0$ の1根が (2.8) の形で表すことができれば $f(x) = 0$ の K 上のガロア群は可解群である．

(2) $f(x) = 0$ の K 上のガロア群が可解群であれば，方程式の根は (2.8) の形で表すことができ，代数的に解くことができる．

■ **証明** 方程式 $f(x) = 0$ の1根 α が (2.8) の形で表されているとする．

α に出てくる冪根 $\sqrt[n]{a}$ の指数 n が合成数 $n = m_1 m_2$ の場合は

$\sqrt[n]{a} = \sqrt[m_2]{\sqrt[m_1]{a}}$ と考えることによって，α に出てくる冪根の指数は
すべて素数であると仮定してよい，従って，以下考える冪根の指
数はすべて素数と仮定する．またこれらの冪根の指数 n_k に対して
K は 1 の n_k 乗根をすべて含むと仮定して議論する．以下の議論
から明かになるように，$f(x) = 0$ のガロア群の位数は α に出てく
る冪根のみを因数としてもつことが分かる．一方，$f(x) = 0$ のガ
ロア群は n 次対称群の部分群と見ることができるのでその位数は
$n!$ の約数である．従って，α の中に出てくる冪根の指数は $n!$ の素
因数でなければならず，n 以下の素数であることが分かる．

　さて α に出てくる K の元の冪根を先ず K に付加する．いくつ
かある場合は先ず一つを選びそれを a_1 としよう．$\sqrt[n_1]{a_1}$ が付加する
冪根とする．仮定より 1 の原始 n_1 乗根は K に含まれているので
$K(\sqrt[n_1]{a_1})/K$ は正規拡大である．次に α に現れる $K_1 = K(\sqrt[n_1]{a_1})$
の元 a_2 の冪根 $\sqrt[n_2]{a_2}$ を K_1 に付加する．$K_2 = K_1(\sqrt[n_2]{a_2})$ は
K_1 の正規拡大であり，そのガロア群は n_2 次巡回群であ
る．次に $\sigma \in \mathrm{Gal}(K_1/K)$ に対して $\sqrt[n_2]{\sigma(a_2)}$ を K_2 に付加する．
$K_1(\sqrt[n_2]{\sigma(a_2)})$ は K_1 の正規拡大である．従って $K_2(\sqrt[n_2]{\sigma(a_2)})$ は
K_2 の正規拡大であり，そのガロア群は $\mathrm{Gal}(K_1(\sqrt[n_2]{\sigma(a_2)})/K_1)$ の
部分群である．ガロア群 $\mathrm{Gal}(K_1(\sqrt[n_2]{\sigma(a_2)})/K)$ は n_2 次巡回群で
あり，n_2 は素数であるので，$\mathrm{Gal}((K_2(\sqrt[n_2]{\sigma(a_2)}))/K_2)$ は n_2 次巡
回群であるか単位群である．単位群の場合は拡大は起こらないの
で $\sqrt[n_2]{\sigma(a_2)}$ を付加する必要はない．以下この操作を $\mathrm{Gal}(K_1/K)$ の
すべての元に対して行い，n_2 次の巡回ガロア拡大の列

$$K_2 \subset K_3 = K_2(\sqrt[n_2]{\sigma_1(a_2)}) \subset K_4$$
$$= K_3(\sqrt[n_2]{\sigma_2(a_2)}) \subset \cdots \subset K_s = K_{s-1}(\sqrt[n_2]{\sigma_{s-2}(a_2)})$$

を作る．このとき K_s は K_1 に $\sqrt[n_3]{\sigma(a_2)}$, $\sigma \in \mathrm{Gal}(K_1/K)$ のすべて
を付加してできる体と一致する．仮定より 1 の n_1 乗根と n_2 乗根
は K に含まれているので，K_s は K 係数の方程式

$$(x^{n_1}-a_1)\prod_{\sigma \in \mathrm{Gal}(K_1/K)}(x^{n_2}-\sigma(a_2))$$

の根をすべて K に付加した体と一致する．従って K_s/K は正規
拡大である．

　次に α の中に出てくる K_s の元 a_3 の冪根 $\sqrt[n_3]{a_3}$ を K_s に付加す
る．$K_{s+1}=K_s(\sqrt[n_3]{a_3})$ は K_s の n_3 次巡回ガロア拡大である．次に
$\tau \in \mathrm{Gal}(K_s/K)$ に対して $\sqrt[n_3]{\tau(a_3)}$ を K_s に次々と付加していき，
n_3 次の巡回ガロア拡大の列

$$\begin{aligned}
K_{s+1}=K_s(\sqrt[n_3]{a_3}) &\subset K_{s+2} \\
=K_{s+1}(\sqrt[n_3]{\tau_1(a_3)}) \subset K_{s+3} &= K_{s+2}(\sqrt[n_3]{\tau_2(a_3)}) \\
\subset \cdots \subset K_{s+t} &= K_{s+t-1}(\sqrt[n_3]{\tau_{t-1}(a_3)})
\end{aligned}$$

を作る．それぞれの拡大は正規拡大であり，かつ K_{s+t}/K も正規
拡大である．

　以上の操作を繰り返して，素数次の巡回群をガロア群にもつガ
ロア拡大の列

$$K \subset K_1 \subset \cdots \subset K_s \subset K_{s+1} \subset \cdots \subset K_{s+t} \subset \cdots \subset K_m$$

で，$\alpha \in K_m$ および K_m/K は正規拡大であるものが構成でき
る．$\alpha \in K_m$ より K_m は $f(x)=0$ の K 上の最小分解体 $L=$
$K(\alpha, \alpha_2, \cdots, \alpha_n)$ を含んでいる．K_m/K のガロア群を G とし，
K_k を固定する G の部分群を G_k とすると G_k/G_{k+1} は位数 n_k の
巡回群である．ガロア拡大 L/K に対応するガロア群は G の部分

群であるので，G も可解群である[※4]．

（2）逆に $f(x)=0$ のガロア群 G は可解群であると仮定する．G_{k-1}/G_k が n_k 次巡回群であるように正規鎖

$$G_0 = G \triangleright G_1 \triangleright G_2 \triangleright \cdots \triangleright G_{m-1} \triangleright G_m = \{e\}$$

をとる．この正規鎖に対して $K_k = L^{G_k}$ とおくと，体の拡大

$$K_0 = K \subset K_1 \subset K_2 \subset \cdots \subset K_k \subset \cdots \subset K_m = L$$

ができる．拡大 K_k/K_{k-1} はガロア拡大であり，そのガロア群は G_{k-1}/G_k であり，これは n_k 次巡回群である．1 の n_k 乗根は K に含まれているので，この巡回拡大はクンマー拡大であり，$K_k = K_{k-1}(\sqrt[n_k]{a_k}), a_k \in K_{k-1}$ となっている（第 3 章 定理 3.10.1）．このことは $f(x)=0$ の根は累乗根を使って表すことができることを意味し，方程式は代数的に解くことができる．

[証明終]

　以上の議論では基礎体が必要なだけの 1 の冪根を含んでいると仮定した．基礎体を一番最小にとったとき，すなわち有理数体 $\mathbb{Q}$ に方程式の係数を付加してできる体 F 上の $f(x)=0$ のガロア群と F に 1 の冪根をつけ加えた体 K 上の $f(x)=0$ のガロア群との関係を調べるために次の補題を用意する．

[※4] 可解群 G の部分群 H は可解群であることは次のようにして示される．

$$G \triangleright G_1 \triangleright G_2 \triangleright \cdots \triangleright G_m \triangleright \{e\}$$

を G_k/G_{k+1} が素数位数の巡回群であるような G の正規鎖とすると G の部分群 H に対して $H \cap G_k = H_k$ とおくと H_k/H_{k+1} は G_k/G_{k+1} の部分群であるが，G_k/G_{k+1} は素数位数であるので $H_k/H_{k+1} = \{e\}$ または $H_k/H_{k+1} = G_k/G_{k+1}$ が成り立つ．従って H は剰余群が素数位数の巡回群となる正規鎖を持ち，可解群である．

補題 4.2.3.2

複素数体 $\mathbb{C}$ の部分体を考える．L/F を有限次ガロア拡大とし，K/F を F の有限次拡大とする．L と K を含む最小の体，すなわち K に L の元を付加してできる体を M と記すと，M/K もガロア拡大であり，ガロア群の同型写像

$$\mathrm{Gal}(M/K) \cong \mathrm{Gal}(L/L\cap K)$$

が存在する．特に $[M:K]$ は $[L:F]$ の約数である．

■ **証明**　L/F は有限次ガロア拡大であることより，重根を持たない F 係数のある多項式 $f(x)\in F[x]$ の最小分解体である．$f(x)=0$ の根を $\alpha_1,\cdots,\alpha_n$ とすると $L=F(\alpha_1,\cdots,\alpha_n)$ である．このとき $f(x)\in K[x]$ と見ることもでき，$M=K(\alpha_1,\cdots,\alpha_n)$ となり M は $f(x)$ の K 上の最小分解体でもある．従って M/K もガロア拡大である．$G=\mathrm{Gal}(M/K), H=\mathrm{Gal}(L/L\cap K)$ とおく．$\sigma\in G$ の L への制限は L の自己同型を引き起こし，$L\cap K$ 上恒等写像である．これより，群の準同型写像

$$\varphi:G \longrightarrow H$$
$$\sigma \longmapsto \sigma|_L$$

ができる．$\sigma|_L=\mathrm{id}$ であれば，$\sigma(\alpha_j)=\alpha_j$ であるので，$\sigma=\mathrm{id}$ であることが分かる．従って φ は単射である．また，$K=M^G, L\subset M$ であるので

$$\{a\in L\,|\,\varphi(\sigma)(a)=a,\ \forall\sigma\in G\}$$
$$=\{a\in L\,|\,\sigma(a)=a,\ \forall\sigma\in G\}=L\cap K$$

従って

$$L^{\mathrm{Im}\varphi}=L\cap K=L^H$$

が成り立つ．ガロアの基本定理より $\operatorname{Im}\varphi = H$ であることが分かり，φ は全射同型写像である．　　　　　　　　[証明終]

そこで，代数的に解くことができる方程式
$$f(x) = x^n + a_1 x^{n-1} + a_2 x^{n-2} + \cdots + a_{n-1} x + a_n = 0$$
の最小の基礎体 $F = \mathbb{Q}(a_1, a_2, \cdots, a_n)$ 上のガロア群を考えてみよう．F に必要な 1 の冪根を付加してできる体 K 上で $f(x) = 0$ のガロア群は可解群である．$f(x) = 0$ の根を $\alpha_1, \cdots, \alpha_n$ とし，
$$L = F(\alpha_1, \cdots, \alpha_n), M = K(\alpha_1, \cdots, \alpha_n)$$
とおく．このとき，上の補題より $\operatorname{Gal}(M/K) \cong \operatorname{Gal}(L/L \cap K)$ が成り立つので，ガロア群 $\operatorname{Gal}(L/L \cap K)$ は可解群である．円分多項式の項で述べたように K/F はガロア拡大で，そのガロア群はアーベル群である．従って拡大 $L \cap K/F$ はアーベル群をガロア群に持つガロア拡大である．そこで，体の拡大
$$F \subset L \cap K \subset L$$
を考え，
$$L \cap K = L^{H_1}$$
とおくと，H_1 は $\operatorname{Gal}(L/F)$ の正規部分群であり，$\operatorname{Gal}(L/F)/H_1$ はアーベル群であり，$H_1 \cong \operatorname{Gal}(M/K)$ は可解群である．従って $\operatorname{Gal}(L/F)$ も可解群である．これより次の定理が証明されたことになる．

> ■ **定理 4.2.3.3**　重根を持たない1変数方程式
>
> $$f(x) = x^n + a_1 x^{n-1} + a_2 x^{n-2} + \cdots + a_{n-1} x + a_n = 0$$
>
> に対して $F = \mathbb{Q}(a_1, a_2, \cdots, a_n)$ とおく．1の幕根をつけ加えることによって方程式 $f(x) = 0$ が代数的に解けるための必要十分条件は $f(x) = 0$ の F 上のガロア群が可解群であることである．

　一般の n 次方程式の基礎体上のガロア群は n 次対称群であり，$n \geqq 5$ のときは n 次交代群 A_n は単純群であることが知られている．従って次の事実が証明されたことになる．

■ **系 4.2.3.4**　$n \geqq 5$ のとき，一般の n 次方程式は代数的に解くことができない．

4.3. 素数次の既約方程式

　ガロアは素数次の代数的に解くことができる既約方程式のガロア群を決定している．ここでも方程式の係数は複素数であると仮定する．

4.3.1　線型置換と素数次の既約方程式

　まず，言葉を少し準備する．素数 p と整数 $a \not\equiv 0 \ (\mathrm{mod}\, p), b$ に対して $\{1, 2, \cdots, p\}$ の置換 $P(a, b)$ を

$$x \longmapsto ax + b \ (\mathrm{mod}\, p), \ x = 1, 2, \cdots, p$$

で定義する．ただし，$y \ (\mathrm{mod}\, p)$ の値は1から p までをとることとする．これが置換を定義することは $ax + b \equiv ax' + b \ (\mathrm{mod}\, p)$ で

あれば $a(x-x') \equiv 0 \pmod{p}$ より $x = x'$ となることから分かる.
以下, $P(a,b)$ を

$$\begin{pmatrix} x \\ ax+b \end{pmatrix} = \begin{pmatrix} 1 & 2 & \cdots & p-1 & p \\ a+b & 2a+b & \cdots & (p-1)a+b & b \end{pmatrix}$$

と略記する. $ax+b$ は p を法として 1 から p までの数をとっていることを再度注意する. 簡単な計算から

$$P(a_1, b_1)P(a_2, b_2) = P(a_1 a_2, a_1 b_2 + b_1)$$

が成り立つことが分かる. $P(a,b)$ の形の置換を**線型置換**と呼ぶ.

■ **定理 4.3.1.1**(ガロア)

K 上の素数次係数の既約代数方程式 $f(x) = 0$ が代数的に解けるための必要十分条件は $f(x) = 0$ の K 上のガロア群が線型置換からなることである. ただし, 方程式を代数的に解くために必要な 1 の冪根を K はすべて含むものと仮定する.

■ **証明** 既約方程式の次数を素数 p とする. $f(x) = 0$ が代数的に解けるための必要十分条件は K_{j+1}/K_j が素数次の巡回拡大であるような部分体の列

$$K_0 = K \subset K_1 = K_0(\sqrt[n_1]{a_1}) \subset K_2 = K_1(\sqrt[n_2]{a_2})$$
$$\subset \cdots \subset K_{m-1} = K_{m-2}(\sqrt[n_{m-1}]{a_{m-1}})$$
$$\subset K_m = K_{m-1}(\sqrt[n_m]{a_m})$$

で K_m が $f(x)$ の K 上の最小分解体であるものが存在することである. このとき, この部分体の列に対応して $f(x) = 0$ の K 上のガロア群 G に対して, $K_j = K_m^{H_j}$ であるような G の正規鎖

$$G \rhd H_1 \rhd H_2 \rhd \cdots \rhd H_{m-1} \rhd H_m = \{e\}$$

が存在する.

　さて, この部分体の列に対して $f(x)$ は K_{m-1} 上既約であり, K_m ではじめて1次式の積に完全分解することを示そう.

　$f(x)$ は $K_{\ell-1}$ で既約で K_ℓ で可約になったと仮定する. $K_\ell = K_{\ell-1}(r)$ で r は $K_{\ell-1}$ 係数の既約方程式 $x^q - a = 0$ の根であると仮定してよい. $f(x)$ の $K_\ell = K_{\ell-1}(r)$ 上での既約因子を $g(x) = \sum_{j=0}^{t} a_j x^j$ とすると $a_j = \sum_{i=0}^{q-1} b_i^{(j)} r^i$, $b_i^{(j)} \in K_{\ell-1}$ と一意的に書くことができる. そこで

$$g(x, y) = \sum_{j=0}^{t} \left(\sum_{i=0}^{q-1} b_i^{(j)} y^i \right) x^j$$

とおくと, これは $K_{\ell-1}$ 係数の多項式である. $g(x) = g(x, r)$ が成り立つ. 1の原始 q 乗根の一つを ω と記し

$$G(x) = \prod_{j=0}^{q-1} g(x, \omega^j r)$$

と定義すると, $G(x)$ は $K_{\ell-1}$ 係数の多項式である. $f(x)$ は $K_{\ell-1}$ で既約であり, $f(x)$ と $G(x)$ は共通の根を持つので, $G(x)$ は $f(x)$ で $K_{\ell-1}$ 上で割りきれる. よって $f(x)$ は K_ℓ では $g(x, \omega^j r)$ の形の s 個の多項式の積となるので $p = \deg f(x) = s \deg g(x, r) = st$ が成り立つ. p は素数であったので $s = p$, $t = 1$ でなければならない. $f(x)$ が1次式の積に分解されるのは K_m でなければならないので, $\ell = m$ であり $[K_m : K_{m-1}] = p$ であることも分かり, H_{m-1} は p 次巡回群であることも分かった.

　そこで, $f(x) = 0$ が代数的に解くことができれば, そのガロア群は線型置換からなることを示す.

　必要であれば根の番号をつけ替えることによって, H_{m-1} は $\tau = (123 \cdots p)$ から生成される p 次巡回群であるとしてよい. H_{m-2} に含まれる任意の置換を σ とすると $\sigma \tau \sigma^{-1} \in \sigma H_{m-1} \sigma^{-1} = H_{m-1}$

であるので $\sigma\tau\sigma^{-1}=\tau^k$ となる自然数 k が存在する．従って

$$\sigma\tau\sigma^{-1}=(\sigma(1)\sigma(2)\sigma(3)\cdots)=\tau^k$$
$$=(k\ \ k+1\ \ k+2\ \cdots)$$

より $\sigma(\ell+1)=\sigma(\ell)+k$ が成り立つ．ただし，等号は $(\bmod p)$ で考えていることに注意する．これより $\sigma(\ell)=\sigma(0)+k\ell=\sigma(p)+k\ell$ を得，$\sigma=P(k,\sigma(p))$ であることが分かる．

次に H_{m-3} の任意の元 σ_1 をとると，$H_{m-3}\triangleright H_{m-2}$ より $\sigma_1\tau\sigma_1^{-1}\in H_{m-2}$ が成り立つ．従って

$$\alpha_1\tau\alpha_1^{-1}=(\sigma_1(1)\sigma_1(2)\cdots\sigma_1(p))=P(a,b)$$

となる a,b が存在する．言い換えると

$$\sigma_1(\ell+1)=a\sigma_1(\ell)+b$$

が成り立つ．これより

$$\sigma_1(\ell)=a^\ell\sigma_1(0)+(a^{\ell-1}+a^{\ell-2}+\cdots+a+1)b$$

が成立することが分かる．$\sigma_1(0)=\sigma_1(p)$ であることに注意する．特に

$$\sigma_1(p)\equiv a^p\sigma_1(0)+(a^{p-1}+a^{p-2}+\cdots+a+1)b\quad(\bmod p)$$

が成り立ち，フェルマの小定理より $a^p\equiv a\,(\bmod p)$ が成り立つので

$$(1-a)\sigma_1(0)\equiv(a^{p-1}+a^{p-2}+\cdots+a+1)b\quad(\bmod p)$$

であることが分かり，

$$(1-a)^2\sigma_1(0)\equiv(1-a^p)b\equiv(1-a)b\quad(\bmod p)$$

を得る．$a\not\equiv1\,(\bmod p)$ であれば $(1-a)c\equiv1\,(\bmod p)$ となる整数 c をとると $\sigma_1(0)\equiv cb\,(\bmod p)$ となる．一方，

$$\sigma_1(1)=\sigma_1(p+1)$$
$$=a^p\sigma_1(1)+(a^{p-1}+a^{p-2}+\cdots+a+1)b$$

がなりたち，これより $\sigma_1(0)$ のときと同様に

$$\sigma_1(1) \equiv cb \pmod{p}$$

が得られ，$\sigma_1(1) = \sigma_1(0)$ となり矛盾が生じる．従って $a \equiv 1 \pmod{p}$ でなければならない．このときは $\sigma_1(\ell) = \sigma_1(0) + \ell b$ となり $\sigma_1 = P(b, \sigma_1(0))$ であることが分かる．以下同様にして $H_{m-4}, H_{m-5}, \cdots$ の各元は線型置換であることが示される．

　以上によって素数次の既約方程式が代数的に解くことができればそのガロア群は線型置換からなることが分かる．

　逆に，ガロア群が線型置換からなるとする．線型置換からなる群が可解群であることを示そう．そのためには線型置換の全体からなる群 G が可解群であることを示せばよい．線型置換はすべて $(\mathrm{mod}\, p)$ で考えているので

$$G = \{P(a, b) \mid a = 1, 2, \cdots, p-1, b = 0, 1, \cdots, p-1\}$$

と書くことができる．このとき

$$N = \{P(1, b) \mid b = 0, 1, \cdots, p-1\},$$
$$H = \{P(a, 0) \mid a = 1, 2, \cdots, p-1\}$$

とおくと N, H はアーベル群であり，G の部分群である．さらに

$$P(a, 0)P(1, b)P(a, 0)^{-1} = P(a, ab)P(a, 0)^{-1} = P(1, ab)$$

であるので，N は G の正規部分群である．また G/N は群 H と全射同型である．従って G は可解群である．　　　　　[**証明終**]

　一般の5次方程式は代数的に解くことができないというアーベルの定理はこの定理の系としても得ることができる．代数的に解くことができればガロア群は $p = 5$ の場合の線型置換の全体からなる群 G の部分群でなければならないが，G の位数は20であり，一方，一般の5次方程式のガロア群は5次対称群でその位数

は 120 であるからである.

4.3.2 代数的に可解な素数次既約方程式の特徴づけ

以上の結果を利用してガロアは次の結果を示した.

■ **定理 4.3.2.1**（ガロア）

素数次の既約方程式が代数的に解けるための必要十分条件は,この方程式の任意の 2 根を使って他の根が有理的に表示できることである.

■ **証明**　素数 p に対して p 次の既約方程式 $f(x)=0$ の根を $\alpha_1, \alpha_2, \cdots, \alpha_p$ と記す.　方程式 $f(x)=0$ は代数的に解けると仮定し,　$f(x)=0$ の基礎体は方程式を代数的に解くのに必要な 1 の冪根はすべて含んでいると仮定し,

$$L = K(\alpha_1, \cdots, \alpha_p)$$

とおく.　このとき上の定理より K 上のガロア群の一般の形は

$$\begin{pmatrix} \alpha_1 & \alpha_2 & \cdots & \alpha_k & \cdots & \alpha_p \\ \alpha_{a+b} & \alpha_{2a+b} & \cdots & \alpha_{ka+b} & \cdots & \alpha_b \end{pmatrix}, a \not\equiv 0 \pmod{p}$$

である.　この置換で α_i と $\alpha_j, i \neq j$ が動かないとすると

$$ia+n \equiv i \pmod{p}, ja+b \equiv j \pmod{p}$$

が成り立つ.　これより $(i-j)a \equiv i-j \pmod{p}$ が成り立つが,$i-j \not\equiv 0 \pmod{p}$ であるので,$a \equiv 1 \pmod{p}$ が成り立たねばならない.　$ia+b \equiv i \pmod{p}$ より $b \equiv 0 \pmod{p}$ でなければならない.これは恒等置換を意味する.　従って,$f(x)=0$ の任意の 2 根を動かさないガロア群の元は単位元である.

　一方,α_i を動かさないガロア群 G の部分群を H_i と記すと

$$K(\alpha_i) = L^{H_i}, K(\alpha_i, \alpha_j) = L^{H_i \cap H_j}$$

が成り立つ. $H_i \cap H_j = \{e\}$ であったので

$$K(\alpha_i, \alpha_j) = L$$

がなりたつ. 従って $f(x) = 0$ の任意の根は α_i, α_j の K 係数の有理式として表現できる.

　逆に $f(x) = 0$ の任意の根が α_i, α_j の K 係数の有理式として表現できれば

$$K(\alpha_i, \alpha_j) = L$$

が成り立つので, $H_i \cap H_j = \{e\}$ が成り立つ. 一方, $f(x)$ は既約と仮定したので α_1 を α_i に移すガロア群の元 σ_i が存在する. これより G の H_1 に関する右剰余類分解は

$$G = H_1 + \sigma_2 H_1 + \cdots + \sigma_p H_1$$

であることが分かる. 従って G の位数は p で割りきれる. さらに, H_1 の単位元以外の元は α_2 を $\alpha_j, j \neq 2$ に移す. もし, α_2 を固定すると $H_1 \cap H_2$ に含まれ単位元となるからである. また $h = |H_1| \geq p$ であれば $\sigma(\alpha_2) = \alpha_j, \tau(\alpha_2) = \alpha_j$ となる $j \neq 2$ と $\sigma, \tau \in H_1, \sigma \neq \tau$ が存在することになるが, $\sigma^{-1}\tau \in H_1$ は α_1 と α_2 を動かさないので単位元となり矛盾する. これより H_1 の位数 h は $p-1$ 以下であることが分かる. 従って G の位数は $ph \leq p(p-1)$ となる. するとシローの定理により G は位数 p の部分群 N を含む. p は素数であるので, N は p 次巡回群である. G は p 個の根の置換群 S_p の部分群であるので, 必要であれば根の番号づけを変更して p 次巡回群 N は根の添数を $(12 \cdots p)$ と置換する p 次巡回置換 ρ から生成されると仮定してよい. p が素数であれば単位元以外の元は p 次巡回群の生成元となるので, G が他に p 次巡回部分群 N' 持てば $N \cap N' = \{e\}$ でなければな

らない．従って，$N = \{e, \rho, \rho^2, \cdots, \rho^{p-1}\}, N' = \{e, \tau, \tau^2, \cdots, \tau^{p-1}\}$ とすると $\rho^i \tau^j, 0 \leqq i \leqq p-1, 0 \leqq j \leqq p-1$ はすべて異なるので $|G| \geqq p^2$ となって矛盾する．よって N は G の唯一つの位数 p の部分群である．従って G の正規部分群である．G の任意の置換 τ に対して $\tau N \tau^{-1} = N$ より

$$\tau \rho \tau^{-1} = \rho^a, 1 \leqq a \leqq p-1$$

となる a が一意的に定まる．

$$\rho = \begin{pmatrix} \alpha_k \\ \alpha_{k+1} \end{pmatrix}, \tau = \begin{pmatrix} \alpha_k \\ \alpha_{f(k)} \end{pmatrix}$$

と記すと

$$\tau \rho \tau^{-1} = \begin{pmatrix} \alpha_{f(k)} \\ \alpha_{f(k+1)} \end{pmatrix} = \rho^a = \begin{pmatrix} \alpha_k \\ \alpha_{k+a} \end{pmatrix} = \begin{pmatrix} \alpha_{f(k)} \\ \alpha_{f(k)+a} \end{pmatrix}$$

と書くことができる．これより

$$f(k+1) \equiv f(k) + a \pmod{p}$$

が成立し，

$$f(k) \equiv ka + b \pmod{p}$$

であることが分かり，τ は線型置換である．従って $f(x) = 0$ は代数的に解くことができる． ［証明終］

第5章 ガロアの論文

　本章では方程式に関するガロアの手紙と論文の日本語訳を記す．決闘の前夜に書かれた友人シュヴァリエ宛の手紙は，方程式に関して多くの情報を含んでおり，方程式に関する残されたガロアの二つの論文を理解するのに役立つと思われるので，ここに訳出した．シュバリエ宛の手紙は既に邦訳があるが（［矢ヶ部］p.6-13，［彌永］第一部 p.247-257，［高瀬］, p. 287-293），十分な解説がなされていないので，改めて翻訳し，これまでほとんど解説されてこなかったモジュラー方程式に関してかなり詳しい解説をつけた．モジュラー方程式にガロアは大きな関心を持ち，それが冪根を使って解くことができないことは，かれの理論，いわゆるガロア理論を使って解決できることは，ガロアにとっても自己の理論の重要性を示す最大の成果の一つであったと思われる．もちろん，ガロアはその粗筋しか示すことはできなかったが，かれの示した道筋は驚くほど正しい．この素晴らしい理論が，これまで十分に解説されてこなかったことは残念に思っていた．ただ，その解説のためには楕円函数論の知識が必要となる．その細かい議論は成書に譲って，基本的な事実を示すだけにしたが，ガロアがいかに優れた直観力を持っていたかを示すことにもなっている．

　手紙の後半部は代数函数論に関する驚くべき事実が記されているが，その詳しい解説は別の機会に譲って，本書では簡単な解説

をつけるにとどめた.

　ガロアの方程式論に関する最初の論文, いわゆる第一論文も優れた邦訳と解説が既にある（[守屋], p.26–41, p.74–138, [彌永] 第二部 p.231–280.）また, 本書第四章でもガロアの考え方を詳しく述べたが, 参考のために原論文の翻訳を改めて行い, 第四章の内容との対応を注として記した.

　ガロアの方程式論に関する二番目の論文, いわゆる第二論文は私の知る限り邦訳されていないようである. その理由は, 恐らく, ガロアの原始方程式に関する主張そのものは正しいが, 第二論文に記された証明の粗筋は矛盾を含んでおり, 後半部の可解原始群に関する議論は中途で終わっていることにあると思われる. しかし, ガロアの群に関する洞察力の凄さを語る論文になっているので, ノイマン [Ne 2] を参考にして, 論文の前半部に関する解説及び注を記した. この第二論文は C. ジョルダンに多くの刺激を与え, この第二論文の正当化のために多くの時間を費やしている. その成果は有名なジョルダンの著作 [Jo 2]（『置換群論』）に結実した. Jordan [Jo 2] によって置換群が原始的であることの定義が今日使われている形で与えられ, ガロアの主張の証明が与えられた. また, 第二論文の後半部の未完の部分もジョルダン [Jo 1] に取り扱われている. ジョルダンのこれらの著作はガロア理論のみならず, その後の群論の進展の基礎となった.

　なお翻訳は [G] を使ったが, ガロアの原文に関する細かい注は [Ne 2] を参照した. また原文にはないが, 原文を理解するのに役立つように訳を追加した部分は括弧でくくって示した.

5.1 ガロアの用語と記号について

5.1.1 "groupe"と「方程式の群」の表示について

ガロアが使っている "groupe" は数学用語に近い場合と，単に「集まり」といった意味で使われている場合があり，しかもそれを区別するのは容易でない場合がある．"groupe" は "groupe de l'équation", "groupe des substitutions", "groupe de permutations" という形で使われている場合が多く，単独で groupe が使われている場合も，これらの3つの用語のどれかを指していると考えられる．

ガロアは置換（substitution）と順列（permutation）を使い分けている．第一論文の主張Ⅰでは次のように使われている.

■ **定理** m 個の根 $a, b, c, \dots$ を持つ方程式が与えられたとせよ．このとき，次の性質を持つ文字 $a, b, c, \dots$ の "une groupe de permutations" が常に存在する．

1. この "groupe" の置換で不変な根の（有理）函数は有理的に既知である．

2. 逆に根の任意の（有理）函数で有理的に決めることができるものはすべてこれらの置換で不変である．

置換は1つの順列から他の順列に移り変わる過程である．

置換を表すために出発点となる順列は，式に関する限り，全く任意でよい．なぜなら，いくつかの文字についての式の中で，1つの文字を他の文字に比べて特別扱いする理由はないからである．

　しかしながら，順列を考えなくては置換を考えることはできないから，順列という語をしばしば用いるであろう．そして，1 つの順列から他の順列に移ることだけを置換と考える．

　いくつもの置換を一緒に考えるときはそれらの置換はすべて同一の順列から生じるものとする．

　我々の考える "groupe" では，文字の配置が何ら影響しない問題を常に取り扱うので，最初どのような順列から出発しても同じ置換が得られる．それゆえ，置換 S，T が同じ "groupe" に属すれば置換 ST も確かにその "groupe" に属さなければならない．我々の考える "groupe" では，文字の配置が何ら影響しない問題を常に取り扱うので，最初どのような順列から出発しても同じ置換が得られる．それゆえ，置換 S，T が同じ群に属すれば置換 ST も確かにその "groupe" に属さなければならない．

　この文章中に用いられている "groupe" は今日の群に対応していることが，引用の後半部の文章から分かる．置換の有限集合で恒等置換を含み，積に関して閉じていれば群になるからである．ガロア自身は群の定義は与えていないが，このように群の持つ性質を熟知していることが以下に訳す論文から明らかであるので，"groupe de permutations" は「順列の群」と訳すことにする．同様に "groupe de l'équation"，"groupe des substitutions" はそれぞれ「方程式の群」，「置換の群」と訳し，"groupe" も群であることは明らかな場合は「群」と訳す．

　ところで，群を表示するの方程式の根の順列を使ったのは，当時は置換をたとえば

$$\begin{pmatrix} 1 & 2 & 3 & 4 \\ 3 & 4 & 2 & 1 \end{pmatrix}$$

と表示する方法が知られていなかったことによる．ちなみに，コーシーがこの記法を使い始めたのはガロア没後の 1844 年の論文からである．

　一方，訳が難しいのが，今日の用語で「剰余類」に当たる部分である．

　上で述べられているように，ガロアは方程式の群を方程式の根の順列を一つ決めて，その順列に群に属する置換を施してしてできる順列の全体として捉えている．そのため，部分群に関する剰余類とその剰余類に対応する共役群との区別がつきにくくなってしまっている．シュヴァリエ宛の手紙の中に次のような文章が記されている．

第一論文の主張 II と III によれば，方程式に補助方程式の一根をつけ加えることとすべての根をつけ加えることとでは大きな違いがあることが分かる．

　両者の場合とも根をつけ加えることによって "le gourpe de l'equation" は一つの同じ置換を施すことによって一方から他方へ移り合うような "groupe" に分解する．しかし，これらの "groupe" が同じ置換を有しなければならないという条件は（すべての根をつけ加える）二番目の場合以外では成り立たない．この（条件が成り立つ）場合は固有分解と呼ぶ．

　言い換えると群 G が群 H を含んでいる場合，"groupe" G はいくつかの "groupe" に分解される．それぞれの "groupe" は一つの同じ置換を H の順列に施すことによって得られ，$G = H + HS + HS' + \cdots$ と分解される．またそれは

$G = H + TH + T'H + \cdots$ と同じ置換からなるグループに分解される．この二種類の分解は通常は一致しない．両者が一致するとき分解は固有であると言われる．

この部分では，今日の用語を使えば方程式の群は方程式の根の順列へ右から作用していると考えられる．方程式の群を G，部分群を H，方程式の根の順列の一つを $(x_1, x_2, ..., x_n)$ とするとガロアは方程式の群を順列の集合

$$\tilde{G} = \{(x_1, x_2, ..., x_n)^\sigma\}, \quad \sigma \in G$$

として表示する．群 G の H による左剰余類を

$$G = H\tau_1 \sqcup H\tau_2 \sqcup H\tau_3 \sqcup \cdots \sqcup H\tau_p, \quad \tau_1 = \mathrm{id}$$

と記す．さらにこのとき，H に対応する順列の群は

$$\tilde{H} = \{(x_1, x_2, ..., x_n)^\sigma\}, \quad \sigma \in H$$

であり，また剰余類 $H\tau_1$ にも対応している．さらに剰余類 $H\tau_k$ には順列の "groupe"

$$\tilde{H}^{\tau_k} = \{(x_1, x_2, ..., x_n)^{\sigma\tau_k}\}, \quad \sigma \in H$$

が対応し，

$$\tilde{G} = \tilde{H}^{\tau_1} \sqcup \tilde{H}^{\tau_2} \sqcup \tilde{H}^{\tau_3} \sqcup \cdots \sqcup \tilde{H}^{\tau_p}$$

が成り立つ．このことを「"le gourpe de l'equation" は一つの同じ置換を施すことによって一方から他方へ移り合うような "groupe" に分解する」とガロアは表現している．

一方で順列の "groupe" $\tilde{H}^{\tau_k}$ は今日の用語を使えば共役群 $\tau_k H \tau_k^{-1}$ を表す順列の "groupe" にもなっており（部分群を考えているので，最初の順列は $(x_1, x_2...., x_n)$ にとる必要があることに注意），この事実をガロアは理解している．そのことが「しかし，これらの "groupe" が同じ置換を有しなければならないという条件は

(すべての根をつけ加える) 二番目の場合以外では成り立たない.」
という文章で確認できる. このように "groupe" は剰余類を表す
順列の集まりという意味と群を表示する順列の集まりという今日
では異なる概念となる二重の意味で使われている. 従ってこの場
合は "groupe" を単純に「群」と訳すことは誤解を招くことになる.
「矢ヶ部」は「組」と訳し,「彌永」は「部分集合」と訳している.「部
分集合」は現代の数学用語となっており, ガロアの原文の雰囲気を
損なう恐れが心配される. 矢ヶ部の訳語「組」は捨て難いが, 本翻
訳では「グループ」あるいは「順列のグループ」と訳すことにした.

　なお, ガロアの順列への群の作用は上に引用したように右から
作用していると考えた方が自然である場合と, 左からの作用とし
ていると考えた方が自然である場合がある. 混乱を招きかねない
ので, 以下の説明では, 群の作用は左からに統一して述べた.

　群の表示として, 例えばガロアの第一論文では, 位数が素数 n
の巡回群を

$$
\begin{array}{cccccccc}
a & b & c & d & \cdot & \cdot & \cdot & k \\
b & c & d & \cdot & \cdot & \cdot & k & a \\
c & d & \cdot & \cdot & \cdot & k & a & b \\
\cdot & \cdot & \cdot & \cdot & \cdot & \cdot & \cdot & \cdot \\
k & a & b & c & \cdot & \cdot & \cdot & i
\end{array}
$$

と記している. ここで注意しておきたいのはガロアは方程式の根
をしばしば a, b, c 等の文字で表し, 根のことを「文字」と表現し
ていることである. 一方, 根の置換の形を詳しく記す必要がある
場合には

$$x_k \quad x_{ak+b}$$

などとも記している. この場合は x_k のように添数をつけて根を表
示し, そこに置換を施した結果が x_{ak+b} の形に書き表すことができ
ることを表現している. この場合も $x_k, k=1,\cdots,n$ が最初の順列

であり，方程式の群で根が置換を受けて $x_{ak+b}, k=1, \cdots, n$ の形の順列に変わったことを意味している．ただし $ak+b$ は n を法として考え，常に1から n までの値として考えている．こうした群の表示はシュヴァリエ宛の手紙にも使われている．

5.1.2　ガウス氏の方法

　ここでは簡単のため，考える体はすべて複素数体の部分体として議論する．

■ ガロアによる原始方程式

　シュヴァリエ宛の手紙と第二論文には，原始方程式を定義するためにガウス氏の方法（"la Méthopde de M. Gauss"）やガウス氏による分解の方法（"la Méthode de décomposition due à M. Gauss"）という用語が出てくる．また，生前に発表した論文

　　　Analyse d'un Mémoire sur la Résolution Algébrique de Équations（方程式の代数的解法に関する研究報告の解析），Bulletin des Scineces Mathématiques, Physiques et Chimeques（Férussac's Bulletin），13（1830），p. 271-272

は第二論文の内容を含んだ速報（一部誤りがあり，第二論文では訂正されている）であるが，そこでは次のように述べられている．

　　　方程式は，例えば次数 mn の既約方程式が次数 m の一つの方程式によって次数 n の m 個の因子に分解するとき非

原始方程式と呼ばれる．これらはガウス氏の方程式である．原始方程式はこのような単純化を有しない方程式である．

　ガウス氏の方法と呼ばれる元となったガウスの理論は本書第 3 章で述べた円分方程式の理論である．奇素数 p に対して，g を p を法とする原始根とする．$p-1 = ef$ と因数分解できるときにガウスは f 項周期 (f, λ) を

$$(f, \lambda) = \zeta_p^{\lambda} + \zeta_p^{\lambda g^e} + \zeta_p^{\lambda g^{2e}} + \cdots + \zeta_p^{\lambda g^{(f-1)e}}$$

と定義した．このとき異なる f 項周期は $(f, 1), (f, g), ..., (f, g^{e-1})$ であり，$(f, 1), (f, g), ..., (f, g^{e-1})$ は有理数係数の e 次既約方程式 $G(x) = 0$ の根となっている．また (f, g^k) に現れる 1 の原始 p 乗根を根にもつ方程式 $F_k(x) = 0$ は (f, g^k) の有理数係数の多項式を係数に持つ既約方程式であり，異なる e 個の f 項周期に現れる 1 の原始 p 乗根は 1 の原始 p 乗根のすべてであるので

$$F(x) = x^{p-1} + x^{p-2} + \cdots + x + 1 = F_1(x)\, F_2(x) \cdots F_e(x)$$

と因数分解できる．ここで $F_j(x)$ は $\mathbb{Q}((f, 1), ..., (f, g^{e-1}))$ 係数の既約多項式である．この事実を一般化した形で，上では原始多項式の定義が述べられている．

　実は，この定義がガロアの第二論文の解読で混乱を引き起こす．以下で述べるように，上の形で原始方程式を定義すると，これは今日の定義では原始的ではなく擬原始方程式の定義となってしまうからである．そこで，ジョルダン [Jo2] で確立して原始的であることの定義を見ておこう．

■ 非原始的ブロックと非原始的正規ブロック

　体 F 上の既約方程式 $f(x)$ の最小分解体を K とし，

$G = \mathrm{Gal}(K/F)$ と置く．$f(x) = 0$ の根のなす集合を Ω と記すと，$f(x)$ が既約であるので，ガロア群 G の Ω への作用は推移的である．すなわち，$\alpha \in \Omega$ に対して $G\alpha = \Omega$ が成り立つ．さて，Ω の部分集合 $\Gamma \neq \Omega$ は $g(\Gamma) \cap \Gamma \neq \emptyset$ であれば $g(\Gamma) = \Gamma$ が成り立つときに，**非原始的ブロック**と呼ぶ．このとき，すべての $g \in G$ に対して，$g(\Gamma)$ も非原始的ブロックとなる．これを Γ と共役な原始ブロックと呼ぶことにする．

さて，$\alpha \in \Gamma$ に対して
$$H_\Gamma = \{\, g \in G \mid g(\alpha) \in \Gamma \,\} = \{\, g \in G \mid g(\Gamma) = \Gamma \,\}$$
とおくと，H_Γ は G の部分群であり，異なる非原始ブロック $g(\Gamma)$ は G の H_Γ に関する右剰余類と 1 対 1 に対応している．従って
$$|\Omega| = |\Gamma|[G : H_\Gamma]$$
が成り立つ．ここで有限集合 S に対して S の個数を $|S|$ と記した．さらに G の $\alpha \in \Gamma$ での固定部分群を
$$G_\alpha = \{\, g \in G \mid g(\alpha) = \alpha \,\}$$
と定義すると $G_\alpha \subset H_\Gamma$ であり
$$|\Gamma| = [H_\Gamma : G_\alpha]$$
が成り立つ．そこで $n = |\Gamma|, m = [G : H_\Gamma]$ とおく．このとき，$F(\alpha) = K^{G_\alpha}$ が成り立つ．$E = K^{H_\Gamma}$ とおくと，$E \subset F(\alpha)$ が成り立ち，さらに定理 4.1.2.1 より $E = F(\eta)$ となる η が存在する．このとき
$$[E : F] = [G : H_\Gamma] = m$$
がなりたつので，η の F 上の最小多項式 $g(x)$ の次数は m である．一方，α の E 上の最小多項式を $f_1(x)$ とすると，

$$[F(\alpha):E]=[H_\Gamma:G_\alpha]=n$$

より $\deg f_1(x)=n$ であり, かつ $f_1(x)$ は $f(x)$ の E 上の既約因子
となり E 上

$$f(x)=f_1(x)\,h_1(x),\ \ \deg f_1(x)=n,\ \ \deg h_1(x)=(m-1)\,n$$

と因数分解できる.

逆に次数 mn の既約多項式 $f(x)$ に対して F 係数の m 次多項
式 $g(x)$ で $g(x)=0$ の一根 η を F に付加すると $F(\eta)$ 上で

$$f(x)=f_1(x)\,h_1(x),\ \ \deg f_1(x)=n,\ \ \deg h_1(x)=(m-1)\,n$$

と因数分解できたと仮定する. このとき $f_1(x)=0$ の根の一つを
α とすると

$$mn=[F(\alpha):F]\leq[F(\eta,\alpha):F]$$
$$=[F(\eta,\alpha):F(\eta)][F(\eta):F]\leq\deg f_1(x)\deg g(x)=mn$$

が成り立つ. 従って

$$[F(\eta):F]=\deg g(x),\ [F(\eta,\alpha):F]=[F(\alpha):F]=mn$$

より $g(x)$ は F 上既約であり, $\eta\in F(\alpha)$ であることが分かる. 従
って $F(\eta)\subset F(\alpha)$ が成り立つ. そこで $f_1(x)=0$ の根の全体を Γ
と記すと, これは $f(x)=0$ の根の全体 Ω の真部分集合である.
ガロアの基本定理 (定理 4.1.3.1) より $F(\eta)$ に対応する G の部
分群を H と記す. すなわち $F(\eta)=K^H$ が成り立つとすると,

$$m=[F(\eta):F]=[K^H:F]=[G:H]$$

が成り立つ. このとき H の各元は $f_1(x)$ を変えないので, Γ
の元を Γ に移す. また $g\in G$ に対して $g(\Gamma)\cap\Gamma\neq\emptyset$ であれば
$\beta\in g(\Gamma)\cap\Gamma$ に対して $g(\gamma)=\beta$ となる $\gamma\in\Gamma$ が存在する. こ
のとき $h_1(\alpha)=\beta$, $h_2(\alpha)=\gamma$ となる $h_1,h_2\in H$ が存在するので

$gh_2(\alpha) = h_1(\alpha)$ が成り立つ．これより $h_1^{-1}gh_2 \in G_\alpha \subset H$ が成り立つので，$g \in H$ が成り立つ．これより Γ は非原始的ブロックであることが分かる．以上の議論によって次の定理が証明された．

■ 定理 5.1.2.1

体 F 上の次数 mn の既約方程式 $f(x)=0$ の根のなす集合を Ω，$f(x)=0$ の F 上の最小分解体を K，ガロア群 $\mathrm{Gal}(K/F)$ を G と記す．G の Ω への作用が m 個の共役な非原始的ブロックを持つための必要十分条件は F 係数の次数 m の方程式 $g(x)=0$ で，$g(x)=0$ の一つの根 η を F に付加すると $F(\eta)$ 上で $f(x)$ は n 次の既約多項式 $f_1(x)$ と $(m-1)n$ 次の多項式 $h_1(x)$ に因数分解
$$f(x) = f_1(x)\,h_1(x)$$
できる m 次方程式 $g(x)=0$ が存在することである．

この定理のような非原始的ブロックをもたないときにガロア群 G の作用は**原始的**であり，$f(x)=0$ を**原始方程式**と呼ぶ．これがジョルダンに始まる現在の原始方程式の定義であるが，上のガロアの定義と微妙に異なっている．そこで，上に述べたガロアの定義ではどのような非原始的ブロックが構成されるか見てみよう．

体 F 上の mn 次既約方程式 $f(x)$ に対して m 次方程式 $g(x)=0$ の根をすべて基礎体 F に付加したとき $f(x)$ が m 個の n 次既約多項式に分解したと仮定しよう．今までと同様に $f(x)=0$ の F 上の最小分解体を K，$G=\mathrm{Gal}(K/F)$ とし，$g(x)=0$ の F 上の最小分解体を M，M で $f(x)$ が m 個の既約 n 次式に因数分解されたと仮定する．

$$f(x) = f_1(x)f_2(x)\cdots f_m(x),$$
$$\deg f_1(x) = \deg f_2(x) = \cdots = \deg f_m(f) = n$$

$f_j(x) = 0$ の根を $\alpha_{j,1}, ..., \alpha_{j,n}$ と記し

$$\Gamma_j = \{\alpha_{j,1}, \alpha_{j,2}, ..., \alpha_{j,n}\}$$

と置く. このとき $f_j(x)$ の係数は $\alpha_{j,1}, ..., \alpha_{j,n}$ の対称式であるので, すべて K に属している. 従って $f_j(x)$ の係数はすべて $L = M \cap K$ に属していることが分かる. 従って, 上の $f(x)$ の因数分解は L 上で成り立っている. このとき L/F はガロア拡大であることを示そう. まず, M/F, K/F は F 上のガロア拡大であるので, 定理4.1.2.7 より F 係数の既約方程式 $h(x) = 0$ が L に一根をもてば, $h(x) = 0$ の根はすべて K および M に属することが分かる. 従って $h(x) = 0$ の根はすべて $L = M \cap K$ に属し, 従って L/F は正規拡大であることが分かる. 従って再び定理4.1.2.7 より L/K はガロア拡大である. ガロアの基本定理により L に対応する G の部分群を N とすると, すなわち $L = K^N$ とすると, L/F がガロア拡大であるので N は G の正規部分群である. このとき N の各元は $f_j(x)$ の係数を動かさないので, N の各元は $f_j(x)$ の根の集合 Γ_j を自分自身に移す. $f_j(x)$ は L 上既約であったので, N は Γ_j に推移的に作用している.

一般に $f(x) = 0$ の根のなす集合 Ω の真部分集合 Γ に G の正規部分群 N が推移的に作用するとき Γ を**非原始的正規ブロック**と呼ぶ. このとき, N の Ω への作用によって Ω は m 個の共役な非原始的正規ブロックに分割される. ここで $m = [\Omega : N]$ である. なぜならば, $\Gamma = N\alpha$, $\alpha \in \Omega$ とすると, Γ は Ω の真部分集合であるので, $\alpha_2 \notin \Gamma$ である $\alpha_2 \in \Omega$ が存在する. 定義より $\Gamma \cap \Gamma_2 = \emptyset$ である. そこで $\Gamma_2 = N\alpha_2$ と置く. $\Gamma \cup \Gamma_2 \neq \Omega$ であ

れば $\alpha_3 \in \Omega$ を $\Gamma \cup \Gamma_2$ 以外から取ることができる．$\Gamma_3 = N\alpha_3$ と
おくと，これは Γ, Γ_2 と共通部分をもたない．以下，これを繰り
返すことによって

$$\Omega = \Gamma \sqcup \Gamma_2 \sqcup \Gamma_3 \sqcup \cdots \sqcup \Gamma_m$$

と Ω を共通部分をもたない部分集合に分割でき，各 Γ_j は共役な
非原始的正規ブロックになっている．

　非原始的正規ブロックは非原始的ブロックである．$\alpha \in \Gamma$ の固
定部分群 G_α に対して $H = G_\alpha N$ とおくと，これは G の部分群で
ある．$g \in G_\alpha,\ n \in N$ に対して

$$gn(\alpha) = gng^{-1}g(\alpha) = gng^{-1}(\alpha)$$

が成り立つが，$gng^{-1} \in N$ より $gn(\alpha) \in \Gamma$ が成り立つ．一方

$$H_\Gamma = \{ g \in G \,|\, g(\alpha) \in \Gamma \}$$

とおくと，$\Gamma = N\alpha$ であるので，$g \in H_\Gamma$ に対して $g(\alpha) = n(\alpha)$ と
なる $n \in N$ が存在し，$g^{-1}n \in G_\alpha$ が成り立つので $g^{-1} \in G_\alpha N = H$
が成り立ち，$H_\Gamma = H$ であることが分かる．また，$g \in G$ に対
して $g(\Gamma) \cap \Gamma \neq \emptyset$ であれば $g(\beta) = \gamma$ である $\beta, \gamma \in \Gamma$ が存在
する．$n_1(\alpha) = \beta,\ n_2(\alpha) = \gamma$ である $n_1, n_2 \in N$ が存在するので，
$gn_1(\alpha) = n_2(\alpha)$ が成り立ち，$n_2^{-1}gn_1 \in G_\alpha \subset H$ が成り立つ．従っ
て $g \in H$ が成り立ち，$g(\Gamma) = \Gamma$ となって Γ は非原始的ブロック
であることが示された．

　非原始的正規ブロックに関しては次の定理が上の定理に対応す
る．

■ **定理 5.1.2.2**

体 F 上の次数 mn の既約方程式 $f(x)=0$ の根のなす集合を Ω，$f(x)=0$ の F 上の最小分解体を K，ガロア群 $\mathrm{Gal}\,(K/F)$ を G と記す．G の Ω への作用が共役な非原始的正規ブロックを m 個持つための必要十分条件は F 係数の次数 m の方程式 $g(x)=0$ のすべての根を F に付加してできる体上で $f(x)$ が m 個の既約な n 次方程式に因数分解
$$f(x)=f_1(x)f_2(x)\cdots f_m(x)$$
されることである．

■ **証明** 十分条件は既に示したので，必要条件を証明すればよい．Γ を非原始的正規ブロックとし，$|\Gamma|=n$ とする．$\alpha\in\Gamma$ を一つ選び，
$$H_\Gamma=\{\,g\in G\,|\,g(\alpha)\in\Gamma\,\}$$
と定義する．
$$N=\bigcap\nolimits_{g\in G}gH_\Gamma g^{-1}$$
とおく．Γ は非原始的正規ブロックであったので Γ 上推移的に作用する G の正規部分群 N' が存在する．$N'\subset H_\Gamma$ であるので，$N'\subset N$ が成り立ち，N は Γ に推移的に作用する．従って，上の議論と同様に $H_\Gamma=G_\alpha N$ であることが示される．そこで $L=K^N$ と置くと L/F はガロア拡大である．$E=F(\alpha)\cap L$ と置くと，L は E を含む F の最小の正規拡大体である．仮定より G の各元の Γ の像は異なるものが m 個ある．従って
$$[G:H_\Gamma]=m,\quad [H_\Gamma:G_\alpha]=n$$
であり，

$$[E:F]=[K^{H_\Gamma}:F]=[G:H_\Gamma]=m,$$

$$[F(\alpha):E]=[K^{G_\alpha}:K^{H_\Gamma}]=[H_\Gamma:G_\alpha]=n$$

が成り立つ．正規部分群 N は Ω を m 個の軌跡に分割するので $f(x)$ は $L=K^N$ 上で m 個の既約な n 次式に因数分解される．

$$f(x)=f_1(x)f_2(x)\cdots f_m(x).$$

一方，$E=F(\eta)$ となる η が存在するが η の F 上の最小多項式を $g(x)$ とすると，L は $g(x)=0$ の最小分解体である．従って $g(x)=0$ の根を F に付加した体 L 上で $f(x)$ は m 個の既約 n 次式に因数分解できる． [**証明終**]

　F 上の既約方程式 $f(x)=0$ のガロア群 G に対して，非原始的正規ブロックをもたないとき，G を**擬原始的**と呼び，$f(x)=0$ を**擬原始方程式**と呼ぶ．シュヴァリエ宛の手紙と第二論文での原始方程式に関するガロアの定義は，現在の意味で原始的であるのか，それとも非原始的であるのかは，はっきりしない．擬原始的であるように思われるが，これらの文献中のガロアの言明は，今日の意味で原始方程式と原始群に対して正しいことが示される．ただし，可解群に関しては擬原始的であれば原始的であることが示され，このことが事態を複雑にしている．唯，第二論文の議論はどちらの定義を採用しても矛盾を含んでいる．これについては，第二論文の解説と註釈で詳しく述べることにする．

5.2　シュヴァリエ宛の手紙

　シュヴァリエ宛の手紙の中に出てくるモジュラー方程式のガロア群に関しては解説されることがほとんどないので，ここでは少

し長くなるが解説することにする．モジュラー方程式に関する解
説がこれまでほとんどされてこなかったのは，モジュラー方程式
そのものがガロアの時代と，その後，特に 19 世紀後半に定義が
変わってしまったことに関係していると思われる．モジュラー方
程式が現在の定義に変わる前の，いささかゴタゴタした議論を以
下に紹介する．

5.2.1　モジュラー方程式について

■ 楕円函数

　シュバリエ宛の手紙には,「振幅の正弦」という言葉が出てくる．
ヤコビ［FA］の記号では sin am と記されてものである．
　積分

$$u = \int_0^x \frac{dx}{\sqrt{(1-x^2)\,(1-k^2x^2)}}$$

は第一種楕円積分と呼ばれ，この積分の逆函数 $x = \sin\mathrm{am}\,(u)$ は
楕円函数と呼ばれる．ただし，ガロアの時代までは楕円積分のこ
とを楕円函数といい，$\sin\mathrm{am}\,(u)$ は楕円函数の逆函数と呼ばれてい
た．

　この積分に現れる k は楕円函数，もしくは楕円積分のモジュラ
スと呼ばれる．

　第一種楕円積分を $x = \sin\varphi$ と変数変換すると

$$u = \int_0^\varphi \frac{d\varphi}{\sqrt{1-k^2\sin^2\varphi}}$$

に変換される．この積分の定める逆函数を $\varphi = \mathrm{am}\,u$ と記して振幅
と呼ぶ．すると上の x を u の函数と見たものは $x = \sin\mathrm{am}\,u$ と
書くことができる．これがガロアが「振幅の正弦」と呼んだもので
ある．ヤコビは $\sin\mathrm{am}\,u$ という記号を使ったが，後に $\mathrm{sn}\,(u)$ と記

されるようになった．本書でも記号 $\operatorname{sn}(u)$ を使う．ヤコビはさらに $\cos \operatorname{am} u = \sqrt{1-\sin^2 \operatorname{am} u}$, $\Delta \operatorname{am} u = \sqrt{1-k^2\sin^2 \operatorname{am} u}$ という函数を導入したが，後に

$$\operatorname{cn}(u) = \cos \operatorname{am} u = \sqrt{1-\operatorname{sn}^2(u)}$$
$$\operatorname{dn}(u) = \Delta \operatorname{am} u = \sqrt{1-k^2\operatorname{sn}^2(u)}$$

という記号が使われるようになった．本書でもこの記号を踏襲する．

以上の楕円函数には加法公式が成立する．

$$\operatorname{sn}(u+v) = \frac{\operatorname{sn}(u)\operatorname{cn}(v)\operatorname{dn}(v) + \operatorname{sn}(v)\operatorname{cn}(u)\operatorname{dn}(v)}{1-k^2\operatorname{sn}^2(u)\operatorname{sn}^2(v)}$$

$$\operatorname{cn}(u+v) = \frac{\operatorname{cn}(u)\operatorname{cn}(v) - \operatorname{sn}(u)\operatorname{sn}(v)\operatorname{dn}(u)\operatorname{dn}(v)}{1-k^2\operatorname{sn}^2(u)\operatorname{sn}^2(v)}$$

$$\operatorname{dn}(u+v) = \frac{\operatorname{dn}(u)\operatorname{dn}(v) - k^2\operatorname{sn}(u)\operatorname{sn}(v)\operatorname{cn}(u)\operatorname{cn}(v)}{1-k^2\operatorname{sn}^2(u)\operatorname{sn}^2(v)}$$

さらに逆函数の定義域を複素変数に拡張するために形式的に変数変換

$$x = \frac{it}{\sqrt{1-t^2}}$$

を行うと

$$u = \int_0^x \frac{dx}{\sqrt{(1-x^2)(1-k^2x^2)}} = i\int_0^t \frac{dt}{\sqrt{(1-t^2)\{1-(1-k^2)t^2\}}}$$

を得る．そこでモジュラス k の補モジュラス k' を

$$k^2 + k'^2 = 1$$

で定義する．より正確には $0 < k < 1$ のとき $0 < k' < 1$ となるように $k' = \sqrt{1-k^2}$ の分枝を定義し，あとは k に関する解析接続を取ることによって k' は k より一意的に定まる．モジュラスと補モジ

ュラス k, k' は上半平面 $H = \{\tau \in \mathbb{C} \mid \mathrm{Im}\,\tau > 0\}$ 上の正則函数であることが示されるので，あとは解析接続で決めればよい．実際には k や k' をテータ函数を使って表示できることから平方根の符号は一意的に定まることが分かっている．上の加法公式を使って形式的に函数の定義域を拡げることによって $\mathrm{sn}(u), \mathrm{cn}(u), \mathrm{dn}(u)$ は複素変数の函数と見ることができる．さらに

$$K = \int_0^{\frac{\pi}{2}} \frac{d\varphi}{\sqrt{1 - k^2 \sin^2 \varphi}} = \int_0^1 \frac{dx}{\sqrt{(1 - x^2)(1 - k^2 x^2)}} \tag{2.1}$$

$$K' = \int_0^{\frac{\pi}{2}} \frac{d\varphi}{\sqrt{1 - k'^2 \sin^2 \varphi}} = \int_0^1 \frac{dt}{\sqrt{(1 - t^2)(1 - k'^2 t^2)}} \tag{2.2}$$

と定義すると任意の整数 m, m' に対して

$$\mathrm{sn}(u + 2mK + 2m'iK') = (-1)^m \mathrm{sn}(u)$$
$$\mathrm{cn}(u + 2mK + 2m'iK') = (-1)^{m+m'} \mathrm{cn}(u)$$
$$\mathrm{dn}(u + 2mK + 2m'iK') = (-1)^{m'} \mathrm{cn}(u)$$

が成り立つことが知られている．従って $\mathrm{sn}(u)$ は基本周期 $4K$ と $2iK'$ をもつ 2 重周期函数である．$\Lambda = \mathbb{Z} \cdot 4K + \mathbb{Z} \cdot 2iK'$ は複素平面の格子点をなす．さらに $\mathrm{sn}(u)$ は $0 + \Lambda$ および $2K + \Lambda$ の各点で 1 位の零点を持ち $iK' + \Lambda$ および $2K + iK' + \Lambda$ でそれぞれ 1 位の極を持つ複素平面上で定義された二重周期をもつ有理型函数であることが分かる．

■ 等分方程式とそのガロア群

　さてガロアはアーベル [A1] の考察を引き継いで，奇素数 p に対して周期の p 等分点での楕円函数の値を問題にした．周期の p 等分点は

$$\frac{4\mu K + 2\nu i K'}{p}, \quad \mu, \nu \in \mathbb{Z}$$

と表されるが，$\mathrm{sn}(u)$ は基本周期が $4K, 2iK'$ であるので異なる $\mathrm{sn}(u)$ の値は

$$\mathrm{sn}\left(\frac{4\mu K + 2\nu i K'}{p}\right), \quad 0 \le \mu, \nu < p$$

の p^2 個である．このうち $(\mu, \nu) = (0, 0)$ では $\mathrm{sn}(0) = 0$ であるので，除外すると $p^2 - 1$ 個の p 等分点での値が得られる．これがガロアが **$p^2 - 1$ 等分した振幅の正弦** と呼んだものである．ところで p は奇素数としたので，

$$2\nu \equiv 4\mu' \pmod{p}, \quad 0 \le \mu' < p$$

となる非負整数 μ' が存在する．従って

$$\mathrm{sn}\left(\frac{4\mu K + 2\nu i K'}{p}\right) = \mathrm{sn}\left(\frac{4\mu K + 4\mu' i K'}{p}\right)$$

が成り立つことが分かる．そこで整数 $0 \le \mu$, $\mu' < p$ に対して

$$x_{\mu,\mu'} = \mathrm{sn}\left(\frac{4\mu K + 4\mu' i K'}{p}\right), \quad y_{\mu,\mu'} = \mathrm{cn}\left(\frac{4\mu K + 4\mu' i K'}{p}\right),$$

$$z_{\mu,\mu'} = \mathrm{dn}\left(\frac{4\mu K + 4\mu' i K'}{p}\right)$$

と置く．以下いちいち指摘しないが添数 (μ, μ') は p を法として考え，必要に応じて 0 から $p-1$ の値に置き換えて考える．

　楕円関数の加法公式を使うと $\mathrm{sn}(nu), \mathrm{cn}(nu), \mathrm{dn}(nu)$ を $\mathbb{Q}(k^2)$ 係数の $\mathrm{sn}(u), \mathrm{cn}(u), \mathrm{dn}(u)$ の有理式を使って表すことができる（楕円関数の n 倍公式）．$x = \mathrm{sn}(u)$, $y = \mathrm{cn}(u)$, $z = \mathrm{dn}(u)$ とおくと，加法公式を使って帰納的に

$$n \text{ は偶数} \qquad\qquad n \text{ は奇数}$$

$$\mathrm{sn}\,(nu) = \frac{xyz A_n(x^2)}{D_n(x^2)}, \qquad \mathrm{sn}\,(nu) = \frac{x A_n(x^2)}{D_n(x^2)}$$

$$\mathrm{cn}\,(nu) = \frac{B_n(x^2)}{D_n(x^2)}, \qquad \mathrm{cn}\,(nu) = \frac{y B_n(x^2)}{D_n(x^2)}$$

$$\mathrm{dn}\,(nu) = \frac{C_n(x^2)}{D_n(x^2)}, \qquad \mathrm{dn}\,(nu) = \frac{z C_n(x^2)}{D_n(x^2)}$$

を示すことができる．ここで A_n, B_n, C_n, D_n は $F = \mathbb{Q}(k^2)$ 係数の多項式である．特に，$n = p$ で $u = x_{\mu,\mu'}$ と置くと $\mathrm{sn}\,(pu) = \mathrm{sn}\,(0) = 0$, $\mathrm{cn}\,(pu) = \mathrm{cn}\,(0) = 1$, $\mathrm{dn}\,(pu) = \mathrm{dn}\,(0) = 1$ を得るので $y_{\mu,\mu'}$, $z_{\mu,\mu'}$ は $F = \mathbb{Q}(k^2)$ 係数の有理式によって

$$y_{\mu,\mu'} = \frac{D_p(x^2_{\mu,\mu'})}{B_p(x^2_{\mu,\mu'})}, \quad z_{\mu,\mu'} = \frac{D_p(x^2_{\mu,\mu'})}{C_p(x^2_{\mu,\mu'})} \qquad (2.3)$$

と $x^2_{\mu,\mu'}$ を使って表すことができる．この事実は p が奇素数でなくても奇数であれば成立する．

従って

$$x_{m\mu,m\mu'} = g_m(x_{\mu,\mu'}), \quad m = 2, 3, \dots$$

となる $F = \mathbb{Q}(k^2)$ 係数の有理式 $g_m(x)$ が存在することが分かる．また，$\mathrm{sn}\,(u)$ の加法公式から

$$x_{\mu+\nu,\mu'+\nu'} = f(x_{\mu,\mu'}, x_{\nu,\nu'})$$

と表すことができる $F = \mathbb{Q}(k^2)$ 係数の有理式 $f(x, y)$ が存在することも分かる．

一方，上の式から $A_p(x^2) = 0$ のすべての根は $x_{\mu,\mu'}$ であることが分かる．$x A_p(x^2) = 0$ または $A_p(x^2) = 0$ は p 等分方程式とよばれる．従って

$$L = F(x_{\mu,\mu'})_{0 \le \mu,\mu' < p}$$

とおくと L/F はガロア拡大であることが分かる．$\sigma \in \mathrm{Gal}\,(L/F)$

は $A_p(x^2) = 0$ の根の置換を引き起こすので

$$\sigma(x_{1,0}) = x_{\delta_\sigma, \beta_\sigma}$$

$$\sigma(x_{0,1}) = x_{\gamma_\sigma, \alpha_\sigma}$$

となったと仮定すると

$$\sigma(x_{\mu,0}) = \sigma(g_\mu(x_{1,0})) = g_\mu(\sigma(x_{1,0})) = g_\mu(x_{\delta_\sigma, \beta_\sigma}) = x_{\delta_\sigma\mu, \beta_\sigma\mu}$$

が成り立たねばならない. 同様に

$$\sigma(x_{0,\mu'}) = \sigma(g_{\mu'}(x_{0,1})) = g_{\mu'}(\sigma(x_{0,1})) = g_{\mu'}(x_{\gamma_\sigma, \alpha_\sigma}) = x_{\gamma_\sigma\mu', \alpha_\sigma\mu'}$$

が成り立つ. 従って

$$\sigma(x_{\mu,\mu'}) = \sigma(f(x_{\mu,0}, x_{0,\mu'})) = f(\sigma(x_{\mu,0}), g(x_{0,\mu'}))$$

$$= f(x_{\delta_\sigma\mu, \beta_\sigma\mu}, x_{\gamma_\sigma\mu', \alpha_\sigma\mu'}) = x_{\delta_\sigma\mu + \gamma_\sigma\mu', \beta_\sigma\mu + \alpha_\sigma\mu'}$$

が成り立つ. すなわち

$$\begin{pmatrix} \nu' \\ \nu \end{pmatrix} = \begin{pmatrix} \alpha_\sigma & \beta_\sigma \\ \gamma_\sigma & \delta_\sigma \end{pmatrix} \begin{pmatrix} \mu' \\ \mu \end{pmatrix}$$

と置くと

$$\sigma(x_{\mu,\mu'}) = x_{\nu,\nu'}$$

となる[※1]. ここで, 添数は p を法として考えているので, $\alpha_\sigma, \beta_\sigma,$ $\gamma_\sigma, \delta_\sigma$ も p を法として考える必要がある. これより写像

$$\mathrm{Gal}(L/K) \ni \sigma \longmapsto \begin{bmatrix} \alpha_\sigma & \beta_\sigma \\ \gamma_\sigma & \delta_\sigma \end{bmatrix} \in GL(2, \mathbb{Z}/p\mathbb{Z})$$

が定義できる[※2]. 行列の成分は $\mathbb{Z}/p\mathbb{Z}$ の元と考えている. この写

[※1] ここで添数 μ の順序を逆にしたのは, 後で $\tau = \dfrac{iK'}{K}$ を考えたときに, この行列を1次分数変換として τ に作用させたとき, 綺麗な形に表示できるためである.

[※2] 成分を p を法として考えているときは, 以下, 行列表示として

$$\begin{bmatrix} a & b \\ c & d \end{bmatrix}$$

を使う.

像が単射準同型写像であることは容易に示される．実際には全単射であることが示され，ガロアが主張しているようにガロア群は $GL\,(2, \mathbb{Z}/p\mathbb{Z})$ と見なすことができる[※3]．

■ モジュラー方程式とそのガロア群

ところで，ヤコビは楕円函数論を変換理論から始めて壮大な理論を構築した（[FA]）．変換理論とは
有理函数 $P(x)$ によって $y = P(x)$ と変数変換すると
$$\frac{dy}{\sqrt{(1-y^2)\,(1-\lambda^2 y^2)}} = \frac{1}{M} \cdot \frac{dx}{\sqrt{(1-x^2)\,(1-k^2 x^2)}}$$
が成り立つような $P(x)$ を求める問題である．ここで M は定数である．

$$\omega = \frac{\mu K + \mu' i K'}{n}$$

とおくと，ヤコビは奇数 n に対して変換は

$$y = \frac{\dfrac{x}{M}\prod_{j=1}^{(n-1)/2}\left(1 - \dfrac{x^2}{\operatorname{sn}(4j\omega)}\right)}{\prod_{j=1}^{(n-1)/2}(1 - k^2 x^2 \operatorname{sn}^2(4j\omega))} \tag{2.5}$$

$$M = (-1)^{(n-1)/2}\left\{\prod_{j=1}^{(n-1)/2}\frac{\operatorname{sn}(K-4j\omega)}{\operatorname{sn}(4j\omega)}\right\}^2 \tag{2.6}$$

$$\lambda = k^n \left\{\prod_{j=1}^{(n-1)/2}\operatorname{sn}(K-4j\omega)\right\}^4 \tag{2.7}$$

によって与えられることを見出し，この事実を楕円函数論建設の基礎に置いた．さらに

$$u = \sqrt[4]{k}, \quad v = \sqrt[4]{\lambda}$$

[※3] ガロアも気がついていた可能性もあるが，$F = \mathbb{Q}(k^2)$ に1の原始 p 乗根を付加した体の上ではガロア群は $SL\,(2, \mathbb{Z}/p\mathbb{Z})$ であることが知られている．

とおくと (2.7) より

$$v = u^n \prod_{j=1}^{(n-1)/2} \mathrm{sn}(K - 4j\omega) \tag{2.8}$$

が成り立つ．このとき ω の取り方を変えると v の値は変わる．$4j\omega$ を $j=1$ から $(n-1)/2$ まで考えていることから，ω として

$$\omega_{1,0} = \frac{K}{n}, \quad \omega_{0,1} = \frac{iK'}{n}, \quad \omega_{1,1} = \frac{K+iK'}{n},$$

$$\omega_{1,2} = \frac{K+2iK'}{n}, \quad \cdots, \quad \omega_{1,n-1} \frac{K+(n-1)iK'}{n}$$

を取ることによって $n+1$ 個の異なる値をもつことが分かる．すると

$$\left(v - u^n \prod_{j=1}^{(n-1)/2} \mathrm{sn}(K - 4j\omega_{0,1}) \right) \cdot \prod_{i=0}^{n-1} \left(v - u^n \prod_{j=1}^{(n-1)/2} \mathrm{sn}(K - 4j\omega_{1,i}) \right) = 0$$

$$\tag{2.9}$$

を考えると $F(u) = \mathbb{Q}(\sqrt[4]{k})$ 係数の $n+1$ 次方程式であることが証明できる[※4]．実は，後に示すように，この代数関係式では u に関する次数も $n+1$ であることが分かる．ヤコビは $p=3$ と $p=5$ の場合に代数関係式の具体形を求めている．

$$p=3 \quad u^4 - v^4 + 2uv(1 - u^2 v^2) = 0$$

$$p=5 \quad u^6 - v^6 + 5u^2 v^2(u^2 - v^2) + 4uv(1 - u^4 v^4) = 0$$

ヤコビはこうした u と v の代数関係式を**モジュラー方程式**と呼んだ．u が与えられたとすると v に関する方程式と考えると，この方程式のガロア群を考えることができる．

　ガロア群を計算するために関係式 (2.8) を書き直す．以下，簡

[※4]　$\mathrm{sn}(K-u) = \dfrac{\mathrm{cn}(u)}{\mathrm{dn}(u)}$ を使うと，下に述べるアーベルの補題の証明に使う議論が適用できる．

単のため n は奇素数 p と仮定する．まず

$$\mathrm{sn}\,(K-u) = \frac{\mathrm{cn}\,(u)}{\mathrm{dn}\,(u)}$$

が成り立つことに注意する．すると (2.3) によって

$$\mathrm{sn}\,(K-4j\omega) = \frac{\mathrm{cn}\,(4j\omega)}{\mathrm{dn}\,(4j\omega)} = \frac{C_p\,(\mathrm{sn}^2\,(4j\omega))}{B_p\,(\mathrm{sn}^2\,(4j\omega))} \qquad (2.10)$$

と書き直すことができる．$F = \mathbb{Q}\,(k^2)$ 係数の有理式 $\psi_p\,(x^2)$ を

$$\psi_p(x^2) = \frac{C_p(x^2)}{B_p(x^2)} \qquad (2.11)$$

と定義する．この函数を使うと (2.8) は

$$v = u^n \prod_{j=1}^{(p-1)/2} \psi_p\,(\mathrm{sn}^2\,(4j\omega)), \qquad (2.12)$$

と書き直すことができる．

　等分方程式 $A_p\,(x^2) = 0$ の可解性を問題にしたのはアーベルであった（[A1]）．以下，記号の繁雑さを避けるために

$$\omega_0 = \omega_{1,0}, \quad \omega_1 = \omega_{0,1}, \quad \omega_2 = \omega_{1,1}, \quad \ldots, \quad \omega_p = \omega_{1,p-1}$$

と置こう（$n = p$ に取っていることに注意）．

　アーベルはこの方程式 $A_p\,(x^2) = 0$ を解くために．問題を二段階に分け，方程式

$$(x-\mathrm{sn}^2(4\omega_j))\,(x-\mathrm{sn}^2(8\omega_j))\,(x-\mathrm{sn}^2(12\omega_j))\cdots\left(x-\mathrm{sn}^2\!\left(4\cdot\frac{p-1}{2}\,\omega_j\right)\right)$$

$$= x^{(p-1)/2} + p^{(j)}_{(p-1)/2-1} x^{(p-1)/2-1} + p^{(j)}_{(p-1)/2-2} x^{(p-1)/2-2} + \cdots + p^{(j)}_1 x + p^{(j)}_0 = 0$$

を解くことと，$x_1, x_2, \ldots, x_{(p-1)/2}$ の有理対称式 $\theta\,(x_1, x_2, \ldots, x_{(p-1)/2})$ に対して

$$\prod_{j=0}^{p} \left(y-\theta\,(\mathrm{sn}^2(4\omega_j)),\,\mathrm{sn}^2(8\omega_j)),\,\ldots,\,\mathrm{sn}^2\!\left(4\cdot\frac{p-1}{2}\,\omega_j\right)\right)$$

$$= y^{p+1} + q_p y^p + q_{p-1} y^{p-1} + \cdots + q_1 y + q_0 = 0 \qquad (2.13)$$

で定まる方程式を解くことを考えた．このとき，$q_j \in F = \mathbb{Q}(k^2)$になることは，以下のアーベルの補題の証明で使った論法を適用して示される．θとしては上の$p_\ell^{(j)}$を取ればよいが，アーベルは以下のアーベルの補題で示すように，1つの対称式θに関する方程式を取れば，それを使って他の$p_\ell^{(j)}$は求めることができることを示した．

ところで，楕円函数の加法公式を使うと$\mathrm{sn}^2(4m\omega)$は$\mathrm{sn}^2(4\omega)$のF係数の有理式で表すことができ，対称式θに対して$\theta\left(\mathrm{sn}^2(4\omega)),\ \mathrm{sn}^2(8\omega)),\ \ldots,\ \mathrm{sn}^2\left(4\cdot\dfrac{p-1}{2}\omega_j\right)\right)$は$F$係数の$\mathrm{sn}^2(4\omega)$の有理式で表されることに注意する．そこで，以下$x_1,x_2,\ldots,$$x_{(p-1)/2}$の有理対称式$\varphi(x_1,x_2,\ldots,x_{(p-1)/2})$に対して

$$\hat{\varphi}(\mathrm{sn}^2(4\omega_j)) = \varphi\left(\mathrm{sn}^2(4\omega_j),\ \mathrm{sn}^2(8\omega_j),\ \ldots,\ \mathrm{sn}^2\left(4\cdot\frac{p-1}{2}\omega_j\right)\right)$$

と記すことにする．

補題 5.2.1.1 （アーベル（[A1]，§V19））————

$x_1,x_2,\ldots,x_{(p-1)/2}$の$F(u)=\mathbb{Q}(\sqrt[4]{k})$係数の2個の0でない有理対称式$\theta,\psi$をとると，$\theta\left(\mathrm{sn}^2(4\omega_j)),\ \mathrm{sn}^2(8\omega_j)),\ \ldots,\ \mathrm{sn}^2\left(4\cdot\dfrac{p-1}{2}\omega_j\right)\right)$は

$$\psi\left(\mathrm{sn}^2(4\omega_0)),\ \mathrm{sn}^2(8\omega_0)),\ \ldots,\ \mathrm{sn}^2\left(4\cdot\frac{p-1}{2}\omega_0\right)\right),$$
$$\psi\left(\mathrm{sn}^2(4\omega_1)),\ \mathrm{sn}^2(8\omega_1)),\ \ldots,\ \mathrm{sn}^2\left(4\cdot\frac{p-1}{2}\omega_1\right)\right),$$
$$\psi\left(\mathrm{sn}^2(4\omega_p)),\ \mathrm{sn}^2(8\omega_p)),\ \ldots,\ \mathrm{sn}^2\left(4\cdot\frac{p-1}{2}\omega_p\right)\right)$$

の$F(u)$係数の有理式として表わすことができる．

証明は簡単である.

$$\Omega_{\mu,\mu'} = 4\omega_{\mu,\mu'} = \frac{4\mu K + 4\mu' iK'}{p}$$

と置くと, 0 でない任意の整数 a に対して集合として

$$\left\{ \mathrm{sn}^2(\Omega_{\mu,\mu'}),\, \mathrm{sn}^2(2\Omega_{\mu,\mu'}),\, \mathrm{sn}^2(3\Omega_{\mu,\mu'}),\, \ldots,\, \mathrm{sn}^2\left(\frac{p-1}{2}\Omega_{\mu,\mu'}\right) \right\}$$

$$= \left\{ \mathrm{sn}^2(a\Omega_{\mu,\mu'}),\, \mathrm{sn}^2(2a\Omega_{\mu,\mu'}),\, \mathrm{sn}^2(3a\Omega_{\mu,\mu'}),\, \ldots,\, \mathrm{sn}^2\left(a\cdot\frac{p-1}{2}\Omega_{\mu,\mu'}\right) \right\}$$

が成り立つ. 従って

$$\hat{\theta}(\mathrm{sn}^2(\Omega_{\mu,\mu'})) = \hat{\theta}(\mathrm{sn}^2(a\Omega_{\mu,\mu'})) = \hat{\theta}(\mathrm{sn}^2(\Omega_{a\mu,a\mu'}))$$

が成り立つ. よって

$$\hat{\psi}\,(\mathrm{sn}^2(\Omega_{\mu,\mu'}))^k \cdot \hat{\theta}\,(\mathrm{sn}^2(\Omega_{\mu,\mu'}))$$

$$= \frac{2}{p-1}\sum_{a=1}^{(p-1)/2} \hat{\psi}\,(\mathrm{sn}^2(\Omega_{a\mu,a\mu'}))^k\,\hat{\theta}\,(\mathrm{sn}^2(\Omega_{a\mu,a\mu'}))$$

が成り立つ. これより

$$s_k = \hat{\psi}\,(\mathrm{sn}^2(4\omega_{0,1}))^k \cdot \hat{\theta}\,(\mathrm{sn}^2(4\omega_{0,1}))$$

$$+ \sum_{j=0}^{p-1} \hat{\psi}\,(\mathrm{sn}^2(4\omega_{1,j}))^k \cdot \hat{\theta}\,(\mathrm{sn}^2(4\omega_{1,j}))$$

$$= \frac{2}{p-1}\sum_{a=1}^{(p-1)/2} \left\{ \hat{\psi}\,(\mathrm{sn}^2(\Omega_{0,a}))^k \cdot \hat{\theta}\,(\mathrm{sn}^2(\Omega_{0,a})) \right.$$

$$\left. + \sum_{j=0}^{p-1} \hat{\psi}\,(\mathrm{sn}^2(\Omega_{a,aj}))^k \cdot \hat{\theta}\,(\mathrm{sn}^2(\Omega_{a,aj})) \right\}$$

この最後の式に現れる $\mathrm{sn}^2(\Omega_{\nu,\nu'})$ の全体は添数が

$$0 \le \mu,\, \mu' \le \frac{p-1}{2},\quad (\mu,\mu') \ne (0,0)$$

である $x^2_{\mu,\mu'}$ のすべてと一致すると見ることができる[※5]. s_k はこれ

[※5] $\mathrm{sn}\,(\Omega_{p-\mu,p\mu'}) = -\mathrm{sn}\,(\Omega_{\mu,\mu'})$ であるので $A_p(y) = 0$ の異なる根は $\mathrm{sn}^2\,(\Omega_{\nu,\nu'})$, $0 \le \mu \le (p-1)/2,\, 0 \le \nu' < p,\, (\nu,\nu') \ne 0$ に取ることができる.

らの対称式であるので，周期の p 等分方程式 $A_p(x^2) = 0$ の係数の有理式で表される．従って $s_k \in F(u)$ であることが分かる．

すると連立方程式

$$\hat{\psi}(\mathrm{sn}^2(4\omega_{0,1}))^k \cdot \hat{\theta}(\mathrm{sn}^2(4\omega_{0,1}))$$
$$+ \sum_{j=0}^{(p-1)/2} \hat{\psi}(\mathrm{sn}^2(4\omega_{1j}))^k \cdot \hat{\theta}(\mathrm{sn}^2(4\omega_{1j})) = s_k,$$
$$k = 0, 1, \ldots, p$$

をクラメールの公式で解くことによって $\hat{\theta}(\mathrm{sn}^2(4\omega_{0,1}))$，$\hat{\theta}(\mathrm{sn}^2(4\omega_{1,j}))$ は，$\hat{\psi}(\mathrm{sn}^2(4\omega_{0,1}))$，$\hat{\psi}(\mathrm{sn}^2(4\omega_{0,j}))$，$j = 0, \ldots, p-1$ の $F(u)$ 係数の有理式で表すことができる． [**証明終**]

アーベルは対称式 $\theta = x_1^2 x_2^2 \cdots x_{(p-1)/2}^2$ をとり上の方程式 (2.13) として F 係数の方程式

$$\prod_{j=0}^{p} \left(y - \prod_{a=1}^{p} \mathrm{sn}^2(4\omega_j)\, \mathrm{sn}^2(8\omega_j)\, \mathrm{sn}^2(12\omega_j) \cdots \mathrm{sn}^2(4 \cdot \frac{p-1}{2}\omega_j) \right) = 0$$

$$(2.14)$$

を考え，この方程式は冪根を使って解くことはできないと予想した．

一方，上で述べたように素数 p に対応するモジュラー方程式

$$\prod_{j=0}^{p-1} \left(v - u^p \prod_{a=1}^{(p-1)/2} \mathrm{sn}(K - 4a\omega_j) \right)$$

$$= \prod_{j=0}^{p-1} \left(v - u^p \prod_{a=1}^{(p-1)/2} \frac{C_p(\mathrm{sn}^2(4a\omega_j))}{B_p(\mathrm{sn}^2(4a\omega_j))} \right) = 0 \qquad (2.15)$$

は $F(u)$ 係数の方程式である．この方程式の根を $v_0, v_1, \ldots, v_p$ と記すと

$$K = F(u, v_0, v_1, \ldots, v_p) = F\left(u, \prod_{a=1}^{(p-1)/2} \psi_p(\mathrm{sn}^2(4a\omega_j)) \right)_{j=0,1,\ldots,p}$$

$$(2.16)$$

が成り立ち，アーベルの補題を使うと

$$K = F\left(u, \prod_{a=1}^{(p-1)/2} \operatorname{sn}^2(4a\omega_j)\right)_{j=0,1,\ldots,p}$$

が成り立つ．従って素数 p に対応するモジュラー方程式 (2.15) とアーベルの方程式 (2.14) とは $F(u)$ 上では同じガロア群をもつことが分かった．

そこで，このガロア群を求めてみよう．まず，注目すべきことは $\operatorname{Gal}(L/F) = GL(2, \mathbb{Z}/p\mathbb{Z})$ であったが，このガロア群は基礎体を $F(u) = \mathbb{Q}(\sqrt[4]{k})$ に拡大しても変わらない．

$$\tilde{L} = L(u) = \mathbb{Q}(\sqrt[4]{k}, x_{\mu,\mu'})_{0 \le \mu, \mu' < p}, \quad \tilde{F} = F(u) = \mathbb{Q}(\sqrt[4]{k})$$

とおくと

$$\operatorname{Gal}(\tilde{L}/\tilde{F}) = GL(2, \mathbb{Z}/p\mathbb{Z})$$

が成り立つ．$GL(2, \mathbb{Z}/p\mathbb{Z})$ の正規部分群

$$\Delta = \{\overline{m}I_2 \mid \overline{m} \in (\mathbb{Z}/p\mathbb{Z})^\times\}$$

を考え，$L, \tilde{L}$ の Δ 固定部分体を考えると

$$L^\Delta = F\left(\prod_{a=1}^{(p-1)/2} \operatorname{sn}^2(4a\omega_j)\right)_{j=0,1,\ldots,p},$$

$$\tilde{L}^\Delta = \tilde{F}\left(\prod_{a=1}^{(p-1)/2} \operatorname{sn}^2(4a\omega_j)\right)_{j=0,1,\ldots,p}$$

であることが示される．また，アーベルの方程式 (2.14) によって L^Δ/F, $\tilde{L}^\Delta/\tilde{F}$ はガロア拡大であり，そのガロア群は共に

$$PGL(2, \mathbb{Z}/p\mathbb{Z}) = GL(2, \mathbb{Z}/p\mathbb{Z})/\Delta$$

である．以上をまとめて次の定理を得る．

■ **定理 5.2.1.2**

　素数 p に対応するヤコビの p 次変換に対応するモジュラー方程式 (2.15) の $\mathbb{Q}(\sqrt[4]{k})$ 上のガロア群は $PGL(2,\mathbb{Z}/p\mathbb{Z})$ である．また，素数 p に対応するアーベルの方程式 (2.15) の $F=\mathbb{Q}(k^2)$ 上のガロア群も $PGL(2,\mathbb{Z}/p\mathbb{Z})$ である．これらの方程式に対応するガロア拡大はそれぞれ

$$\mathbb{Q}\left(\sqrt[4]{k},\ \prod_{a=1}^{(p-1)/2}\mathrm{sn}^2(4a\omega_j)\right)_{j=0,1,\ldots,p}\bigg/\mathbb{Q}(\sqrt[4]{k}),$$

$$\mathbb{Q}\left(k^2,\ \prod_{a=1}^{(p-1)/2}\mathrm{sn}^2(4a\omega_j)\right)_{j=0,1,\ldots,p}\bigg/\mathbb{Q}(k^2)$$

で与えられる．

　$PGL(2,\mathbb{Z}/p\mathbb{Z})$ は1次分数変換として表示できる．ガロアが群の作用を

$$x_k\quad x_{\frac{ak+b}{ck+d}},\ \begin{bmatrix} a & b \\ c & d \end{bmatrix}\in PGL(2,\mathbb{Z}/p\mathbb{Z})$$

と記しているのはこのためでる．

5.2.2　モジュラー方程式の還元可能性

　ガロアは $p=5,7,11$ の場合 p 次のモジュラー方程式の次数を $p+1$ 次から p 次に還元できるが，それ以外の素数 $p\geqq 13$ に対してはこのような還元は不可能であると主張している．p 次のモジュラー方程式のガロア群は $G_p=PGL(2,\mathbb{Z}/p\mathbb{Z})$ であり，指数2の正規部分群 $PSL(2,\mathbb{Z}/p\mathbb{Z})$ を含んでいる．$PSL(2,\mathbb{Z}/p\mathbb{Z})$ に対応する $\tilde{F}$ の拡大体は $\tilde{F}$ にモジュラー方程式の根の差積を付加してできる体である．この拡大体を求めたのはエルミートである（[He2]）．

■ **定理 5.2.2.1**

p 次のモジュラー方程式の根の差積は $\tilde{F}(\sqrt{(-1)^{(p-1)/2}p})$ に属する．またこの拡大体の上でのモジュラー方程式のガロア群は $PSL(2, \mathbb{Z}/p\mathbb{Z})$ である．

エルミートはこの事実をガロアの補題と呼んでいる．既に上で注意したように，$\mathbb{Q}(k^2)$ に 1 の原始 p 乗根を付加した体上では p 等分方程式のガロア群は $SL(2, \mathbb{Z}/p\mathbb{Z})$ に縮約される．$\mathbb{Q}(\sqrt{(-1)^{(p-1)/2}p}) \subset \mathbb{Q}(\zeta_p)$ は簡単に示すことができる[※6]．

以下 $K = \mathbb{Q}(u, \sqrt{(-1)^{(p-1)/2}p})$，$M = K(v_0, v_1, \ldots, v_p)$ と置こう．M/K のガロア群は $PSL(2, \mathbb{Z}/p\mathbb{Z})$ である．モジュラー方程式の次数は $p+1$ であるが，ガロアは $p = 5, p = 7, p = 11$ に限って方程式の次数を p に下げることができることをシュバリエ宛の手紙の中で主張している．ガロアの主張は $PSL(2, \mathbb{Z}/p\mathbb{Z})$ に指数 p の部分群 H_p が存在するか否かの問題であることが次のように

[※6] p を法とする原始根を g とし，$f = \dfrac{p-1}{2}$ と置くと，円分方程式のガウスの理論から異なる f 項周期は $(f, 1)$ と (f, g) と書ける（補題 3.3.4）．また補題 3.3.6 の証明を使うことによって

$$(f, 1) \cdot (f, g) = \begin{cases} -\dfrac{p-1}{4} & p \equiv 1 \pmod 4 \\[2mm] \dfrac{p+1}{4} & p \equiv 3 \pmod 4 \end{cases}$$

を得る．従って $p \equiv 1 \pmod 4$ のときは $(f, 1)$, (f, g) は $\dfrac{-1 \pm \sqrt{p}}{2}$ であり，$p \equiv 3 \pmod 4$ のときは $(f, 1)$, (f, g) は $\dfrac{-1 \pm \sqrt{-p}}{2}$ となり，$\sqrt{(-1)^{(p-1)/2}p} \in F(\zeta_p)$ であることが分かる．

して示される.

　もし，$[G_p : H_p] = p$ となる部分群が存在すれば，H_p の右剰余類への分解

$$G_p = H_p \sqcup \tau_2 H_p \sqcup \tau_3 H_p \sqcup \cdots \sqcup \tau_p H_p$$

とし，H_p の不変体

$$M^{H_p} = K(w_1)$$

によってモジュラー方程式の根 $v_0, v_1, \ldots, v_p$ の根の有理式 w_1 を定義する．すると $\tau_j(w_1) = w_j, j = 2, \ldots, p$ はすべて異なり，$v_0, v_1, \ldots, v_p$ の有理式である．さらに

$$\bigcap_{j=1}^{p} \tau_j H_p \tau_j^{-1} = \{\mathrm{id}\}, \quad \tau_1 = \mathrm{id}$$

より

$$M = K(w_1, w_2, \ldots, w_p)$$

が成り立つ．従って $w_1, \ldots, w_p$ を根にもつ K 係数の p 次の既約方程式が存在する．ガロアの言明通り，$p \geqq 13$ のときは $PSL(2, \mathbb{Z}/p\mathbb{Z})$ は指数 p の部分群をもたないことも証明することができる．

5.2.3　上半平面の正則関数としての $\sqrt[4]{k}$

　楕円積分から得られる K, K'（$(2.1), (2.2)$）より

$$\tau = \frac{iK'}{K}$$

と置くと，$0 < k < 1$ の場合は $K > 0$, $K' > 0$ であることが分かり，$\mathrm{Im}\, \tau > 0$ である．実はこのことはすべてのモジュラス $k \neq 0$, ± 1 に対して成り立つことが分かっている．

　ヤコビは $\sqrt[4]{k}$ が τ の函数として無限積に展開できることを示した．今日の用語を使えば $\sqrt[4]{k}$ は上半平面 H 上の正則函数である．

ヤコビは

$$q = e^{\pi i \tau}$$

とおき，無限積展開

$$\sqrt[4]{k} = \sqrt{2}\, q^{1/8} \prod_{n=1}^{\infty} \left(\frac{1+q^{2n}}{1+q^{2n-1}} \right) \tag{2.17}$$

を得た．ただし，ヤコビは $0 < k < 1$ の場合のみを考察しているが $\operatorname{Im}\tau > 0$ であれば $|q| < 1$ が成り立ち，右辺は上半平面 H で広義一様収束するので，右辺によって $\sqrt[4]{k}$ の定義とすることができる．あるいは (2.1)，(2.2) から k が τ の正則函数になることを示し，$0 < k < 1$ のとき (2.17) が成り立つので，一致の定理よりすべての $\tau \in H$ に対して等号が成り立つとすることもできる．

いずれにしても，この展開式から

$$k^2(\tau + 2) = k^2(\tau)$$

が成り立つことが分かる．

ところで，等分値

$$x_{\mu, \mu'} = \operatorname{sn}\left(\frac{4\mu K + 4i\mu' K'}{n} \right)$$

へのガロア群の作用 (2.4) より

$$(iK', K) \begin{pmatrix} \nu' \\ \nu \end{pmatrix} = (iK', K) \begin{pmatrix} \alpha_\sigma & \beta_b \\ \gamma_\sigma & \delta_\sigma \end{pmatrix} \begin{pmatrix} \mu' \\ \mu \end{pmatrix}$$

$$= (\alpha_\sigma iK' + \gamma_\sigma K,\, \beta_\sigma iK' + \delta_\sigma K) \begin{pmatrix} \mu' \\ \mu \end{pmatrix}$$

が成り立つので，ガロア群の等分点への作用は

$$\tau \longmapsto \frac{\alpha_\sigma \tau + \gamma_\sigma}{\beta_\sigma \tau + \delta_\sigma}$$

という１次分数変換に対応していると考えることができる．ガロア群の等分点への作用を $x_{\mu, \mu'}$ の添数への作用を左からの作用として定義したので，τ への作用は右からの作用と考える必要がある．

しかしこの節では，これまでと同様に τ へは左から作用とすると
して述べることとする．ガロア群の表現を考えるときは注意を要
する．

さて，自然数 n に対して $PSL(2, \mathbb{Z})$ の部分群 Γ_n を

$$\Gamma_n = \left\{ \begin{pmatrix} a & b \\ c & d \end{pmatrix} \middle| a \equiv d \equiv 1 \,(\mathrm{mod}\, n),\, b \equiv c \equiv 0 \,(\mathrm{mod}\, n) \right\}$$

と定義すると，

$$k^2 \left(\frac{a\tau+b}{c\tau+d} \right) = k^2(\tau). \quad \forall \begin{pmatrix} a & b \\ c & d \end{pmatrix} \in \Gamma_2$$

が成り立つことが証明できる．従って $\sqrt[4]{k}(\tau)$ に対して Γ_2 の作用
で τ を変えると $\sqrt[4]{k}(\tau)$ に 1 の 8 乗根を掛けたものになる．その正
確な挙動は

$$\sqrt[4]{k} \left(\frac{a\tau+b}{c\tau+d} \right) = e^{(a^2-1+ab)\pi i/8} \sqrt[4]{k}(\tau), \quad \begin{pmatrix} a & b \\ c & d \end{pmatrix} \in \Gamma_2 \qquad (2.18)$$

であることが知られている．特に

$$\sqrt[4]{k}(\tau+2) = e^{\pi i/4} \sqrt[4]{k}(\tau)$$

が成り立っている．$\sqrt[4]{k}$ を不変にする Γ_2 の部分群 $\mathfrak{k}_1$ は

$$\mathfrak{k}_1 = \left\{ \begin{pmatrix} a & b \\ c & d \end{pmatrix} \in \Gamma_2 \middle| a^2 - 1 + ab \equiv 0 \,\,(\mathrm{mod}\, 16) \right\}$$

で定義される．$\mathfrak{k}_1$ が群になることは，写像

$$\Gamma_2 \ni \begin{pmatrix} a & b \\ c & d \end{pmatrix} \longmapsto e^{(a^2-1+ab)\pi i/8} \in \mathbb{C}^{\times}$$

が群の準同型写像になることから示される．

さて，モジュラー方程式は $u = \sqrt[4]{k}$ と $v = \sqrt[4]{\lambda}$ の関係式であっ
たが，モジュラス k に τ が対応しているとするとモジュラス λ に
対応する τ' が問題となる．$\omega_{1,0}$ は K を K/p に K' は変えない変
換に対応していたので，

$$\tau' = \frac{iK'}{K/p} = p\tau$$

である．従って

$$v_0 = \sqrt[4]{k}\,(p\tau)$$

であることが分かる．同様に $\omega_{0,1}$ は K は変えずに K' を K'/p に変える変換であるので，この場合は

$$\tau' = \frac{iK'/p}{K} = \tau/p$$

となる．従って

$$v_1 = \sqrt[4]{k}\,(\tau/p)$$

と考えられる．このことからモジュラー方程式は $v = \sqrt[4]{k}\,(p\tau)$ と $u = \sqrt[4]{k}\,(\tau)$ との関係式と考えることができ，一方 $v = \sqrt[4]{k}\,(\tau/p)$ と $u = \sqrt[4]{k}\,(\tau)$ の関係式と考えることもできる．τ は上半平面の任意の点と考えることができるので u と v の関係は対称になっているように見える．いずれにしても u 係数の式と見たとき v の方程式として $p+1$ 次であるが，u の v 係数の方程式と見たときも $p+1$ 次である．しかしモジュラー方程式は u と v に関して対称な方程式にはなっていない．例えば $p = 5$ のときは

$$u^6 - v^6 + 5u^2 v^2 (u - 2 - v^2) + 4uv(1 - u^4 v^4) = 0$$

となっていて，u と v に対して対称ではない．その理由は変換式 (2.18) にある．τ を $\tau' = \dfrac{a\tau + b}{c\tau + d}$ に変換したとき $\sqrt[4]{k}\,(\tau')$ の符号が問題となる．そこでルジャンドルの記号

$$\left(\frac{2}{p}\right) = (-1)^{(p^2 - 1)/8}$$

を導入する．基本となる $u = \sqrt[4]{k}\,(\tau)$ は変えてはいけないので，$\mathfrak{t}_1$ による変換を考える必要がある．

補題 5.2.3.1

$\mathfrak{t}_1$ を

$$\left(\frac{2}{p}\right) \sqrt[4]{k}\,(\tau)$$

に作用させると $p+1$ 個の異なる

$$\left(\frac{2}{p}\right) \sqrt[4]{k}\,(\tau), \quad \sqrt[4]{k}\left(\frac{\tau+16j}{p}\right), \quad j = 0, 1, ..., p-1$$

を生じる.

■ 証明

$$\begin{pmatrix} a & b \\ c & d \end{pmatrix} \in \mathfrak{t}_1$$

は $\sqrt[4]{k}\,(p\tau)$ を不変にしないと仮定する. もし c が p の倍数であれば

$$p \cdot \frac{a\tau+b}{c\tau+d} = \frac{a(p\tau)+bp}{(c/p)(p\tau)+d}$$

と書き直すことができる. $a^2-1+ab \equiv 0 \,(\mathrm{mod}\,16)$ であるので, a は奇数である. すると $a^2-1 \equiv 0 \,(\mathrm{mod}\,16)$ か $a^2-1 \equiv 8 \,(\mathrm{mod}\,16)$ のいずれかが成り立つ. 前者の場合は $ab \equiv 0 \,(\mathrm{mod}\,16)$, 後者の場合は $ab \equiv 8 \,(\mathrm{mod}\,16)$ であるが, p は奇数なので

$$a^2-1+abp \equiv 0 \ (\mathrm{mod}\,16)$$

が成り立つ. 従って c が p の倍数であれば

$$\sqrt[4]{k}\left(p \cdot \frac{a\tau+b}{c\tau+d}\right) = \sqrt[4]{k}\,(p\tau)$$

が成り立つ. 従って c が p の倍数でない場合を考えればよい. すると $16c$ は p と互いに素となり,

$$d \equiv 16cj \ (\mathrm{mod}\,p)$$

となる整数 $0 \leq j < p$ が存在する. すると

$$p \cdot \frac{a\tau+b}{c\tau+d} = \frac{ap\dfrac{\tau+16j}{p}+b-16aj}{c\dfrac{\tau+16j}{p}+\dfrac{d-16cj}{p}} = \frac{a'\tau'+c'}{c'\tau'+d'}, \quad \tau' = \frac{\tau+16j}{p}$$

と書き直すことができる．ここで a', b', c', d' は整数であり，

$$\begin{pmatrix} a' & b' \\ c' & d' \end{pmatrix} \in \Gamma_2$$

であることは明らかである．従って

$$\left(\frac{2}{p}\right)\sqrt[4]{k}\left(p\cdot\frac{a\tau+b}{c\tau+d}\right) = e^{(p^2-1+a^2p^2-1+abp)\pi i/8}\sqrt[4]{k}\left(\frac{\tau+16j}{p}\right)$$

が成り立つことが分かる．$a^2-1+abp \equiv 0 \,(\mathrm{mod}\,16)$ が成り立つので，$p^2-1+a^2p^2-1+abp \equiv 0\,(\mathrm{mod}\,16)$ となり，右辺の係数は 1 である．　　　　　　　　　　　　　　　　　　　　　　　［証明終］

この補題を使うとモジュラー方程式の解析的な表現は

$$F_p(v) = \left\{v-\left(\frac{2}{p}\right)\sqrt[4]{k}\,(p\tau)\right\}\prod_{j=0}^{p-1}\left\{v-\sqrt[4]{k}\left(\frac{\tau+16j}{p}\right)\right\} = 0$$

であることが分かる．この方程式の係数は $\mathfrak{t}_1$ で不変であることと $\sqrt[4]{k}$ の上半平面での解析的な挙動を調べることによって係数は $\sqrt[4]{k}\,(\tau)$ の多項式であることが証明できる．従って $F_p(v,u)=0$ と表現できる．このとき，次の事実が成り立つ．

■ 定理 5.2.3.2

$$F_p(v, \left(\frac{2}{p}\right)v) = \left(\frac{2}{p}\right)F_p(v, v)$$

この証明には $\sqrt[4]{k}\,(\tau)$ の上半平面での挙動の解析が必要となる．この定理の詳しい証明は［MM］第 4 章を参照して頂きたい．

以上のように，モジュラー方程式の理論は $PSL\,(2, \mathbb{Z})$ の部分群

の作用で不変な上半平面 H の正則函数 $f(\tau)$ と $f(p\tau)$ の間の関係式の問題に転化され，楕円函数の周期等分方程式との関係が見えなくなってしまった．現在では $f(\tau)$ として楕円モジュラー函数

$$j(\tau) = 1728 \cdot \frac{4}{27} \cdot \frac{(k^4(\tau) - k^2(\tau) + 1)^3}{k^4(\tau)\,(1 - k^2(\tau))^2}$$

が使われる．$j(\tau)$ は楕円曲線の同型類を分類する重要な函数である．

5.2.4　シュヴァリエ宛の手紙

パリ　　1832 年 5 月 29 日

親愛なる友よ

　僕は解析の分野においていくつかの新しいことをした．

　そのうちのいくつかは方程式論に関するものであり，他は積分函数（代数函数の積分）に関するものである．

　方程式論ではどの様な場合に方程式が冪根を使って解くことができるかを研究した：

この理論を深く掘り下げて，方程式が冪根を使って解けない場合も含めて方程式の可能な変換をすべて書き上げる機会を得た．

　これらは三編の論文にすることができる．

　第一論文は既に書いた．ポアソンの所見にもかかわらず，若干の修正をした上でそのままにしておく．

　第二論文は方程式論への非常に興味深い応用を含んでいる．ここに，いくつかのきわめて重要な事柄の要点を書き留めておく．

1°　第一論文の主張 II と III によれば，方程式に補助方程式の一根をつけ加えることとすべての根をつけ加えることとでは大きな違いがあることが分かる．

両者の場合とも根をつけ加えることによって方程式の群（を表す順列の全体）は一つの同じ置換を施すことによって一方から他方へ移り合うようなグループ[※7]に分解する．しかし，これらのグループが同じ置換を有しなければならないという条件は（すべての根をつけ加える）二番目の場合以外では成り立たない．この（条件が成り立つ）場合は固有分解と呼ぶ．

言い換えると群 G が群 H を含んでいる場合，群 G はいくつかのグループに分解される．それぞれのグループは一つの同じ置換を H の順列に施すことによって得られ，$G = H + HS + HS' + \cdots$ と分解される．またそれは $G = H + TH + T'H + \cdots$ と同じ置換からなるグループに分解される．この二種類の分解は通常は一致しない．両者が一致するとき分解は固有であると言われる．

方程式の群がいかなる固有分解も許さないとき，この方程式をどの様に変換しても変換した方程式の群は常に最初の方程式の群と同じ個数の順列を持つことは容易に分かる．

それに反して方程式の群が固有分解を許し，群が N 個の順列からなる M 個のグループに分解されるときは最初に与えられた方程式は二つの方程式，一方の方程式は M 個の順列を持ち，他方

[※7] 原文は groupe であるが，今日の用語を使えば共役類意味する．しかし，ガロアは特に定義をしていない．ここでは文脈から推して訳を使い分けることにした．ガロアは根の一つの順列を決めて，その順列に群 G に属する置換を施した全体 P で群を表示している．G の部分群 H が与えられたときに，G の H による左剰余類分解を

$$G = H\tau_1 \sqcup H\tau_2 \sqcup \cdots \sqcup H\tau_m, \quad \tau_1 = \mathrm{id}$$

と記すと，根の全体は，互いに共通部分をもたない $P = \tau_1(P)$ に分解する．$\tau_k(P)$ を自分自身に移す G の部分群は $\tau_k H \tau_k^{-1}$ になる．この群のことを第二論文では共役な群と表現している．

は N 個の順列を持つ，を使って解くことができる．

　従ってすべての可能な固有分解を使うことによってこれ以上方程式を変換しても常に同じ個数の順列を持つ群に到達する．

　もしこれらの群が素数個の順列を持つならば方程式は冪根によって解くことができるであろう．もしそうでなかったらできない[※8]．

　（固有）分解不能な群を有する順列の最小の数は，それが素数でないときは 5・4・3 である[※9]．

2°　最も簡単な（固有）分解はガウス氏の方法によるものである．これらの分解は，方程式の群の実際の形から明白であるのでこの話題に長く留まるのは意味がない．

　ガウス氏の方法で単純化できない方程式に関してどの様な分解が実現するか？

　ガウス氏の方法で単純化できない方程式を原始的と私はこれまで呼んできた．冪根で解くことができる場合もあるので，これらの方程式は実際に分解不能であるというわけではない．

　冪根で解くことができる原始方程式の理論のための補題として 1830 年 6 月号のフュルサック誌に数論中の虚数に関する解析を私は出版した[※10]．

[※8]　文章はここで切れている．ガロアはおそらくは証明の粗筋を記そうとしたのであろう．

[※9]　5 次交代群 A_5 は位数が最小の単純群（自分自身と単位群以外の正規部分群をもたない群）であり，その位数は 60 である．

[※10]　E. Galois: Sur la Théorie des Nombres, Bulletin des Sciences Mathématiques, Physiques et Chemiques（Férusaac's Bulletin）, vol. 13 (1830), p.428–435.

以下の定理の証明を同封している[11].

1. 原始方程式が冪根によって解くことができるためにはその次数は p^ν でなければならない．ここで p は素数である．

2. それらの方程式のすべての順列は

$$x_{k,\ell,m,\ldots} \quad\Big/\quad x_{ak+b\ell+cm+\cdots+f,\, a_1k+b_1\ell+c_1m+\cdots+g,\ldots}$$

の形をしている．ここで $k, \ell, m, \cdots$ はそれぞれ p 個の値をとる ν 個の添数[12] を表し，これらはすべての根を表す．この添数は以下では p を法としてとられる，すなわち添数のどれかに p の倍数を足しても同じ根を表す．

この線型の形で作用するすべての置換で得られた群は全体で $p^\nu(p^\nu-1)(p^\nu-p)\ldots(p^\nu-p^{\nu-1})$[13] 個の順列からなっている．

この一般的な形では対応する方程式が冪根を使って解けるとは限らない．方程式が冪根で解けるための条件としてフリュサック誌で示したものは条件が強すぎる[14]．稀にだがいくつかの例外が存在する．

方程式論の最後の応用は楕円函数のモジュラー方程式に関するものだ．周期を p^2-1 等分した振幅の正弦[15] を根に持つ方程式の

---

[11] いわゆるガロアの第二論文．

[12] 原文は "indices"（指数）であるが，指数と訳すとまぎらわしいので，現在の用語に改めた．

[13] 原文は $p^n(p^n-1)(p^n-p)\ldots(p^n-p^{n-1})$ と記されているが，ガロアの誤記であるので，正しい式に直した．

[14] 前注の論文．

[15] 今日の楕円函数の記号を使うと $\mathrm{sn}\left(\dfrac{k\omega+\ell\tilde{\omega}}{p}\right)$, $(k, \ell) \neq (0, 0)$ のことを意味する．全部で p^2-1 個の異なる値を取る．ここで $\omega, \tilde{\omega}$ は楕円函数の基本周期．

群は

$$x_{k,\ell} \quad x_{ak+b\ell, ck+d\ell}$$

になることは知られている. 従って対応するモジュラー方程式は群

$$x_{\frac{k}{\ell}} \quad x_{\frac{ak+b\ell}{ck+d\ell}}$$

を持つ. ここで $\frac{k}{\ell}$ は $p+1$ 個の値 $\infty, 0, 1, 2, \dots, p-1$ を持つ. そ
こで k が無限大も取りうることを認めれば簡単に

$$x_k \quad x_{\frac{ak+b}{ck+d}}$$

と書くことができ, a, b, c, d にすべての値を与えることによっ
て $(p+1)p(p-1)$ の順列を得る. この群は二つのグループに固有
分解される. ここでその一つ（部分群）は, $ad-bc$ が p の平方剰
余であるような置換 $x_k \quad x_{\frac{ak+b}{ck+d}}$ からなっている. このように縮約
された群は $(p+1)p \cdot \dfrac{p-1}{2}$ 個の置換からなる[※16]. しかし簡単に分
かるように $p=2$ または $p=3$ でない限りこれ以上固有分解され
ない. かくしてこの方程式をどのような方法で変換してもその方
程式の群は同じ個数の順列をもつ.

　しかし方程式の次数を下げることができるかを知ることは興味
がある.

　まず, 次数が p より小さい方程式はその群の順列の個数に p を
因数として持ち得ないので, p より低くは次数を下げることがで
きない. そこで k を無限大も許して可能なすべての値を与え, 根
x_k を持つ次数 $p+1$ の方程式とその方程式の群が置換

$$x_k \quad x_{\frac{ak+b}{ck+d}} \quad ad-bc \text{ は平方剰余}$$

で与えられるときに, 方程式を p 次に下げることができるか考え

[※16] 今日の記号を使えばモジュラー方程式の群は $PGL(2, \mathbb{Z}/p\mathbb{Z})$ であり, 正
規部分群は $PSL(2, \mathbb{Z}/p\mathbb{Z})$ である.

てみよう.

　ところでそのためには群は（よく分かっているように非固有に）それぞれが $(p+1)\dfrac{p-1}{2}$ 個の順列からなる p 個のグループに分解される必要がある.　二つの文字 $0, \infty$ はこれらのグループの一つのなかで互いに結びついている（移り合う）としよう.　0 と ∞ を動かさない置換は

$$x_k \quad x_{m^2 k}$$

の形をしている.　従ってもし 1 と結びついている文字が M であれば m^2 と結びついている文字は $m^2 M$ である.　M が平方数であれば $M^2 = 1$ でなければならない.　しかしこのような縮約は $p = 5$ の場合のみである[17].

　$p = 7$ の場合は $(p+1)\dfrac{p-1}{2}$ 個の順列からなり ∞ 　1 　2 　4 がそれ

---

[17]　$PSL(2, \mathbb{Z}/5\mathbb{Z})$ の指数 5 の部分群 H_5 はペアの集合 $\{0, \infty\}$, $\{1, 4\}$, $\{2, 3\}$ をそれ自身に移す 1 次分数変換からなる.　ここでペア内の数字は移り合ってもよい.　$0, \infty$ を固定する $PSL(2, \mathbb{Z}/5\mathbb{Z})$ の元で H_5 に属するものは恒等写像と $z \longmapsto 4z$ で,　これらの写像はガロアが主張しているように $z \longmapsto m^2 z$ で与えられる.　$m \not\equiv 0 \pmod{5}$ であれば $m^2 \equiv 1, 4$ に注意する.　0 と ∞ を入れ替える H_5 に属する変換は $z \longmapsto -\pm\dfrac{1}{z}$ で与えられる. $B = \begin{bmatrix} 0 & 1 \\ -1 & 0 \end{bmatrix}$, $C = \begin{bmatrix} 2 & 0 \\ 0 & 3 \end{bmatrix}$, $U = \begin{bmatrix} 1 & -2 \\ -1 & 3 \end{bmatrix}$ と置くと H_5 は B, C, U で生成される位数 12 の $PSL(2, \mathbb{Z}/5\mathbb{Z})$ の部分群である.　より詳しくは $\{0, \infty\}$ を変えない H_5 に含まれる部分群は I_2, B, BC, C よりなる位数 4 の群であり,　$\{0, \infty\}$ を $\{1, 4\}$ にこの順序で移す H_5 の元は UB, UCB, $\{0, \infty\}$ を $\{4, 1\}$ にこの順序で移す H_5 の元は UB, UCB, $\{0, \infty\}$ を $\{2, 3\}$ にこの順序で移す H_5 の元は $U^2 = U^{-1}, U^2 C$, $\{0, \infty\}$ を $\{3, 2\}$ にこの順序で移す H_5 の元は $U^2 B$, $U^2 CB$ であり,　これら 12 個の元が H_5 をなしている.　H_5 は 4 次交代群 A_4 と同型である.

それ 0　3　6　5 と移り合う群を持つ．この群は

$$x_k \quad x_{a\frac{k-b}{k-c}}$$

の形の置換を持つ．ここで b は c と移り合い，a は c と同時に平方剰余になったり非剰余になったりする文字である[18].

$p = 11$ に対しては同様の記号で

$$\infty \quad 1 \quad 3 \quad 4 \quad 5 \quad 9$$

はそれぞれ

$$0 \quad 2 \quad 6 \quad 8 \quad 10 \quad 7$$

に移り合う同様の置換が生じる[19].

このように，$p = 5, 7, 11$ の場合がモジュラー方程式は次数 p に

---

[18] この部分は次のように解釈できる．$G_7 = PSL(2, \mathbb{Z}/7\mathbb{Z})$ の指数 7 の部分群 H_7 はペアの作る集合 $\{0, \infty\}$, $\{1, 3\}$, $\{2, 6\}$, $\{4, 5\}$ の置換を引き起こす 1 次分数変換からなる．ただし，ペア内の数字は移り合ってもよい．ガロアが主張している 1 次分数変換 $z \longmapsto a\dfrac{z-b}{z-c}$ はペア $\{0, \infty\}$ を他のペアに移す 1 次分数変換と解釈できる．$\{0, \infty\}$ を $\{1, 3\}$ に移す H_7 に属す変換は $z \longmapsto 3\dfrac{z-1}{z-3}$, $z \longmapsto \dfrac{z+2}{z-4}$ で，$\{0, \infty\}$ を $\{2, 6\}$ に移す H_7 に属す変換は $z \longmapsto 6\dfrac{z-4}{z-5}$, $z \mapsto 2\dfrac{z+1}{z-2}$ で，$\{0, \infty\}$ を $\{4, 5\}$ に移す H_7 に属す変換は $z \longmapsto 5\dfrac{z-2}{z-6}$, $z \longmapsto 4\dfrac{z-3}{z-1}$ で与えられる．$\{0, \infty\}$ を固定する部分群は $z \longmapsto -\dfrac{1}{z}$, $z \longmapsto 4z$ から生成される．$z \longmapsto 4z$ は行列 $\begin{bmatrix} 2 & 0 \\ 0 & 4 \end{bmatrix}$ で実現できることに注意する．H_7 は 4 次対称群 S_4 と同型である．

[19] $G_7 = PSL(2, \mathbb{Z}/11\mathbb{Z})$ の部分群 H_{11} はペアの作る集合 $\{0, \infty\}$, $\{1, 2\}$, $\{3, 6\}$, $\{4, 8\}$, $\{5, 10\}$, $\{9, 7\}$ の置換を引き起こす 1 次分数変換からなる．ただし，ペア内の数字は移り合ってもよい．H_{11} は行列 $\begin{bmatrix} 0 & -1 \\ 1 & 0 \end{bmatrix}$, $\begin{bmatrix} 2 & 0 \\ 0 & 6 \end{bmatrix}$, $\begin{bmatrix} 1 & -1 \\ -1 & 2 \end{bmatrix}$ からできる 1 次分数変換で生成される位数 60 の群であり，A_5 と同型である．

下げられる.

　これより大きな p に対しては，この還元はできないことが厳密に示される[20].

　第三論文は積分に関するものだ.
同じ楕円函数[21] の項の和はつねに楕円函数の一つの項と代数的もしくは対数的量の和になることは知られている．この性質を持つ函数は他にはない．しかし代数函数の積分では非常によく似た性質がその替わりをする.

　微分が変数とその変数の無理函数となっているすべての積分を同時に考察しよう．ここで，この無理函数は冪根であるかないか，冪根を使って表されているかいないかは関係ない[22].

　与えられた無理函数に関するもっとも一般的な積分の相異なる周期の個数はいつも偶数であることが分かる[23].
その個数を $2n$ としよう．そのときに次の定理が得られる.

---

[20]　これも正しい言明である．この事実はジョルダンによって初めて証明された（[Jo2]，§482–§483（p.348–354））.

[21]　今日，楕円積分とよばれる積分をルジャンドルは楕円函数と呼んでいる．その用法がここでは使われている.

[22]　変数の方程式 $f(x, y) = 0$ を考え，この方程式を満たす x, y の有理式 $Q(x, y)$ の積分 $\int Q(x, y)dx$ を考えている．ガロアは明言していないが，積分路は $f(x, y) = 0$ で定まる閉リーマン面上で行う必要がある.

[23]　後にリーマンによって示された事実である．数値 n は今日の用語を使えば，$f(x, y) = 0$ が定める閉リーマン面 C の種数を表す．独立な周期が $2n$ 個あるのは整数係数の 1 次元ホモロジー群 $H_1(C, \mathbb{Z})$ が階数 $2n$ の $\mathbb{Z}$ 自由加群であることに対応している.

　いくつかの項の和は n 個の項に代数的，対数的な量を加えたものに帰着される[24].

　第一種函数[25] というのは上記の代数的，対数的な部分が存在しない函数のことを言う．n 個の相異なるこのような函数が存在する．

　第二種函数[26] はつけ加える項が代数的な量だけであるものである．異なるものは n 個ある[27].

---

[24]　アーベルとリーマンによって示された定理である．今日の用語を使えば，この定理はアーベルの定理と周数 n の閉リーマン面 C の第一種積分の周期からできるアーベル多様体（通常ヤコビ多様体と呼ばれる）は，C の n 次の対称積 $S^n C$ と双有理同値であることから，導くことができる．第一種微分の基底を $\omega_1,...,\omega_n$ とし，$P_1, P_2,...,P_N$ を C の一般の点とすると $P_0 \in C$ を基底とする ω_i の積分に関して

$$\sum_{j=i}^{N} \int_{P_0}^{P_i} \omega_k = \sum_{j=1}^{n} \int_{P_0}^{Q_j} \omega_k, \quad k = 1, 2, ..., n$$

が成り立つような点 $Q_1, Q_2,...,Q_n$ が順序を除いて一意的に定まる．第二種，第三種積分に関しては右辺にさらに代数函数の項や対数函数の項が付け加わる．こうした事実は最初にアーベルが発見しアーベルの定理と呼ばれる．アーベルはアーベルの定理に関する長大な論文をパリ学士院に提出したが，長い間出版されず，ガロアは生前この論文を見ることはなかった．ガロアはアーベルの楕円函数に関する論文でアーベルの定理の定理の原型を見出したものと思われる．

[25]　今日の用語で第一種積分のこと．至る所正則な微分形式の積分．

[26]　今日の用語で第二種積分のこと．2 位以上の極を持つ微分形式の積分．

[27]　決められた点で極を持ち決められた極の位数を持ち，その部分でのローラン展開の主要部が同じである第二種微分の積分を考えていると思われる．第二種微分に第一種微分を加えたものも極の位置や主要部を変えないので，同じ位置に極を持ちその主要部が同じ第二種微分の積分は 1 次独立なものが n 個あることを主張している．

その他の函数の微分は $x = a$ のときのみ無限大となり,補足部分は一つの代数函数 P の対数 $\log P$ だけとなると仮定することができる[28]. この函数を $\Pi(x, a)$ と記すと

$$\Pi(x, a) - \Pi(a, x) = \sum \varphi a \cdot \psi x$$

となるという定理が成立する[29]. ここで,φa と ψx は第一種,第二種函数である. これより x の同じ回転に対する $\Pi(x, a)$ と ψx の周期をそれぞれ $\Pi(a), \varphi$ とすれば[30]

---

[28] いわゆる第三種微分の積分函数のことであるが,1位の極は少なくとも2個持つ必要がある. 恐らく無限遠点で1位の極をもつ場合を想定しているのであろう. ルジャンドルの標準形では第三種積分は

$$\int \frac{dt}{(1-at^2)\sqrt{(1-t^2)(1-k^2t^2)}}$$

で表され,被積分函数は2個の1位の極を持っている. この積分を $x = t^2$ で変数変換すると第三種積分は

$$\int \frac{dx}{(x-a)\sqrt{x(1-x)(1-k^2x)}}$$

となり,$x = a$ と無限遠点で1位の極を持ち,ガロアの主張の意味が見て取れる. ガロアがこの形の変数変換を考えたかは明らかではないが,平方根の中が3次式である楕円積分を考察したノートが残されている([BA], 170a, p. 293)ので,この類似の形の第三種積分を念頭に置いていたことは間違いないように思われる.

[29] 点 P, P' で1位の極を持ち,P での留数が 1,P' での留数が -1 かつ α サイクルでの周期が 0 である第三種微分を $\omega_{P,P'}$ と記すと

$$\int_{Q'}^{Q} \omega_{P,P'} = \int_{P'}^{P} \omega_{Q,Q'}$$

が成立する. これを第三種積分の変数と径数との交換法則という. この交換法則を一般的な形で表現したものがガロアが与えた式である.

[30] 「回転」の原文は "rotation" であるが,今日の用語を使えば閉曲線に沿って積分することを意味していると考えられる. 言い換えれば閉曲線に沿った積分が周期になる.

$$\Pi(a) = \sum \psi \times \varphi a$$

となることが導かれる.

　このようにして, 第三種函数の周期は常に第一種, 第二種函数によって表すことができる.
　これより, ルジャンドルの定理

$$E'F'' - E''F' = \frac{\pi}{2}\sqrt{-1}$$

の類似が導かれる[※31].

[※31]　ルジャンドルの定理のもとの形は, モジュラス k の第一種, 第二種完全積分を

$$K = \int_0^1 \frac{dt}{\sqrt{(1-t^2)(1-k^2)}}, \quad E = \int_0^1 \frac{\sqrt{1-k^2 t}}{\sqrt{1-t^2}}\, dt,$$

補モジュラス $k' = \sqrt{1-k^2}$ に対する完全積分を

$$K' = \int_0^1 \frac{dt}{\sqrt{(1-t^2)(1-k'^2 t^2)}}, \quad E' = \int_0^1 \frac{\sqrt{1-k'^2 t}}{\sqrt{1-t^2}}\, dt,$$

と記すとき

$$KE' + EK' - KK' = \frac{\pi}{2}$$

である. 一方 $u = \frac{\sqrt{1-k'^2 t^2}}{k}$ によって u から t に変数変換を行うと（$0 < k' < 1$, $0 < t < 1$ のとき, $u > 0$ であるように $\sqrt{1-k'^2 t^2}$ の分枝を選び, 後は k', t に関して解析接続して分枝を決める）

$$\int_1^{1/k} \frac{du}{\sqrt{(1-u^2)(1-k^2 u^2)}} = -\int_1^0 \frac{dt}{\sqrt{-(1-t^2)(1-k'^2 t^2)}}$$
$$= \pm i \int_0^1 \frac{dt}{\sqrt{(1-t^2)(1-k'^2 t^2)}} = \pm iK'$$

が成り立つ. ただし iK' の前の符号を決める必要がある. そのためには一番左辺の積分を $0 < k < 1$ のときに考えればよい. k に関する解析接続によって符号は変わらないからである. $u = 1$ は曲線 $z^2 = (1-u^2)(1-k^2 u^2)$ を u 平面の二重被覆と考えたときの分岐点の一つである. そこで $(u, z) = (1, 0)$ の局所座

標を $u = 1+s^2$, $s = re^{i\theta}$ と取ると $\sqrt{1-u} = \pm ire^{i\theta}$ であるが, $0<u<1$ のとき $\sqrt{1-u} > 0$ であるように分枝を選ぶと, $0<u<1$ は $\theta = \pi/2$ に対応するので, $\sqrt{1-u} = -ire^{i\theta} = -is$ でなければならない. また $\sqrt{(1+u)(1-k^2u^2)}$ は $1<u<1/k$ で正である. よって左辺の積分は正の函数を積分したものに i を掛けたものになっている. よって

$$\int_1^{1/k} \frac{du}{\sqrt{(1-u^2)(1-k^2u^2)}} = i\int_0^1 \frac{dt}{\sqrt{(1-t^2)(1-k'^2t^2)}} = iK'$$

が成り立つことが分かる. 同じ変数変換を使うと, 上と類似の考察で

$$E' = \int_0^1 \frac{\sqrt{1-k'^2t^2}}{\sqrt{1-t^2}}\,dt = -\int_{1/k}^1 \frac{k^2u^2\,du}{\sqrt{-(1-u^2)(1-k^2u^2)}}$$

$$= -i\int_1^{1/k} \frac{k^2u^2\,du}{\sqrt{(1-u^2)(1-k^2u^2)}} = i\int_1^{1/k} \frac{(1-k^2u^2)\,du}{\sqrt{(1-u^2)(1-k^2u^2)}} + K'$$

が成り立つ. そこで

$$E'' = \int_1^{1/k} \frac{(1-k^2u^2)}{\sqrt{(1-u^2)(1-k^2u^2)}}\,du = \int_1^{1/k} \frac{\sqrt{1-k^2u^2}}{\sqrt{1-u^2}}\,du$$

とおくと

$$K' - E' = -iE''$$

が成り立つ. すると, 上のルジャンドルの関係式は

$$E(iK') - E''K = \frac{\pi}{2}\sqrt{-1}$$

と書き直すことができる. 記号がガロアのものとは異なるが, E を E' と記し, iK' を F'', K を F' と記すとガロアの記した形になる. これらの数は周期と関係している. ルジャンドルの標準形では見にくいが, $x = t^2$ と変数変換することによってルジャンドルの標準形は

$$\int \frac{dx}{\sqrt{x(1-x)(1-k^2x)}},\ \int \frac{(1-k^2x)}{\sqrt{x(1-x)(1-k^2x)}}\,dx,\ \int \frac{dx}{(x-a)\sqrt{x(1-x)(1-k^2x)}}$$

となり, この形に直すと E, E'' は第二種積分の基本周期の半分, K, iK' は第一種積分の基本周期の半分となる.

第三種函数が定積分に帰着するというヤコビ氏の最も美しい発見[32] は楕円函数の場合を超えては成立しない.

　積分函数の整数倍は加法と同様，その根はその積分を簡約した項にするために代入すべき値である n 次方程式によっていつも可能である[33].

　周期を p 等分する方程式の次数は $p^{2n}-1$ である．その群は全部で $(p^{2n}-1)(p^{2n}-p) \cdots (p^{2n}-p^{2n-1})$ 個の順列をもつ[34]．n 項の和を p 等分する方程式の次数は p^{2n} である．その方程式は冪根で解

---

[32] ヤコビは［FA］p.194 に次のような定理が記されている.

$$F(\theta) = \int_0^\theta \frac{d\theta}{\sqrt{1-k-^{2\cdot2}\theta}}, \quad E(\theta) = \int_0^\theta \sqrt{1-k^{2\cdot2}\theta}\, d\alpha$$

とおいて，与えられた φ, α に対して μ, δ を

$$F(\mu) = \frac{F(\varphi)+F(\alpha)}{2}, \quad F(\delta) = \frac{F(\varphi)-F(\alpha)}{2}$$

が成り立つように決めると，

$$k^2 \sin\alpha\cos\alpha\Delta\alpha \cdot \int_0^\varphi \frac{\sin^2\varphi d\varphi}{[1-k^2\sin^2\alpha\sin^2\varphi]\Delta(\alpha)} = E(\varphi)E(\alpha) - F(\mu)E(\mu) + F(\delta)E(\delta)$$
$$+ k^2\sin\mu\cos\mu\Delta\mu \cdot \int_0^\mu \frac{\sin^2\varphi d\varphi}{[1-k^2\sin^2\mu\sin^2\varphi]\Delta(\varphi)}$$
$$- k^2\sin\delta\cos\delta\Delta\delta \cdot \int_0^\delta \frac{[\sin^2\varphi d\varphi}{1-k^2\sin^2\delta\sin^2\varphi]\Delta(\varphi)}$$

が成り立つ．ここで $\Delta(\varphi) = \sqrt{1-k^2\sin^2\varphi}$ である．左辺の第三種積分が右辺では第一種，第二種積分と第三種の定積分で記述できるという定理である.

[33] 積分を m 倍することは[20] で述べた $P_1, P_2, \ldots, P_m$ を $P_1 = P_2 = \cdots = P_m$ と取ることに対応する．注24）の $Q_1, Q_2, \ldots, Q_n$ の座標の基本対称式は $P_1, P_2, \ldots, P_N$ の座標を使って有理的に表すことができ，従って n 次方程式の解として Q_j の座標を求めることができる.

[34] 今日の用語を使えば，ヤコビ多様体の p 等分点の座標を考えていることになる.

くことができる[※35].

変換について[※36]

アーベルの最後の論文[※37]と類似の論法で，積分の間の同じ関係において，二つの函数

$$\int \Phi(x, X)\, dx, \quad \int \Psi(y, Y)\, dy$$

で，後者の函数が $2n$ 個の周期を持てば y, Y は一つの n 次方程式によって x, X の函数として表されると仮定することが許されることが証明できる.

従って変換は常に 2 個の積分間で考えればよい. なぜならば，明らかに y と Y の任意の有理函数を取ると

$$\sum \int f(y, Y)\, dy = \int F(x, X)\, dx + 代数函数および対数函数$$

となるからである.

両辺の積分が同数の周期を持たないときは，この等式は明らかにまた簡約することができる. 従って同数の周期を持つ積分だけを比較すればよいことになる.

このように二つの積分の無理性の最小の次数は一方が他方より大きいことはあり得ないことが示される.

そのようにして一つの与えられた積分を他の積分に変換し，その最初のものの周期の数は素数 p で割り切れ，$2n-1$ 個の他のも

[※35] 今日の用語を使えば，ヤコビ多様体の p 次被覆を考えていることになる. この被覆の被覆群はアーベル群であるので冪根を使って解くことができる.

[※36] 今日の用語を使えば，異なる閉リーマン面間の正則写像とそれによる微分形式の引き戻しとその積分を考察する.

[※37] 参考文献 [A2]. アーベルの定理をもとに楕円函数論を再構築した論文であるが，未完成のままアーベルは夭折した.

のは以前と同じようにすることがいつもできることが示される.

　従って積分を比較するときは周期の数が等しいものだけに限り，従ってその一方の n 項は他方の一つの n 次方程式で表され，一方と他方の順序を入れ替えてもよいことが分かる．それ以上のことは不明である.

　親愛なるオーギャスト，僕が探求してきた事柄はこれらのテーマに尽きるのではないことを君は分かってくれると思う．僕の思索の中心はこのところ，超越的解析※38 への多義性の理論※39 の応用に向けられている．超越的な量や函数の間のある関係式において，その関係式が成立しなくなることのないようにしながら，いかなる変換を行うことができるか，いかなる量を与えられた量と置き換えることができるのかということを前もって知ることが問題なのだ．このことからこれまで探し求められてきた多くの表示式は存在し得ないということがすぐに分かる．しかし僕には時間がない．僕の構想はまだこの広大な土地を舞台にして十分に展開さ

※38　代数函数の積分に関することと思われる．アーベルは「超越的」という用語で代数函数の積分を論じている.

※39　高木貞治［T］が「曖昧の理論」と訳して，この訳語が定着している．原文は "la théorie de l'ambiguité" となっていて，定冠詞がつけられているので，理論が曖昧なのではなく，「曖昧な理論」と名付けた確立した理論をさしている．従ってガロアがこの手紙の中で述べた理論のいずれかを指していると思われる．方程式の解法に関する理論，いわゆるガロア理論であるか，そこで使われている群論か，代数函数論のいずれかを指していると思われるが，確定するのは難しい．本翻訳では，彌永昌吉［彌永］の訳語を使わせてもらった．"ambiguité" は古典的な数学と違って対象をはっきり数値的に記述できない群や，あるいは代数函数のように多価性をもった函数を取り扱っているなどの意味が込められていると考えられるからである.

れたとは言えないのだ.

この手紙を百科全書誌 (Revue Encyclopédique) に掲載してもらえないだろうか.

僕の人生の中で確信の持てない主張を思い切って提示することをしばしばやってきた. しかし, 僕がここの書いたことはみな, 僕の頭の中でまもなく一年にもなろうとするものばかりなのだ. それに, 完全な証明をもっていない諸定理を僕が表明しているのではないかという疑いをかけられることのない様に細心の注意を払っている.

ヤコビかガウスにこれらの定理の正しさについてではなく, 重要性について意見を述べてくれるよう公に依頼して欲しい.
そうすればいつかこの雑然とした記述を判読し, 有益さに気づく人々が現れてくるだろう.

心を込めて君を抱擁する

E. ガロア 　　　 1832 年 5 月 29 日

5.3 第一論文

この論文の内容は本書第 4 章で詳しく解説したので, 第 4 章との関係を注に記して解説に代える. ただ, 第一論文の主張 II の部分は第 4 章では部分体を使って説明しているが, ガロアはガロアの分解式の因数分解を使って説明しているので, その関係について解説する.

5.3.1 補助方程式によるガロアの分解式の因数分解について

第一論文の主張 II でガロアは補助方程式 $g(x) = 0$ の根を元の

方程式につけ加えたときに（現代の用語を使えば補助方程式の根
を基礎体付加したときに）方程式のガロアの分解式が因数分解する
する場合があることを述べている．主張Ⅱの主要部は

■ **定理**　与えられた方程式に，既約な補助方程式の根 r を付
加すれば，

1. 次の2つの内どちらかが起こる．方程式の群は変わらず，も
　とのままであるか，または p 個の群に分かれ，その各々は，
　与えられた方程式と補助方程式の根によって定められる．
2. その1つの群から他の群に移るには，一方の順列のすべてに
　同一の置換を施せば他方が得られるという注目すべき性質を
　これらの群は有している．

1. 実際，r を付加しても上で論じた V の満たす既約方程式が
変わらなければ，方程式の群も変わらないのは明らかである．
反対に，r の付加によって V の満たす既約方程式が因子に分
解されれば，同じ次数の p 個の因子に

$$f(V, r) \times f(V, r') \times f(V, r'') \times \cdots$$

のように分解されるであろう．ここで $r, r', r'', \ldots$ は r の他の
値（補助方程式の他の根）である．従って与えられた方程式の群
も同じ個数の順列の群に分解されるであろう，V の1つの値に
1つの順列が対応するのだから．これらの群は与えられた方程
式に r を付加したとき，$r, r', r'', \ldots$ を順次付加したときにそ
れぞれ得られる群である．

と記されている．

　考察している方程式のガロアの分解式を $f(x) = 0$ とし，その根を $V = V^{(1)}, V' = V^{(2)}, V'' = V^{(3)}, ..., V^{(m)}$ とする．補助方程式を $g(x) = 0$ とし，その根を $r = r^{(1)}, r' = r^{(2)}, r'' = r^{(3)} ..., r^{(p)}$ と記す．また，元の方程式の基礎体を k，最小分解体を K と記すと

$$K = k(V) = k(V') = k(V'') = \cdots k(V^{(m)})$$

が成り立つ．拡大 K/k のガロア群を G と記す．これがガロアの「方程式の群」である．まず，k 上既約な補助方程式 $g(x) = 0$ の根 r が K に属する場合を考える．このときは定理 4.1.2.7 より $g(x) = 0$ のすべての根は K に属している．また系 4.1.2.8 より拡大 $K/k(r)$ はガロア拡大である．そのガロア群を H とおくと H は G の部分群である．　$\deg g(x) = p$ とすると $[k(r):k] = p$，$|H| = [K:k(r)]$ であるので，

$$m = |G| = [G:k(r)] \, [k(r):k] = p|H|$$

が成り立つ．従って

$$[G:H] = p$$

が成り立つ．G の H のよる右剰余類を

$$G/H = \tau_1 H \sqcup \tau_2 H \sqcup \tau_3 H \sqcup \cdots \sqcup \tau_p H, \quad \tau_1 = \mathrm{id}$$

と記す．V の $k(r)$ 上の最小多項式を $f(x;r)$ と記す．$f(x;r)$ は $k(r)$ 係数の $k(r)$ 上既約多項式である．このとき $\tau_j(V)$ は $f(x) = 0$ の根であり，$\tau_j(r) = r^{(j)}$ と $g(x) = 0$ の根の番号づけを行うと，$f(x;r^{(j)}) = \tau_j(f(x,r))$ は $k(r^{(j)})$ 係数の $k(r^{(j)})$ 上既約多項式であり，$\tau_j(V)$ を根に持つので $\tau_j(V)$ の $k(r^{(j)})$ 上の最小多項式である．これがガロアが $f(x;r^{(j)})$ と記した多項式である．方程式 $f(x;r^{(j)}) = 0$ の最小分解体は K であり，ガロア拡大は $K/k(r^{(j)})$ のガロア群は $\tau_j H \tau_j^{-1}$ である．

　元の方程式の根を $x_1, x_2, ..., x_n$ とするとき，部分群 H には根の順列の集合

$$\tilde{H} = \{(\sigma(x_1), \sigma(x_2), \sigma(x_3), ...\sigma(x_n)),\quad \sigma \in H\}$$

が対応し，群 $\tau_j H \tau_j^{-1}$ には根の順列の集合

$$\overline{\tau_j H \tau_j^{-1}} = \{(\tau_j\sigma(x_1), \tau_j\sigma(x_2), \tau_j\sigma(x_3), ...\tau_j\sigma(x_n)),\quad \sigma \in H\}$$

が対応し，これらの順列の集合の全体が群 G に対応する根の順列の全体となっている．従ってすべての方程式の最高次の係数を 1 に取っておけば

$$f(x) = \prod_{j=1}^{p} f(x ; r^{(j)})$$

であることも分かる．このことが「p 個の群に分かれ，その各々は，与えられた方程式と補助方程式の根によって定められる」，「その 1 つの群から他の群に移るには，一方の順列のすべてに同一の置換を施せば他方が得られるという注目すべき性質をこれらの群は有している」と表現されている．

　以上の議論は補助方程式 $g(x) = 0$ の根が K に含まれると仮定しているが（おそらくガロアはこのように仮定していたと思われる）が，$r \notin K$ のときは $K \cap k(r)$ を考える．ガロアの分解式が $k(r)$ で分解することは $K \cap k(r) \neq k$ であることを意味する．このときは

$$K \cap k(r) = k(\alpha_1)$$

となる $\alpha_1 \in K$ が存在する（定理 4.1.2.1）．このとき $\alpha_1 = \ell(r)$ となる k 係数の多項式 $\ell(x)$ が存在する．さらに $K/k(\alpha_1)$ のガロア群を H とする．α_1 の k 上の最小多項式を $h(x)$ とすると，$g(x) = 0$ の他の根 r' を取ると $\ell(r')$ は $h(x)$ の根となり，$h(x)$ のすべての根はこの形をしていることを容易に示すこ

とができる．そこで $r^{(1)} = r, r^{(2)}, ..., r^{(p)}$ を $\ell(x^{(j)}$ がすべて異なり，$h(x) = 0$ の根をすべて尽くしているとすると，$h(x) = 0$ を補助方程式として上の議論を適用することができる．このときガロアの主張 II の $f(x, r^{(j)})$ は $f(x; \alpha_j)$ に対応する．ここで $p = [k(\alpha_1) : k] = \deg h(x)$ である．

5.3.2 ガロアの第一論文

冪根によって方程式が解けるための条件についての論文

—————— 論文 ——————

ここに同封した論文は昨年学士院に提出する光栄を得た著作の抜き書きである．この著作は理解されず，そこに収録されているいくつかの命題が疑問視されているので，私の理論の概論と唯一つの応用を与えることで満足せざるを得ない．審査員の方々はこのわずかなページを注意して読まれるようにお願いする．

ここに，**冪根を使って解くことのできるすべての方程式が満たすべき一般的条件**と逆にこの条件は冪根で解けることを保証することを見出すであろう．次数が素数の方程式にこの理論を応用してみた．我々の解析によって得られた定理は次のようなものである．

通約因子をもたない素数次数の方程式が冪根で解けるためには，すべての根がその中の任意の二根の有理式で表されることが必要十分である．

この理論の他の応用はそれ自身きわめて特別な理論となる．しかも数論や特別な計算法が必要となるので，他の機会に譲ること

にする．その一部は楕円函数のモジュラー方程式に関するもので，
それは冪根を使って解くことはできないことが証明できる．

1831 年 1 月 16 日　　　　　　　　　　E. Galois[40]

───────── **前提** ─────────

　まずはいくつかの定義とよく知られている一連の補題を確立す
ることから始めよう．

> **定義**　方程式は有理因子をもつとき可約と言われ，そうでない
> とき既約と言われる．

　有理的ということばで何を理解するかはここで説明しておく必
要がある．というのは，この言葉はしばしば現れるからである．
　方程式のすべての係数が有理数であるとき，その方程式が有理
数を係数に持つ因子に因数分解できるとき単に有理因子をもつと
いう．
　しかし，方程式の係数が必ずしも有理数でないときは，有理因
子とはその係数が与えられた方程式の係数の有理式として表され
るものと理解すべきである．一般に，与えられた方程式の係数の
有理式として表される量を有理量と理解すべきである．
　さらに，あらかじめ既知と仮定されたいくつかの量の有理式す

---

[40] タイトルの「論文」からここまでの部分はガロアの元原稿では太い縦線
で削除してある．1846 年の Liouville 誌に印刷される段階で A. Chevallie の判
断で追加印刷されて部分である．従ってガロアは以下の論文を直接読むことを
求めていたと考えられる．

べてを有理的と見ることにも同意できるだろう．たとえば，ある自然数の 1 つの冪根を選び，この冪根のすべての有理式を有理的と見なしてもよい．

いくつかの量を既知と考えたとき，解こうとする方程式にこれらを付加すると言おう．これらの量はこの方程式に付加されたと言おう．

こうした上で．方程式の係数及び方程式に付加された量といくつかの任意に定めた量の有理式として表されるすべての量を有理的と呼ぼう．

補助方程式を用いるとき，その係数が我々の意味で有理的であるとき補助方程式は有理的であると言おう．

なお，方程式の性質と難しさはその方程式に付加した量によって非常に違ってくることが分かる．たとえば一つの量を付加することで既約方程式を可約にすることができる．

かくして，方程式

$$\frac{x^n-1}{x-1}=0,\quad n \text{ は素数}$$

にガウス氏の補助方程式の 1 つの一根を付加することによってこの方程式は因数分解されその結果可約となる．

置換は 1 つの順列から他の順列に移り変わる過程である．

置換を表すために出発点となる順列は，式に関する限り，全く任意でよい．なぜなら，いくつかの文字についての式の中で，1 つの文字を他の文字に比べて特別扱いする理由はないからである．

しかしながら，順列を考えなくては置換を考えることはできないから，順列という語をしばしば用いるであろう．そして，1 つの順列から他の順列に移ることだけを置換と考える．

いくつもの置換を一緒に考えるときはそれらの置換はすべて同一の

順列から生じるものとする.

我々の考える群では,文字の配置が何ら影響しない問題を常に取り扱うので,最初どのような順列から出発しても同じ置換が得られる.それゆえ,置換 S,T が同じ群に属すれば置換 ST も確かにその群に属さなければならない.※41

これが,是非思い起こしておかなければならないと考えた諸定義である.

補題 I

既約方程式は他のある有理方程式を割り切るとき以外はこの有理方程式と共通根をもつことはできない.

なぜなら,既約方程式と他の方程式の最大公約式はまた有理的である.従って,しかじか※42.

補題 II

その根が $a, b, c, \dots$ である重根を持たない任意の方程式が与えられたとき,根の式 V を,もと方程式の根をあらゆる方法で並び替えたときに V の値がすべて異なるように常に構成することができる※43.

※41 この小活字で訳して部分は,原論文では主張 I の中に記されている.リューヴィルがガロアの遺稿を出版する際にこの位置に移し換えられた.内容からいって,ここに載せた方が自然であると考えられたからであろう.

※42 ガロアはこれ以上の記述をしていない.

※43 この補題の証明は定理 4.1.2.1 の証明中に述べられている.

たとえば，$A, B, C, \ldots$ を適当に選んだ整数とすると
$$V = Aa + Bb + Cc + \cdots$$
と取ることができる．

■ 補題III ■ ─────────────────

　式 V を上述のようにとると与えられた方程式のすべての根は V の有理式として表されるという性質を持つ[※44]．

────────────────────────

　実際
$$V = \varphi(a, .b, c,, d, \cdots)$$
あるいは
$$V - \varphi(a, b, c, d, \cdots) = 0$$
としよう．この式の中で最初の文字だけを固定し，他のすべての文字を並び替えて得られる同様の式をすべて掛け合わせると次の式が得られる．
$$\{V - \varphi(a, b, c, d, \ldots)\} \{V - \varphi(a, c, b, d, \ldots)\}$$
$$\{V - \varphi(a, b, d, c, \ldots)\} \cdots$$
この式は $b, c, d, \ldots$ の対称式で，その結果 a の式として表される．従って
$$F(V, a) = 0$$
という形の方程式が得られる．

　よってこの式から a の値が得られると言える．というのは，この方程式と与えられたもとの方程式との共通解を探せば十分である．この共通解は唯一つである．なぜならば，たとえば

───────────────

[※44]　命題 4.2.2.1. 補題 III に対応する他の定式化は定理 4.1.2.1 で与えられている．

$$F(V, b) = 0$$

成り立てば，この方程式は同様の方程式 $(F(V, a) = 0)$ と共通因子を持たなければならないので $\varphi(a, ...)$ は函数 $\varphi(b, ...)$ の一つと等しくなければならず，仮定に反するからである．

これより a は V の有理函数として表されることが分かり，他の根も同様である．この主張[45]はアーベルの楕円函数に関する考の中で，証明なしに引用されている．

補題 IV

V についての方程式を作り，V が既約方程式の根であるようにその既約因子の一つを選んだとせよ．$V, V', V'', ...$ をこの既約方程式の根とせよ．もし $a = f(V)$ が与えられた方程式の根であるならば，$f(V')$ も同じまた与えられた方程式の根である[46]．

実際，それらの文字に可能なすべての置換を施して得られる $V - \varphi(a, b, c, ..., d)$ という形の因子をすべて掛け合わせると V に関する有理方程式が得られる．この方程式は問題の方程式（V を根とする既約因子のなす方程式）で割り切らなければならない．従って V' は函数 V の中の文字を入れ替えて得られな

---

[45] [**ガロアの注**] ここで注目すべきことは，この主張からすべての方程式は，そのすべての根が他の一根の有理式であるような補助方程式に依存していることが結論されることである．なぜならば，V の任意の補助方程式はこの種のものだからである．

この注意は好奇心を起こさせることと追記しておきたい．実際，この性質を持つ方程式を解くことは，一般に，他の方程式を解くより容易なわけではない．

[46] 系 4.1.2.3.

ければならない. $F(V, a) = 0$ は V で最初の文字を除いて［残りの］すべての文字を入れ替えてできる方程式とせよ. そのとき $F(V', b) = 0$ となる. b は a と等しくなるかもしれないが，間違いなく与えられた方程式の根である. 従って，与えられた方程式と $F(V, a) = 0$ から $a = f(V)$ が帰結するように，与えられた方程式と $F(V', b) = 0$ から次の $b = F(V')$ が帰結する.

—————————— **主張 I** ——————————

■ **定理**[※47]　　m 個の根 $a, b, c, \ldots$ をもつ方程式が与えられたとせよ. このとき，次の性質を持つ文字 $a, b, c, \ldots$ の順列の群が常に存在する.

　　1. この群の置換で不変[※48]な根の（有理）函数は有理的に既知である.

　　2. 逆に根の任意の（有理）函数で有理的に決めることができるものはすべてこれらの置換で不変である.

置換は 1 つの順列から他の順列に移り変わる過程である.

置換を表すために出発点となる順列は，式に関する限り，全く

[※47]　定理 4.1.2.7 (4).

[※48]　[**ガロアの注**] ここで有理式が不変であるというのは，根の間の置換で式の形が変わらないだけでなく，これらの置換によって式の値が変わらないものを言う. たとえば $Fx = 0$ が方程式であれば Fx（の係数）はどの置換によっても変わらない根の式である.

有理的に既知であると言うのはその式の値が方程式の係数と付加された量との有理式で表されることを言う.

任意でよい．なぜなら，いくつかの文字についての式の中で，1つ
の文字を他の文字に比べて特別扱いする理由はないからである．

　しかしながら，順列を考えなくては置換を考えることはできな
いから，順列という語をしばしば用いるであろう．そして，1つの
順列から他の順列に移ることだけを置換と考える．

　いくつもの置換を一緒に考えるときはそれらの置換はすべて同
一の順列から生じるものとする．

　我々の考える群では，文字の配置が何ら影響しない問題を常に取
り扱うので，最初どのような順列から出発しても同じ置換が得られ
る．それゆえ，置換 S, T が同じ群に属すれば置換 ST も確かに
その群に属さなければならない．我々の考える群では，文字の配置
が何ら影響しない問題を常に取り扱うので，最初どのような順列か
ら出発しても同じ置換が得られる．それゆえ，置換 S, T が同じ
群に属すれば置換 ST も確かにその群に属さなければならない．

　（［一般の］代数方程式の場合は，この群は m 個の文字について
の $1 \cdot 2 \cdot 3 \cdots m$ 個の可能な順列に他ならない．なぜならば，この場
合対称函数だけが有理的に定まるからである．）

　方程式 $\dfrac{x^n - 1}{x - 1} = 0$ の場合，g を原始根として，$a = r, b = r^g,$
$c = r^{g^2}, \cdots$ であれば順列の群は簡単に次のようになる．

$$
\begin{array}{ccccccccc}
a & b & c & d & \cdot & \cdot & \cdot & \cdot & k \\
b & c & d & \cdot & \cdot & \cdot & \cdot & k & a \\
c & d & \cdot & \cdot & \cdot & \cdot & k & a & b \\
\cdot & \cdot & \cdot & \cdot & \cdot & \cdot & \cdot & \cdot & \cdot \\
k & a & b & c & \cdot & \cdot & \cdot & \cdot & i
\end{array}
$$

この特別な場合は順列の個数は方程式の次数に等しい．同じこと
はすべての根が互いに他の一つの根の有理式であるような方程式
にも当てはまる．

■ **証明**　与えられた方程式がどの様なものであれ，この方程式の根の有理式 V でこの方程式のすべての根が V の有理式であるようなものが常に存在する．このようにして，V を根にもつ既約方程式を考えよう（補題 III と IV）．

$$\varphi(V),\ \varphi_1(V),\ \varphi_2(V),\ \cdots,\ \varphi_{m-1}(V)$$

を与えられた方程式の根としよう．

以下のように根の n 個の順列を記そう．

$$
\begin{array}{cccccc}
(V) & \varphi(V) & \varphi_1(V) & \varphi_2(V) & \cdots & \varphi_{m-1}(V) \\
(V') & \varphi(V') & \varphi_1(V') & \varphi_2(V') & \cdots & \varphi_{m-1}(V') \\
(V'') & \varphi(V'') & \varphi_1(V'') & \varphi_2(V'') & \cdots & \varphi_{m-1}(V'') \\
\cdots & \cdots & \cdots & \cdots & \cdots & \cdots \\
(V^{(n-1)}) & \varphi(V^{(n-1)}) & \varphi_1(V^{(n-1)}) & \varphi_2(V^{(n-1)}) & \cdots & \varphi_{m-1}(V^{(n-1)})
\end{array}
$$

この順列の群が（定理に）求められている性質を満足する．

実際，(1) この群の置換で不変な根のすべての（有理）函数 F は $F = \psi V$ と書くことができ，

$$\psi V = \psi V' = \psi V'' = \cdots = \psi V^{(n-1)}$$

が得られる．従って F は有理的に定まる．

(2) 逆に F が有理的に定まるとし，$F = \psi V$ とおくと，V の方程式が既約であり，V が $F = \psi V$ を満足し F が有理的であるので

$$\psi V = \psi V' = \psi V'' = \cdots = \psi V^{(n-1)}$$

が成り立つ．

従って F は上に記した順列の群で不変でなければならない．

かくして，この群は与えられた定理の二つの性質を満たす．ゆえに定理は証明された．

この問題の群を方程式の群と呼ぶことにしよう．

注意　ここで議論した順列の群は（順列の）文字の並び方にはまったく無関係で，一つの順列から他の順列に移る文字の置換だけに関係する．

　従って，最初の順列は任意に与えることができ，他の順列は文字の置換によって常に導かれる．このようにして構成された新しい群[49]は，上の定理は（有理）函数に対して行う文字の置換だけに関係しているので，最初の群と同じ性質を持つ．

注意　なお，置換は根の個数に無関係である．

主張 II

> ■ **定理**　与えられた方程式に，既約な補助方程式の根 r を付加すれば，
> 1. 次の 2 つの内どちらかが起こる．方程式の群は変わらず，もとのままであるか，または p 個の群に分かれ，その各々は，与えられた方程式と補助方程式の根によって定められる．
> 2. その 1 つの群から他の群に移るには，一方の順列のすべてに同一の置換を施せば他方が得られるという注目すべき性質をこれらの群は有している．
>
> （この証明には，完全なものにするためには書き加えなければならないことがある．時間がない．[50]）

---

[49] ガロアの群の定義では最初に与えた順列を群の置換によって得られる順列を並べることによって定義したので，見た目は新しい順列の群となっているので，新しい群という表現を使った．集合や写像の概念がなかった時代であることに注意.

[50] 手紙のこの部分の余白に記されたガロアの書き込み.

1. 実際，r を付加しても上で論じた V の満たす既約方程式が変わらなければ，方程式の群も変わらないのは明らかである．反対に，r の付加によって V の満たす既約方程式が因子に分解されれば，同じ次数の p 個の因子に

$$f(V, r) \times f(V, r') \times f(V, r'') \times \cdots$$

のように分解されるであろう．ここで $r, r', r'', \cdots$ は r の他の値（補助方程式の他の根）である．従って与えられた方程式の群も同じ個数の順列の群に分解されるであろう，V の1つの値に1つの順列が対応するのだから．これらの群は与えられた方程式に r を付加したとき，$r', r'', \cdots$ を順次付加したときにそれぞれ得られる群である．

2. 上に見たように V の総べての値は，互いに他の値の有理函数になっている．そこで，V は $f(V, r) = 0$ の根で，$F(V)$ は $f(V, r) = 0$ のもう一つの根であると仮定しよう．そうすれば，V' を $f(V, r') = 0$ の根とすれば，$F(V')$ は $f(V, r') = 0$ のもう一つの根となるのは明らかである．何故ならば $f[F(V), r]$ は $f(V, r)$ で割り切るから $f[F(V'), r']$ は $f(V', r')$ で割り切れる（補助定理 I）からである．r に関する群に一定の置換を施せば r' に間する群が得られるのは次のように示される．

　たとえば

$$\varphi_p F(V) = \varphi_n(V)$$

であったとすれば，補助定理 I より

$$\varphi_p F(V') = \varphi_n(V')$$

となる．従って，$(F(V))$ の順列から $(F(V'))$ の順列に移るためには順列 (V) から順列 (V') に移るのと同じ置換を施

せばよいことが分かる.

これで定理は証明された.

―――――――― **主張 III** [51] ――――――――

> ■ **定理**　方程式に補助方程式のすべての根を付加すれば主張
> II で述べた群は各群の置換が皆同じとなるというもう一つの性
> 質を持つ.

証明は容易に見出されるであろう[52].

―――――――― **主張 IV** ――――――――

> ■ **定理**　方程式にその根のある（有理）函数の数値を付加すれ
> ばその方程式の群は小さくなるが，小さくなった群はその（有
> 理）函数を不変にする置換のみからなっている.

　実際，主張1によって，知られる（有理）函数は皆方程式の群

――――――――――――――――

[51]　1832年にこの部分はもとの原稿が消されて，ここで訳した新しい原稿に
代えられている.

[52]　方程式に補助方程式のすべての根を付加すれば正規拡大となるのでガロ
アの基本定理（定理4.1.3.1）から対応する群は正規部分群となる.

の置換によって不変でなければならない[53].

—————— 主張 V ——————

問 題　方程式が単純冪根[54]のみによって解けるのは，どういう場合であろうか？

　まず次のことに注意しよう．方程式を解くためには，その群をだんだん小さくし，最後にはその群はただ１つの順列だけからなるようにしなければならない．実際，方程式が解けたとすれば，その方程式の根の（有理）函数は，それがどのような順列によっても不変でない場合でも，既知となるからである．

　そこでどういう条件があれば，冪根を付加することで，このように与えられた方程式の群をだんだん小さくできるかを考えよう．

　素数次の各冪根を求めることをそれぞれ異なる操作と考え，この解き方の中で可能な操作の順序を調べてみよう．

　与えられた方程式に最初に求めた冪根を付加したとすれば，次の２つの場合のどちらかが起きる；第一の場合は，その付加によって方程式の順列の群が小さくなる場合である．第二の場合は，この冪根を求めることは単なる準備に過ぎず，群は小さくならない場合である．

　とにかく有限回の冪根を求めた後には，群は小さくならなければならない．そうでなければ，方程式は解けないであろう．

---

[53] ガロアの基本定理：定理 4.1.3.1 (3).

[54] 冪根の指数が素数であるものをいう．

その段階にきて，冪根を求めることによって方程式の群を小さくする方法がいくつかあるならば，これから述べようとすることのためには，それらの各々が分かれば群が小さくなる単純冪根のうちで最低次数の単純冪根を考察する必要がある．

そこでその最低の次数をあらわす素数を p とし，p 乗根の付加によって方程式の群は小さくなるものとしよう．方程式の群に関してはさらに次のように仮定することができる．

方程式の群に対しては既に付加されている量の中にともかく 1 の p 乗根 α が存在すると常に考えることができる．というのは，α は p より低い次数の冪根を求めることで得られ，それが分かっても方程式の群は少しも変わらないからである．

従って定理 II, III によって方程式の群は p 個の群に分かれ，それぞれが他のものに対して 2 つの性質を満たす：1．同一の置換によって 1 つの群から他の群に移ることができる：2．どの群も同じ置換を含む．

逆にもし方程式の群が，上の 2 つの性質を持つ p 個の群に分解されるならば p 乗根を 1 つ求めることと，この p 乗根を付加することで，方程式の群はこれらの部分群[※55]の一つに簡約化することができる．

実際，この部分群の一つのすべての置換で不変で，他の置換では変わる根の有理式を取れ．[※56]

θ をこのような根の有理式とせよ．

[※55] 原文 groupes partiels.

[※56] [**ガロアの注**] すべての置換で不変でない有理式をとり，部分群の一つのすべての置換でのこの有理式の異なる値に関する対称式を取ればよい．

全体の群の置換の一つでこれらの部分群に属さないものの一つを θ に施せ．その結果を θ_1 とせよ．θ_1 に同じ置換を施し，その結果を θ_2 とし，以下同様とせよ．

　p は素数であるのでこの列は項 θ_{p-1} でしか終わらないであろう．それ以降は $\theta_p = \theta$，$\theta_{p+1} = \theta_1$ となり，以下同様である．

　そこで，式

$$(\theta + \alpha\theta_1 + \alpha^2\theta_2 + \cdots + \alpha^{p-1}\theta_{p-1})^p$$

は明らかに全体の群のすべての順列で不変である．従って実際に既知である．

　この式の p 乗根を求め，それを方程式に付加するならば，主張 IV によって，方程式の群は部分群の置換以外の置換を含まないであろう．

　このようにして，素数次の冪根を求めることによって方程式の群が小さくなるためには上の条件が必要十分である．

　方程式に問題となっている冪根を付加せよ．すると前の群についてと同様に新しい群について論じることができる．そして新しい群自身が前に述べたように分解し，以下同様にして唯一つの順列しか含まない群に分解しなければならない．

注意　4 次の一般方程式の知られた解法にこのプロセスを見るのは容易である．実際，これらの方程式は 3 次方程式を用いて解かれ，3 次方程式を解くには平方根を求めることが必要である．考え方の当然の順序としてこの平方根から始めなければならない．この平方根を 4 次方程式に付加することによって，全体で 24 個の順列を含む方程式の群は 12 個だけの置換を含む二つ（の群）に分解する．方程式の根を a, b, c, d と記すと，これらの群の一つは

$$abcd, \quad acdb, \quad adbc,$$
$$badc, \quad cabd, \quad dacb,^{※\,57}$$
$$cdab, \quad dbac, \quad bcad,$$
$$dcba, \quad bdca, \quad cbda,$$

定理 II, III で述べたようにこの群はそれ自身三つの群に分かれる．
従って 3 次の冪根を唯一つ求めることで，単に群

$$abcd,$$
$$badc,$$
$$cdab,$$
$$dcba,$$

が残る．この群は新たに二つの群に分かれる．

$$abcd, \quad cdab,$$
$$badc, \quad dcba,$$

このようにして，平方根を唯一つ開いた後に

$$abcd$$
$$badc$$

が残る．最後に平方根を一つ開くことでこれは解かれる．

　このようにしてデカルトあるいはオイラーによる解法[※ 58] が得られる．というのは，3 次の補助方程式を解いた後で後者（オイラーの解法）は 3 個の平方根を開く必要があるが，第三の平方根は二つの平方根から有理的に得られるので，二つの平方根で十分であることが知られている．

　さてこの条件を次数が素数である既約方程式に応用してみよう．

[※ 57] 2 行 2 列目の *cabd* は原文では *cadb* に誤っている．

[※ 58] オイラーの解法は 1.6 の最初に述べた 4 次方程式の解法と本質的に同じである．ガロア群に関しては 2.10 を参照のこと．

素数次の既約方程式への応用

------------------- **主張 VI** -------------------

補題　素数次の既約方程式は，冪根をつけ加えることによって可約となることはない．

何故ならば，$r, r', r'', \ldots$ が冪根の異なる値とし，$Fx = 0$ が与えられた方程式とすると，Fx が同じ次数の因子に

$$f(x, r) \times f(x, r') \times \cdots$$

と因数分解できたとすると，$f(x, r)$ が 1 次式ない限りこれは不可能である．

従って素数次の既約方程式はその群が唯一つの順列に簡約化されない限り可約になることはない．

------------------- **主張 VII** -------------------

問題　冪根で解ける素数 n 次の既約方程式の群は何であるか[59]？

前節の主張から，唯一つの順列しかない群の前にあることができる最小の群は n 個の順列を含むであろう．一方，素数 n 個の文字の順列の群は，これらの順列の一つが他の順列から位数 n の循環置換の一つから得られない限り n 個の順列に分解できない（エコール・ポリテクニーク誌第 17 巻のコーシー氏の論文を参照のこ

----

[59]　定理 4.3.1.1.

と．※ 60).

　従って最後から二番目の群は

$$
\left.
\begin{array}{ccccccc}
x_0 & x_1 & x_2 & x_3 & \cdot\cdot & \cdot\cdot & x_{n-1} \\
x_1 & x_2 & x_3 & x_4 & \cdot\cdot & x_{n-1} & x_0 \\
x_2 & x_3 & \cdot\cdot & \cdot\cdot & x_{n-1} & x_0 & x_1 \\
\cdot & \cdot & \cdot & \cdot & \cdot & \cdot & \cdot \\
x_{n-1} & x_0 & x_1 & \cdot\cdot & \cdot\cdot & \cdot\cdot & x_{n-2}
\end{array}
\right\}
\qquad (\mathrm{G})
$$

であろう．ここで $x_0, x_1, ..., x_{n-1}$ は根である．

　分解の列でこの群の直前の群はこれらの群と同じ置換をもつ群の何個かからできていなければならない．するとこれらの置換は次のように表されることが分かる．（一般に $x_n = x_0,\ x_{n+1} = x_1,\ ...$ と置けば，群 (G) の各置換は c をある定数として x_k の代わりに x_{k+c} と置くことによって得られる．）

　群 (G) と類似の群のどれか一つを考えよう．定理 II によれば，その群はこの群の中でいたるところ同一の置換を施して得られるであろう．例えば群 (G) において f をある函数として x_k のかわりに至る所 $x_{f(k)}$ と置くことによって得られる．

　新しい群の置換は群 (G) の置換と同一であるから，

$$
f(k+c) = f(k) + C
$$

でなければならない．ここで C は k には関係しない．

　従って

$$
f(k+2c) = f(k) + 2C
$$

$$
\cdots\cdots\cdots\cdots\cdots\cdots\cdots\cdots\cdots
$$

$$
f(k+mc) = f(k) + mC
$$

　もし $c = 1,\ k = 0$ であれば $a,\ b$ を定数として

※ 60　この論文に，n が素数のとき，n 個の文字の n 個の置換が群をなせば巡回群であるという定理が記されている．

$$f(m) = am + b$$

あるいは

$$f(k) = ak + b$$

となるであろう.

　従って群 (G) の直前の群は

$$x_k, \quad x_{ak+b}$$

のような置換だけを含み，従って群 (G) の置換以外の巡回置換を含まないであろう.

　この群については前の群についてと同様に論じられるであろう.その結果，分解の順序で最初の群，すなわち方程式の実際の群は

$$x_k, \quad x_{ak+b}$$

という形の置換だけを含むことができることになる.それ故，"素数次の既約方程式が冪根で解けるならば，a, b を定数としてこの方程式の群は

$$x_k, \quad x_{ak+b}$$

という形の置換だけを含む" ことが分かる.

　逆にこの条件が満たされれば，方程式は冪根によって解くことができることが言える.実際，α を1の n 乗根の一つ，a を n を法とする原始根として，式

$$(x_0 + \alpha x_1 + \alpha^2 x_2 + \cdots + \alpha^{n-1} x_{n-1})^n = X_1$$
$$(x_0 + \alpha x_a + \alpha^2 x_{2a} + \cdots + \alpha^{n-1} x_{(n-1)a})^n = X_a$$
$$(x_0 + \alpha x_{a^2} + \alpha^2 x_{2a^2} + \cdots + \alpha^{n-1} x_{(n-1)a^2})^n = X_{a^2}$$
$$\cdots\cdots\cdots\cdots\cdots\cdots\cdots\cdots\cdots\cdots\cdots\cdots$$

を考えよ.

　この場合，$X_1, X_a, X_{a^2}, \ldots$ の巡回置換で不変な（有理）函数は直ちに分かることは明らかである.それ故，二項方程式に対するガウス氏の方法によって $X_0, X_a, X_{a^2}, \ldots$ を求めることができるで

あろう．従って，云々．

　よって素数次の既約方程式が冪根によって解けるためには置換

$$x_k \quad x_{ak+b}$$

によって不変なすべての式が既知であることが必要十分である．

　よって式

$$(X_1 - X)(X_a - X)(X_{a^2} - X) Es$$

は X がなんであっても既知であるはずである．

　従ってこの式を根とする方程式は X が何であっても有理的な値を根とすることが必要十分である．

　もしも与えられた方程式がすべて有理的な係数をもつならば上の式を根としてもつ補助方程式も有理的な係数をもつであろう．そして次数 $1 \cdot 2 \cdot 3 \cdots (n-2)$ 個の補助方程式が有理根をもつか否かを知れば十分である．それをどうすればよいかは分かっている．

　これが実際に使わなければならない方法である．しかし他の形で定理を与えておこう．

--------- **主張 VIII** ---------

■ **定理**　素数次数の既約方程式が冪根で解けるためには，この根の内の任意の二つが分かれば，他はそれから有理的に導かれることが必要十分である[61]．

　第一にこれは必要である．というのは置換

$$x_k \quad x_{ak+b}$$

---

[61]　定理 4.3.2.1.

は二つの文字を同じ場所には決して置かないから，方程式に二根を付加すると主張 IV によってその群は唯一つの順列になることは明らかであるからである．

　第二にこれは十分である．なぜなら，この場合，群のどの置換も二つの文字を同じ場所に置く（二つの文字を動かさない）ことはないからである．従って群は多くとも $n(n-1)$ の順列を含むであろう．従って群は唯一つの巡回置換だけを含むであろう（そうでなければ群は少なくとも n^2 の順列を含むであろう[※62]）．従って群のすべての置換 x_k, x_{fk} は

$$f(k+C) = f(k) + C$$

を満足しなければならないであろう．それ故云々．

従って定理は証明された．

────────── **定理 VII の例** ──────────

　$n = 5$ とせよ．群は次のようなものであろう．[※63]

───────────────────

[※62]　原文は n^2 を p^2 に誤る．

[※63]　$x_0 = a$, $x_1 = b$, $x_2 = c$, $x_3 = d$, $x_4 = e$ とおくと第一の順列のグループは $P(x_k) = x_{k+1}$ を順列 $(x_0, x_1, x_2, x_3, x_4)$ に施して得られる．また 2 は 5 を法とする原始根であり，$Q(x_k) = x_{2k}$ とおくと第二の順列のグループは第一の順列のグループに Q を施して，第三，第四の順列のグループはそれぞれ Q^2, Q^3 を第一の順列のグループに施して得られる．P, Q は位数 20 の可解群を生成し，P は位数 5 の正規部分群をなす．

$$
\begin{array}{ccccc}
a & c & e & b & d \\
c & e & b & d & a \\
e & b & d & a & c \\
b & d & a & c & e \\
d & a & c & e & b
\end{array}
$$

$$
\begin{array}{ccccc}
a & e & d & c & b \\
e & d & c & b & a \\
d & c & b & a & e \\
c & b & a & e & d \\
b & a & e & d & c
\end{array}
$$

$$
\begin{array}{ccccc}
a & d & b & e & c \\
d & b & e & c & a \\
b & e & c & a & d \\
e & c & a & d & b \\
c & a & d & b & e
\end{array}
$$

5.4　第二論文

5.4.1　解説

　シュバリエの手紙にあるように，未完の論文である '第二論文' にガロアは多大の愛着を持っていた．それは理論の新しい発展を遂げるものと彼が考えていたからに他ならない．この論文で，今日の用語を使えばガロアは冪根で解くことのできる原始方程式の次数は素数の冪でなければならないことを主張している．唯，すでに本章の冒頭の5.1.2 ガウス氏の方法の項で述べたようにガロアの原始方程式の定義が曖昧であり，さらに原始方程式をどのように解釈しても，第二論文の記述には矛盾が含まれていることか

ら，今日，ガロアの第二論文はほとんど取り上げられることはない．しかし，歴史的にはガロアの第二論文は群論の発展に大きく貢献している．

　ル・グラン校でガロアの後輩であったジョルダンはガロアの論文に大きな影響を受け，置換群論を展開し，原始群の正確な定義を初めて与え，ガロアの主張の正しい証明を初めて与えた．ここでは現代的な立場からガロアが意図したと思われることを解説する．先ず，群が原始的，擬原始的であることを一般的に定義することから始める．

■ 原始群・擬原始群

　有限群 G は有限集合 Ω に推移的かつ忠実に左から作用していると仮定する．ここで，推移的とは任意の異なる2元 $\alpha, \beta \in \Omega$ に対して $g\alpha = \beta$ となる $g \in G$ が存在することを意味し，忠実であるというのは

$$g(\alpha) = \alpha, \quad \forall \alpha \in \Omega$$

であれば g は単位元 e であることを意味する．

　ガロアが考察している場合は，G は既約方程式 $f(x) = 0$ のガロア群であり，Ω は方程式 $f(x) = 0$ の根の全体である．

　Ω の空でない真部分集合 $\Gamma \subsetneqq \Omega$ は $g\Gamma = \Gamma$ または $g\Gamma \cap \Gamma = \emptyset$ が G のすべての元 g に対して成り立つとき，Γ を G の**非原始的ブロック**と呼ぶ．異なる $g\Gamma$ を $\Gamma_1, \Gamma_2, ..., \Gamma_m$ と記すと $\{\Gamma_1, \Gamma_2, ..., \Gamma_m\}$ は Ω の分割を与えている．また，構成法から Γ_j の個数はすべて等しい．群 G が非原始ブロックを持たないとき，G は**原始的**であるといい，非原始的ブロックを持つとき G は**非原始的**であるという．

$\alpha \in \Omega$ に対して G の α での固定部分群 G_α を

$$G_\alpha = \{ g \in G \,|\, g(\alpha) = \alpha \}$$

と定義する．H を G_α を含む G の部分群とすると $\Gamma = H\alpha$ と置くと $\Gamma \neq \Omega$ であれば Γ は G の非原始的ブロックである．これは次のようにして示される．$g \in G$ に関して

$$g(\Gamma) \cap \Gamma \neq \emptyset$$

と仮定する．$g\alpha_1 = \alpha_2 \in \Gamma$ を取る．$h_1(\alpha) = \alpha_1,\ h_2(\alpha) = \alpha_2$ となる $h_1, h_2 \in H$ が存在する．すると

$$gh_1(\alpha) = h_2(\alpha)$$

が成り立つので，$h_2^{-1} g h_1 \in G_\alpha$ が成り立つ．これは $g \in H$ を意味し，$g(\Gamma) = \Gamma$ が成り立つ．従って Γ は G の非原始的ブロックである．

逆に Γ が G の非原始的ブロックであれば

$$H_\Gamma = \{ g \in G \,|\, g(\Gamma) \subset \Gamma \}$$

とおくと，G の部分群である．$\alpha \in \Gamma$ に関して $G_\alpha \subset H_\Gamma$ であることを示そう．$g \in G_\alpha$ であれば $g(\alpha) = \alpha$ より $g(\Gamma) \cap \Gamma \neq \emptyset$ であるので $g(\Gamma) = \Gamma$ でなければならない．すなわち $g \in H_\Gamma$ である．以上の考察によって次の定理が証明された．

■ 定理 5.4.1.1

$\alpha \in \Omega$ を含む G の非原始的ブロックと α の固定部分群 G_α を含む G の部分群 $(\neq G)$ とは 1 対 1 に対応する．すなわち非原始的ブロック $\Gamma \ni \alpha$ に対して G の部分群

$$H_\Gamma = \{ g \in G \,|\, g(\Gamma) \subset \Gamma \}$$

が対応し，G_α を含む G の部分群 $H\,(\neq G)$ に対しては非原始的ブロック $H\alpha$ が対応する．

　ところで，H が G の正規部分群であれば $\alpha \in \Omega$ に対して $G_\alpha H$ は G の部分群となる．$G_\alpha H\alpha \neq \Omega$ のとき非原始的ブロック $\Gamma = G_\alpha H\alpha$ を G の**非原始的正規ブロック**という．非原始的正規ブロックを持たない群は**擬原始的**と呼ばれる．原始的であれば擬原始的であるが，擬原始的であったも原始的でない群が存在する．しかし可解群に限ると両者は一致する．

■ **定理 5.4.1.2**

擬原始的な可解群は原始的である．

■ **証明**　G は可解群であるとし，M を G の非自明な最小の正規部分群とする．すると M も可解群であり，$[M:K]=p, p$ は素数，となる M の正規部分群 K が存在する．そこで

$$H = \bigcap_{g \in G} gKg^{-1}$$

とおくと H は G の正規部分群であり，$H \subset K \subsetneqq M$ である．M は G に含まれる最小の非自明な正規部分群と仮定したので $H = \{e\}$ でなければならない．一方，任意の $g \in G$ に対して $gKg^{-1} \subset gMg^{-1} = M$ より gKG^{-1} も M の正規部分群である．従って群の同型

$$M/gKg^{-1} \simeq M/K \simeq C_p$$

が成り立つ．ここで C_p は位数 p の巡回群を表す．これより任意の $a, b \in M$ に対して

$$aba^{-1}b^{-1}, a^p \in gKg^{-1}, \quad \forall g \in G$$

が成り立つ．何故ならば，$aba^{-1}b^{-1}, a^p$ の M/K への像は単位元であり，従って，上の同型から $aba^{-1}b^{-1}, a^p \in gKg^{-1}$ となるか

らである．これがすべての $g \in G$ に対して成り立ち，上の H は単位群であったので，これより

$$aba^{-1}b^{-1}=e, \quad a^p=e, \quad \forall a,b \in M$$

が得られ，M はアーベル群であり，単位元以外の元の位数は p である．従って M は p 次巡回群 C_p の d 個の直積と同型になる．これより M の任意の元は

$$a_1^{k_1}a_2^{k_2}\cdots a_d^{k_d}, \quad 0 \le k_j \le p-1, \quad j=1,2,...,d$$

と一意的に書き表されるような基底 $a_j \in M, j=1,...,d$ が存在する．この基底を使って積は

$$a_1^{k_1}a_2^{k_2}\cdots a_d^{k_d} \cdot a_1^{k_1'}a_2^{k_2'}\cdots a_d^{k_d'}=a_1^{k_1+k_1'}a_2^{k_2+k_2'}\cdots a_d^{k_d+k_d'}$$

と書き表される．ここで k_j+k_j' は p を法として考える．このことからアーベル群 M は p 元体 $\mathbb{F}_p \cong \mathbb{Z}/p\mathbb{Z}$ の元を成分とする $p \times 1$ 行列，すなわち p 次の縦ベクトルのなすベクトル空間 V と群同型になる．

　ところで，G は擬原始的であったので，G の正規部分群 M は Ω に推移的に働く．また，アーベル群 M の Ω の各点における固定部分群は自明である．なぜならば，点 $\alpha \in \Omega$ の固定部分群 M_α は Ω の他の点も固定する（$\beta \in \Omega$, $\beta = m(\alpha)$, $m \in M$ であれば $M_\beta = m^{-1}M_\alpha m$ であるが，M はアーベル群であるので $M_\beta = M_\alpha$）が，G は Ω に忠実に作用すると仮定しているので，$M_\alpha = \{e\}$ でなければならない．従って

$$G=G_\alpha M, \quad G_\alpha \cap M=\{e\}$$

が成り立つ．そこで $G_\alpha \subset K \subset G$ となる G の部分群 K を考える．$H=K \cap M$ と置くと $K=G_\alpha H$ が成り立ち，H は K の正規部分群である（$\forall k \in K$, $k^{-1}Hk=k^{-1}Kk \cap k^{-1}Mk=K \cap M=H$）．また M はアーベル群であったので H は M の正規部分群であ

る．従って H は $G \supset KM \supset G_\alpha M = G$ の正規部分群である．M は G に含まれる最小の非自明正規部分群であったので，$H = \{e\}$ または $H = M$ でなければならない．$K = G_\alpha H$ であったので $H = \{e\}$ であれば $K = G_\alpha$ であり，$H = M$ であれば $K = G$ である．G の α を含む非原始的ブロックは G_α を含む G の真部分群に対応しているので，これは G が原始的であることを意味する．

[証明終]

　実は，上の証明はガロアの主張の証明に使うことができる．

■ **定理 5.4.1.3**

　有限可解群 G が有限集合 Ω に推移的かつ忠実に作用していると仮定する．

このとき次が成立する．

(1)　Ω の個数 $|\Omega|$ は素数 p の冪 p^d である．

(2)　Ω の各元は p 元体 $\mathbb{F}_p$ を成分とする

　　$d \times 1$ 行列（d 次の縦ベクトル）のなすベクトル空間 V の元 v と 1 対 1 に対応し，群 G は

$$x_v \longmapsto x_{Av+b}, \ A \in GL(d, \mathbb{F}_p), \ b \in V$$

　　の形の変換からなる．すなわち $\mathbb{F}_p$ 上の d 次元ベクトル空間 V 上のアフィン変換群の部分群と同型である．

■ **証明**　　G の最小の非自明正規部分群 M を上の定理 5.4.1.2 と同様に取ると M はアーベル群であり，Ω に推移的に作用し，かつ M の Ω の各点での固定部分群は自明である．また M は p 元体 $\mathbb{F}_p$ を成分とする d 次の縦ベクトルのなすベクトル空間 V

とアーベル群として同型である. 従って

$$|\Omega|=|M|=p^d$$

が成立する. すなわち (1) が成立する.

　さて同型によって M の積はベクトル空間 V の加法に対応する. ところで M は Ω 上に推移的に作用するので Ω の元 α を一つ選び固定する. 任意の $\beta\in M$ に対して $\beta=m(\alpha)$ となる $m\in M$ が唯一つ存在し, m に対応する $b\in V$ が唯一つ存在する. そこで $v\in V$ に対して対応する M の元を y_v, $x_v=y_v(\alpha)\in\Omega$ と記す.

　固定部分群 G_α の元 h に対して写像

$$\psi(h):M\ni m\mapsto hmh^{-1}\in M$$

を対応させると, これは G_α から $\mathrm{Aut}(M)$ への群の準同型写像 ψ を与える. 何故ならば $h_1,\ h_2$ に対して

$$\begin{aligned}\psi(h_1h_2)(m)&=(h_1h_2)\,m\,(h_1h_2)^{-1}=h_1(h_2mh_2^{-1})\,h_1^{-1}\\&=h_1\psi(h_2)(m)\,h_1^{-1}=\psi(h_1)\,\psi(h_2)(m)\end{aligned}$$

が成立するからである. また $\psi(h)=\mathrm{id}$ であれば, すべての $m\in M$ に対して $hmh^{-1}=m$ が成り立つので, $h\in G_\alpha$ より $hm(\alpha)=mh(\alpha)=m(\alpha)$ となる. M は Ω に推移的に作用するので, h は Ω のすべての元を固定する. これは $h=\mathrm{id}$ を意味する. 従って $\psi:G_\alpha\to\mathrm{Aut}(M)$ は単射である. 従って G_α は $\mathrm{Aut}(M)$ の部分群と見ることができる.

　また, M とベクトル空間 V の同型によって, $\psi(h)$ は $GL(V)$ と見ることができ, V の基底を固定して V の元を d 次の縦ベクトルと見なす. すると $GL(V)=GL(d,\mathbb{F}_p)$ と見ることができ, $\psi:G_\alpha\to\mathrm{Aut}(M)\simeq GL(d,\mathbb{F}_p)$ によって $\hat{\psi}:G_\alpha\to GL(d,\mathbb{F}_p)$ は群の単射同型写像である. すなわち G_α の各元 h に対して $d\times d$ 行

列 $A_h = \hat{\psi}(h)$ を対応させル写像は群の単射同型写像である.

そこで任意の $g \in G$ をとると G は Ω に作用していたので $g(\alpha)$ に対して, $g(\alpha) = y_b(\alpha)$ となる $y_b \in M$ が一意的に存在し, $b \in V$ は y_b に対応するようにとることができる. すると $h = y_b^{-1} g(\alpha) \in G_\alpha$ となる. よって $g = y_b h$, $h \in G_\alpha$ と書くことができ, $v \in V$ に対して

$$g(x_v) = g(y_v(\alpha)) = y_b(h y_v(\alpha))$$
$$= y_b(h y_v h^{-1}) h(\alpha) = y_b(h y_v h^{-1})(\alpha)$$

が成り立つ. これは $g(x_v)$ が M の元 $y_b(h y_v h^{-1})$ を α に作用させて得られることを意味する. 一方 M の元を V で見ると, $x_v \to h y_v h^{-1}$ は x を縦ベクトルで表したので $v \to A_h v$ を表す. また y_b を掛けることは V では b の平行移動を意味する. 従って $y_b(h y_v h^{-1})$ に対応する V の元は $A_h v + b$ となる. $v \to A_h v + b$ は V のアフィン変換群 $AGL(d, p)$ の元を定める. 従って

$$g(x_v) = x_{A_h v + b}$$

が成立する. そこで $g \to (v \longmapsto A_h v + b)$ は G から V のアフィン変換群 $AGL(d, p)$ への群の単射同型写像であることを示す.

$g, g' \in G$ に対して

$$g(\alpha) = y_b(\alpha), \quad g'(\alpha) = y_{b'}(\alpha), \quad gg'(\alpha) = y_c(\alpha)$$

とし

$$h = y_b^{-1} g, \quad h' = y_{b'}^{-1} g', \quad k = y_c^{-1}(gg')$$

とおくと $h, h', k \in G_\alpha$ が成り立つ. 従って, 上の議論から

$$(gg')(x_v) = y_c(hh') y_v(hh')^{-1}(\alpha)$$
$$= y_c h(h' y_v h'^{-1}) h(\alpha) = x_{A_h(A_{k'} v) + c}$$

が成り立つ. また,

$$gg'(\alpha) = g(y_{b'}(\alpha)) = g(x_{b'}) = x_{A_h b' + b}$$

が成り立つので

$$c = A_h b' + b$$

が成り立つ．よって

$$(gg')(\alpha) = x_{A_h A_{h'} v + A_h b' + b} = x_{A_h(A_{h'} v + b') + b}$$

がなりたち，$g \to (v \longmapsto A_h v + b)$ は群の準同型写像である．この準同型写像が単射であるのは明らかである．　　　　　　　　　　[**証明終**]

アフィン変換群の可解部分群に関する歴史に関しては [S] の Appendix A に簡明な解説がある．

5.4.2　ガロアの第二論文

─────── 冪根で解ける原始方程式 ───────

さて，ここで我々の目的に戻り，原始方程式が冪根よって解ける一般的な状況を探ってみよう．ここで，これらの方程式の次数に基づく一般的な条件をすぐに確立することができる．その条件とは（原始）方程式が冪根で解けるためには，その次数が p の冪であることが必要である．ここで p は素数である．このことから，次のことがすぐにわかる．次数が異なる素因数を持つ既約方程式を冪根で解かなければならないとき，それが原始的であろうとなかろうと，ガウス氏による分解の方法以外では不可能である．それができなければ，方程式は（冪根によっては）解けない．

冪根で解くことができる原始方程式に関連して述べた一般的な性質を確立するために，解くべき方程式は原始方程式であるが，

単純冪根[64] を付加することによって原始的でなくなると仮定することができる．言い換えると，n を素数とするとき方程式の群（ガロア群）は n 個の共役で既約なしかし原始的でない群に分かれると仮定することができる[65]．というのは，方程式の次数が素数である場合を除いて，そのような群はそれ自身，分解の列に現れるであろうから．

　方程式の次数を N とし素数次数 n の根を求める（付加する）ことによって方程式は非原始的になり，次数 Q の1個の方程式によって Q 個の次数 P の原始方程式に分解すると仮定する[66]．

---

[64] $x^n - a = 0$ の根のこと．ガロアは第一論文では方程式を冪根で解くときに必要な1の冪根はすべて基礎体に含まれていると仮定して議論しており，第二論文でもその仮定は使われていると思われる．従って1個の a の n 乗根を付加すれば，すべての a の n 乗根は付加されたことになる．

[65] ガロア群は可解群と仮定しているので正規部分群の鎖
$$G = G_0 \rhd G_1 \rhd G_2 \rhd \cdots s \rhd G_i \rhd G_{i-1} \rhd \cdots \rhd G_{k-1} \rhd G_k = \{e\}$$
で $[G_{i-1}: G_i]$ は素数 n となるものが存在する．従って G_{i-1} は原始的であるが G_i は原始的でないものが存在する．$G = G_{i-1}$ と置き直して正規部分群 G_i を考えている．「n 個の共役で既約なしかし原始的でない群に分かれる」とは G_i / G_{i-1} が位数 n 個の群であり，G_{i-1} が非原始的であることを意味する．

[66] 以下のガロアの説明を先取りする形で述べる．方程式のガロア群を G，素数次数 n の根 $\alpha = \sqrt[n]{a}$ を基礎体 F に付加することで得られる体 $F(\alpha)$ 上のもとの方程式のガロア群を H とすると，H は G の正規部分群で G/H は位数 n の巡回群である．1の原始 n 乗根は基礎体に含まれるとガロアは仮定していることに注意．H は非原始的であると仮定する．方程式の根のなす集合 Ω に対して正規部分群 H は推移的に働く．$\alpha \in \Omega$ に対して $H\alpha \neq \Omega$ であれば $H\alpha$ は非原始的ブロックとなり G が原始的であることに反するからである．H は G の正規部分群であったので G が擬原始的であっても上の議論が適用でき，H は Ω 上推移的である．

　この方程式の群を G と呼ぶと，この群は n 個の共役，非原始的な群に分かれ，文字（すなわち方程式の根）はそれぞれ P 個の関連した文字（方程式の根）の組に配列される．これが何通り可能であるか調べてみよう．

　H を共役な非原始的群の一つとしよう．この文字列から任意に選ばれた 2 個の文字（方程式の根）は P 個の関連する文字（方程式の根）の組（非原始的ブロック）の一部分をなし，1 個より多くの組（非原始的ブロック）の部分となることはないことが容易に分かる※67.

　一方，H は非原始的であったので，$\Gamma \subsetneq \Omega$ を H に関する最小の非原始ブロックとする．$H_\Gamma = \{ h \in H \mid h(\Gamma) = \Gamma \}$ とおく．もし H_Γ が Γ に推移的に作用しなければ，H_Γ が推移的に作用する部分集合 $\Delta \subsetneq \Gamma$ を一つ選ぶ．Δ は H_Γ の非原始的ブロックである．このとき $h \in H$ に対して $h(\Delta) \cap \Delta \neq \emptyset$ とすると $\delta_1 = h(\delta) \in \Delta$ となる $\delta \in \Delta$ が存在する．この δ に対して $h_1(\delta) = \delta_1$ となる $h_1 \in H_\Delta = \{ g \in H \mid g(\Delta) = \Delta \}$ が存在する．$\Delta = H_\Delta \delta$ が成り立つからである．従って $h_1(\delta) = h(\delta)$ となり，$h_1^{-1}h \in (H_\Gamma)_\delta \subset H_\Delta$ （$(H_\Gamma)_\delta$ は H_Γ の δ の固定部分群）より，$h \in H_\Delta$ となって $h(\Delta) = \Delta$ が成り立つ．これは Δ が H の非原始的ブロックであることを意味する．しかし，Γ は H の最小の非原始的ブロックと仮定してので，これは矛盾である．従って H_Γ は Γ に推移的に作用し，原始的である．すなわち，因数分解された方程式の各既約因子は原始的である．

　この議論は G が擬原始的であるときは適用できず，実際に H_Γ が Γ 上原始的でない例が存在する．従って，G が擬原始的であり，原始的ではないときは，ガロアの仮定は意味をなさない場合がある（[Ne], Appendix D, Proposition 13.8）．

※67　方程式の根の集合 Ω の任意の 2 元 α, β をとると α, β を含む非原始的ブロックが存在すること，しかも，そのようなブロックは 1 個しか存在しないことを主張している．以下の注を参照のこと．

というのは，第一に，二つの文字（方程式の根）がもしそのような
P 個の関連する文字（方程式の根）の組（非原始的ブロック）の一
部分をなすことが無いとすると，群 G の任意の置換は群 H の置
換を互いに変換し，非原始的である[※68]．これは仮定に反する．

　第二にもし二つの文字（方程式の根）が異なる組（非原始的ブロ
ック）の部分をなせば P 個の関連する文字（方程式の根）の種々の
組（非原始的ブロック）に対応する群は原始的ではなく[※69]，これは
再び仮定に反する．

　そこで

$$
\begin{array}{ccccc}
a_0 & a_1 & a_2 & \cdots & a_{P-1} \\
b_0 & b_1 & b_2 & \cdots & b_{P-1} \\
c_0 & c_1 & c_2 & \cdots & c_{P-1} \\
& & \cdots & &
\end{array}
$$

は種々の N 個の文字（方程式の根）としよう：各行は関連する文
字（方程式の根）の組（非原始的ブロック）を表すと仮定しよう[※70]．

$$a_0, a_{0,1}, a_{0,2}, \ldots, a_{0,P-1}$$

は第 1 列に置かれた P 個の関連する文字（方程式の根）（非原始的
ブロック）としよう．

[※68] ガロアのこの主張は原始的である場合も擬原始的である場合も反例が存
在し，間違っている．（[Ne] Appendix B, Proposition 13.3).

[※69] もし，群 G が原始的であればこの主張は正しい．なぜならば，2 個の非
原始的ブロックの共通部分は空でなければ非原始的ブロックとなり，従って異
なる最小の非原始的ブロックの共通分は空であるか唯 1 個の元からなるから
である．しかし，G が擬原始的の場合は，この主張の反例が存在する（[Ne]
Appendix D, Proposition 13.8).

[※70] 群 G が原始的であれば異なる最小の非原始的ブロックを取ることによって，
このような配列を構成することは可能である．しかし，G が擬原始的である場合
は上の注で述べたように反例が存在する（[Ne] Appendix D, Proposition 13.8).

（行の中の配列を変えることによって常にこのように配置されているようにできることは明らかである．）

　同様に

$$a_{1,0}, a_{1,1}, a_{1,2}, a_{1,3}, \cdots; a_{1,P-1}$$

はすべて第2列に配列された P 個の関連する文字（方程式の根）（非原始的ブロック）とし，

$$a_{1,0}, a_{1,1}, a_{1,2}, a_{1,3}, \cdots, a_{1,P-1}$$

はそれぞれ

$$a_{0,0}, a_{0,1}, a_{0,2}, a_{0,3}, \cdots, a_{0,P-1}$$

と同様の同じ行に属しているとしよう．
同様に

$$a_{2,0}, a_{2,1}, a_{2,2}, a_{2,3}, \cdots, a_{2,P-1}$$

$$a_{3,0}, a_{3,1}, a_{3,2}, a_{3,3}, \cdots, a_{3,P-1}$$

$$\cdots$$

$$a$$

は関連する文字（方程式の根）の組（非原始的ブロック）としよう．このようにして，P^2 の文字（方程式の根）を得る[71]．文字（（非原始的ブロック）根）の個数がすべてを尽くしていないときは第三の添数を

$$a_{m,n,0}\, a_{m,n,1}\, a_{m,n,2}\, a_{m,n,3} \cdots a_{m,n,P-1}$$

のように，一般に関連する文字（方程式の根）の組（非原始的ブロック）になるように取る．そして，このようにして $N = P^\mu$ と結論づけられる．ここで μ は必要な添数の個数である．文字（方程式の根）の一般的な形は

---

[71]　ガロアの行った添数づけ a_{ij} は今日の付け方と反対で，i は列，j は行に対応している．

$$a_{k_1, k_2, ..., k_\mu}$$

となる．ここで $k_1, k_2, ..., k_\mu$ はそれぞれ P 個の値 $0, 1, 2, 3, ..., P-1$ をとる添数である※72．

上で行ったように群 H は

$$(a_{k_1, k_2, k_3, ..., k_\mu}, \, a_{\phi(k_1), \psi(k_2), \chi(k_3), ..., \sigma(k_\mu)})$$

の形の置換からなる．何故ならば，各添数は関連する組（非原始的ブロック）に対応するからである※73．

もし P が素数でなければ，任意の 1 個の関連する文字（方程式の根）の組（非原始的ブロック）の置換群に対して G と同様に同じように論じることによって $P = R^\alpha$ であることが分かり，以下同様にして最終的に $N = p^\nu$ であることが分かる．ここで p は素数である．

────── **次数 p^2 の原始方程式について** ──────

ここでしばし立ち止まって，奇素数 p に対して p^2 次の原始方程式を直ちに考察してみよう．（$p=2$ の場合は既に考察した．）

もし p^2 次の方程式が冪根で解くことができれば，最初から冪根を求める（付加する）ことによって，非原始的になったと仮定しよう．

※72 このガロアの主張は G が原始的であれば反例が存在し間違っている（[Ne] Appendix C, Proposition 13.5）．一方，G が擬原始的であり，H が特別な条件を満たす場合はガロアの構成法が適用できる場合があることを Neumann が注意している（[Ne], p.401）．

※73 前段の主張が成り立つ場合はこの主張は正しい．

　従って G は p^2 文字の原始群であり，H と共役な n 個の非原始群に分けられるとしてよい.

　群 H では文字は

$$
\begin{array}{cccccc}
a_{0,0} & a_{0,1} & a_{0,2} & a_{0,3} & \cdots & a_{0,\,p-1} \\
a_{1,0} & a_{1,1} & a_{1,2} & a_{1,3} & \cdots & a_{1,\,p-1} \\
a_{2,0} & a_{2,1} & a_{2,2} & a_{2,3} & \cdots & a_{2,\,p-1} \\
& & \cdots & & & \\
a_{p-1,0} & a_{p-1,1} & a_{p-1,2} & a_{p-1,3} & \cdots & a_{p-1,\,p-1}
\end{array}
$$

のように配置されなければならない. ここで各行と各列は関連する文字の組（非原始的ブロック）である.

　もし行を行自身に移すのであれば，こうして得られる原始的であり，素数位数である群は

$$
(a_{k_1,k_2},\ a_{mk_1+n,\,k_2})
$$

の形の置換のみを含まなければならない. ただし添数は p を法として取るものとする.

　同様に列を列自身に移すのであれば，こうして得られる原始的であり，素数位数である群は

$$
(a_{k_1,k_2},\ a_{k_1,\,mk_2+r})
$$

の形の置換のみを含まなければならない. ただし添数は p を法としてとるものとする. その結果，群 H のすべての置換は

$$
(a_{k_1,k_2},\ a_{m_1k_1+n_1,\,m_2k_2+n_2})
$$

の形をしている.

　もし群 G が上で述べたように n 個の共役な n 個の群に分かれたとすると，群 G のすべての置換はそれ自身の中で H の巡回置換に変換されなければならず，それらは全て

$$
(a_{k_1,k_2},\ a_{k_1+a_1,\,k_2+a_2}) \tag{a}
$$

の形で書ける.

そこで，群 G の置換の一つがそれぞれ

$$
\begin{array}{ccc}
k_1 & & \varphi_1(k_1, k_2) \\
k_2 & を & \varphi_2(k_1, k_2)
\end{array}
$$

に変える形をしていると仮定しよう．もし，函数 φ_1, φ_2 で値 k_1, k_2 を $k_1+\alpha_1$, $k_2+\alpha_2$ に置き換えると結果は

$$
\varphi_1+\beta_1, \quad \varphi_2+\beta_2
$$

の形にならなければならず，このことから群 G の置換は式

$$
(a_{k_1,k_2},\ a_{m_1k_1+n_1k_2+\alpha_1,\ m_2k_1+n_2k_2+\alpha_2}) \tag{A}
$$

に含まれていなければならないことが直ちに結論づけられる．

さて，no.※74 より群 G の置換は p^2-1 個または p^2-p 個の文字を含むものであることが分かる．それは p^2-p 個ではない．何故ならば，この場合は群 G は原始的でないであろう．もし群 G 内で，たとえば $a_{0,0}$ を変えない置換を考察するならば，他の p^2-1 個の文字を置換する p^2-1 次※75 の置換のみであろう．

しかし，ここで，証明のために単に原始的群 G は非原始的な群に分けられると仮定したことを思い起こそう．この条件は必要というわけではないので群はしばしばずっと複雑である．

従ってこれらの群が p^2-p 個の文字を変える置換を持っている場合を認識することが問題であり，このことに関して少し考えよう．

そこで群 G は p^2-p 個の文字のみを動かす置換※76 を含んでい

※74 原稿は空白のままである．

※75 原文は "substitutions de l'order p^2-1". この第二論文でのガロアの "order" の用法は p^2-1 個の文字のみを動かす置換の意味で使われている．

※76 原文 "substituition de l'order p^2-p".

るとしよう．先ず，この群のすべての置換は線型である，すなわち (A) の形をしていると私は主張する．

このことは p^2-1 個の文字のみを動かす置換に関しては正しいことが知られている．従ってこのことを 数 p^2-p 個の文字のみを動かす置換の場合に示せば十分である．そこですべて p^2 個か p^2-p 個の文字のみを動かす置換からなる群を考えよ（引用した箇所を参照せよ[※77]）．

さて，p^2-p 個の文字のみを動かす置換で変わらない p 個の文字は関連する文字（非原始的ブロック）でなければならない．これらの関連する文字（非原始的ブロック）を

$$a_{0,0},\ a_{0,1},\ a_{0,2},\ ...,\ a_{0,\,p-1}$$

としよう．

これらの p 個の文字を変えないすべての置換は

$$(a_{k_1,k_2},\ a_{k_1,\varphi k_2})$$

の形の置換と位数 p [※78] の p^2-p 個の文字のみを動かす置換から導くことができる．（引用した箇所を参照せよ[※79]）

第一に群が望むべき性質を持つためには

$$(a_{k_1,k_2},\ a_{k_1,mk_2})$$

の形に還元されなければならず，これは次数 p の方程式に対して見たところである．

p 個の文字のみを動かす置換については，前の置換と共役であ

るので，これらを含む群は後者を含まないと仮定してよい．かく
してこれらの置換は循環置換 (a) を互いに移し合わねばならない．
従ってこれらも線型である．

かくして p^2 個の文字の置換である原始群は (A) の形の置換しか
含まないことを結論するに至った．

さて表示

$$a_{k_1,k_2}$$

（の添数）にすべての可能な線型置換を施して得られる群全体を取
り，方程式が可解であるという望ましい性質を持った部分群[80] を
探そう．

まず，線形変換の全体の個数はどれだけであろうか．第一に

$$k_1, k_2 \qquad m_1k_1+n_1k_2+\alpha_1, \quad m_2k_1+n_2k_2+\alpha_2$$

の形の変換のすべてが置換であるとは限らないことは明らかであ
る．何故ならば最初の順列の各文字に二番目の順列の一つの文字
が対応し，この逆も成り立つからである．

そこで，もし二番目の順列から任意の文字 a_{ℓ_1,ℓ_2} をとり，一番目
の順列に対応する文字を求めようとすると，添数 k_1, k_2 が完全に
決まった文字 a_{k_1,k_2} を見つけなければならない．従って ℓ_1 と ℓ_2 が
何であろうと2個の方程式

$$m_1k_1+n_1k_2+\alpha_1=\ell_1, \quad m_2k_1+n_2k_2+\alpha_2=\ell_2$$

から有限かつきちんと定義された k_1 と k_2 の値を得ることできなけ
ればならない．従ってこのような変換が実際に置換であるための
条件は $m_1n_2-m_2n_1$ が 0 でもなく，p で割り切れることもないこと
であり．このことは同じ事である．

---

[80] 原文 "les diviserurs".

この線形変換の群は，後に見るように，冪根で解くことのでき
る方程式に属しているとは限らないが，それらの置換にどの一つ
をとっても，それが n 個の文字を固定すれば n は文字の総数の
約数であると私は主張する．実際，固定される文字の個数が何で
あれ，この事実を，線形方程式によって表現することができ，こ
の方程式から得られる数によって，固定される文字のすべての添
数が与えられる．これらの各添数を与えると，これらは p 個の値
を取りうるので，p^m 個の値の組が得られる，ここで m はある整
数である．私たちが扱っている場合は $m < 2$ でなければならず，
従って 0 または 1 である．従って置換の数は

$$p^2(p^2-1)(p^2-p)$$

より大きいことはない．

さて，文字 $a_{0,0}$ を変えない線型置換を考えよう．この場合，も
しすべての可能な線形変換を含む群の順列の総数が分かったら，
この数に p^2 を掛ければ十分である．

実際，先ず添数 k_2 には触れずに

$$(a_{k_1,k_2}, a_{mk_1,k_2})$$

の形のすべての置換は全部で $p-1$ 個である．項 k_2 に項 m_2k_1 を
加えることによって p^2-p 個の置換を次のように得る．

$$(k_1, k_2, m_1k_1, m_2k_1+k_2) \qquad (m)$$

一方 $a_{0,0}$ 以外のすべての文字を動かす置換に対応する p^2-1 個
の順列からなる線形群を見出すことは容易である．というのは，
合同式

$$x^{p^2-1}-1 \equiv 0 \pmod{p}$$

の原始根を i とするとき，（二重添数 k_1, k_2 を k_1+ik_2 に置き換え
ることによって）

$$(a_{k_1+ik_2},\ a_{(m_1+m_2i)(k_1+k_2i)})$$

の形のすべての置換は線型置換であることは容易に分かる．しかし，これらの置換は（0 以外の）どの文字も同じ場所に固定せず，置換の総数は p^2-1 である．従ってその置換が $a_{0,0}$ 以外の文字をすべて動かす p^2-1 個の順列の組が得られた．これらの置換と上で述べた置換とを併せることによって

$$(p^2-1)\,(p^2-p)\ \text{個の置換}$$

を得る．

　$a_{0,0}$ を固定する置換の個数は $(p^2-1)\,(p^2-p)$ より大きく離れないことをあらかじめ知っていた．従ってその数は $(p^2-1)\,(p^2-p)$ であり，線型群の全体は

$$p^2(p^2-1)\,(p^2-p)$$

個の置換を含んでいる．冪根で解くことができる性質を持つこの群の部分群を見出すことが残っている．そのために，一般の p^2 次の方程式をできる限り次数を下げるための変換を構成しよう．

　第一に，そのような群の循環置換は，この群のすべての他の置換は循環置換を循環置換に互いに変換するので，方程式の次数を 1 だけ下げることができる．そして，次数 p^2-1 の方程式の群は

$$(b_{k_1,k_2},\ b_{m_1k_1+n_1k_2,\,m_2k_1+n_2k_2})$$

の形の置換のみからなり p^2-1 個の文字は

$$
\begin{array}{cccc}
 & b_{0,1} & b_{0,2} & b_{0,3} & \cdots \\
b_{1,0} & b_{1,2} & b_{1,2} & b_{1,3} & \cdots \\
b_{2,0} & b_{2,2} & b_{2,2} & b_{2,3} & \cdots \\
 & \cdots & \cdots & \cdots &
\end{array}
$$

であるようにできる．

　添数の比が同じであるものは関連する文字（非原始ブロック）で

あるのでこの群は原始的でない．$\dfrac{k_1}{k_2}$ を新しい添数として，関連する文字の組を（非原始ブロック）一つの文字で置き換えるならば

$$\left(b_{\frac{k_1}{k_2}},\ b_{\frac{m_1 k_1 + n_1 k_2}{m_2 k_1 + n_2 k_2}}\right)$$

の形の置換のすべてからなる群となる．この比を一つの添数 k に置き換えると $p+1$ 個の文字は

$$b_0,\, b_1,\, b_2,\, b_3,\, \cdots,\, b_{p-1},\, b_{\frac{1}{0}}$$

となり，置換は

$$\left(k,\ \frac{mk+n}{rk+s}\right)$$

の形となる．

　どれだけの文字がこれらの置換で同じ位置に留まるかを調べてみよう．そのためには方程式

$$(rk+s)\,k - (mk+n) = 0$$

と解く必要がある．この方程式は $(m-s)^2 + 4nr$ が2次剰余であるか，0 であるか平方非剰余であるかに応じて2個の根か1個の根か根をもたないことになる．これらの三つの場合に応じて置換はそれぞれ $p-1$ 個の文字のみを動かすか，p 個の文字のみを動かすかまたは $p+1$ 個の文字のみを動かすかである．

　最初の二つの場合の代表例として

$$(k,\ mk+n)$$

の形の置換を取ることができ，文字 $b_{\frac{1}{0}}$ のみが不変である．このことから，このように簡約した群の置換の総数は $(p+1)\,p\,(p-1)$ であることが分かる．このように群を簡約した後で一般的に取り扱うことができる．最初に，p 個の文字のみを動かす置換を含んでいるこの群の部分群が冪根で解ける方程式に属する場合を考察しよう．

　この場合，方程式は原始的であり，ある自然数 n に対して $p+1=2^n$ でなければ冪根で解くことができない．

　群は p 個の文字のみを動かす置換と $p+1$ 個の文字のみを動かす置換のみを含んでいると仮定してよい．その結果すべての $p+1$ 個の文字のみを動かす置換は共役となりその周期は 2 である．

　そこで，表示

$$\left(k, \frac{mk+n}{rk+s}\right)$$

を取り，いかなる状況の下でこの置換が周期 2 をもつかを調べよう．そのためにはこの逆変換が元と一致する必要がある．逆置換は

$$\left(k, \frac{-sk+n}{rk-m}\right)$$

である．

　従って $m=-s$ でなければならず問題のすべての置換は

$$\left(k, \frac{mk+n}{k-m}\right)$$

であり[81]，すなわち再び

$$\left(k, m+\frac{N}{k-m}\right)$$

と書くことができる．ここで N はある整数であり，すべての置換

---

[81]　$p+1$ 個の文字のみを動かす置換を考えているので m^2+rs は p を法として平方非剰余であるので，$r \neq 0$ である．従って p を法として考えると

$$\frac{mk+n}{rk-m} = \frac{(m/r)k+(n/k)}{k-(m/r)}$$

と書くことができるので，$m/r, n/r$ を p を法として 0 から $p-1$ で書き直して，m/k を $m, n/r$ を n と改めて書き直した．

で共通である．何故ならばこれらの置換は p 個の文字をの置換

$$(k,\ k+m)$$

で互いに移り合わなければならないからである※82．今やこれらの置換はその上，互いに共役でなければならない．

従って，もし

$$\left(k,\ m+\frac{N}{rk-m}\right),\ \left(k,\ n+\frac{N}{rk-n}\right)$$

が二つの置換であれば

$$n+\frac{N}{\dfrac{N}{k-m}+m-n}=m+\frac{N}{\dfrac{N}{k-n}+n-m}$$

が，すなわち $(m-n)^2=2N$ が成り立たなければならない

　従って m の 2 つの値の違いは 2 つの異なる値を取ることができるだけである．従って m は 3 個より多くの値をとり得ない．よって結局 $p=3$ であることが分かる．

　そして実際，簡約した方程式は次数 4 であり，その結果冪根を使って解くことができる．

　このことから一般に簡約した群の置換は p 個の文字のみを動かす置換であることはできない．では $p-1$ 個の文字のみを動かす置換であることはできるか？　これが私が考察しようとしているものである．

※82　$k\longmapsto k+a$ で共軛を取ると

$$k\longmapsto (m-a)+\frac{N}{k-(m-a)}$$

を得る．a は p を法として 0 から $p-1$ の値を取るので $m-a$ も同様である．また，N は p を法として平方非剰余である．

参考文献

[彌永]	彌永昌吉著『ガロアの時代　ガロアの数学』第一部　時代篇，第二部 数学篇，シュプリンガー・フェアラーク東京，1999，2008，再版　丸善出版，2012.
[高木]	高木貞治著『近世数学史談』共立出版 1931，河出書房 1942，岩波文庫，1995.
[高瀬]	高瀬正仁著『アーベル／ガロア　楕円函数論』朝倉書店，1998.
[守屋]	守屋美賀雄著『アーベル・ガロア　群と代数方程式』共立出版，1975.
[矢ヶ部]	矢ヶ部巌著『数III方式　ガロアの理論　アイディアの変遷をめぐって』現代数学社，1976.
[A]	N.H. Abel: Œvures complètes, 2 vol., ed. Sylow et Lie, Christiania, 1881.
[A1]	H.H. Abel: Rechersches sur les fonctions elliptiques elliptiques (& Addition sur mémoire précédent), J. reine angew. Math. 2 (1827), 101–181, 3 (1828), p. 160–190 ([A], vol. 1, p. 268–388，邦訳 [高瀬] p. 3–114).
[A2]	H.H. Abel: Precis dúne théorie des fonctions elliptiques, J. reine und angew. Math. 4 (1829), p. 236–277，　p. 309–348，([A] vol. 1　p. 518–617，邦訳 [高瀬] p. 179–269).
[G]	É. Galois: Écrits et Mémoires Mathématiques d'Évariste Galois (R. Bourgne, J.-P. Azra 編集), Paris, 1976, (主要部の再録と英訳は [Ne2]).
[He]	C. Hermite: Oeuvre complètes, 4 巻，Gauthier-Villars, Paris, 1905–1917.
[He1]	C. Hermite: Sur la résolution de l'équation du cinqième degré, Comptes Rendu Acad. Sciences, 46 (1858), p. 508 (Œvures vol. 2, p. 5–12).

[He2]   C. Hermite: Sur la théorie de équations modulares, Comptes Rendu Acad. Sciences, 48 (1859) (I), p.949−1979−1096; 49 (1859) (II), p.16−110−141 (Œvures vol.2, p.38 −82).

[Ja]   C.G.J. Jacobi: acobi's Gessamelte Werke, 8vol., Berlin, 1881− 1891, (reprint Chelsea, 1969).

[FA]   C.G.J. Jacobi: Fundamenta Nova Theoriae Fuctionum Ellipticarum, Könisberg, 1829 ([JA] vol.1, p.49−239, 邦訳 高瀬正仁訳『ヤコビ楕円関数原論』講談社, 2012).

[Jo1]   C. Jordan: Sur la résolution algébrique des équations primitives de degré p^2 (p étant premier impair), J. de Math. pures appli. 2e série, 13 (1868), p.111−135.

[Jo]   C. Jordan: Traité des Substitions et des Équations Algébriques, Paris, 1870.

[Ne1]   P.M. Neumann: The concept of primitivity in group theory and the Second Memoir of Galois, Archive for History of Exact Sciences, 60 (2006), p.379−429.

[Ne2]   P.M. Neumann: The mathematical writings of Évariste Galois, European Math. Soc., 2013.

[S]   M.W. Short: The primitive soluble permutation groups of degree less than 256, Lecture Notes in Math. 1519, 1992, Springer

索 引

著者紹介：

上野 健爾（うえの・けんじ）

1945 年　熊本県生まれ
1968 年　東京大学理学部数学科卒業
現　在　京都大学名誉教授，四日市大学 関孝和数学研究所所長
主要著書：
『代数入門（現代数学への入門）』 岩波書店，2004 年
『数学の視点』 東京図書，2010 年
『円周率が歩んだ道』 岩波書店，2013 年
『小平邦彦が拓いた数学』 岩波書店，2015 年
『数学者的思考トレーニング 複素解析編』 岩波書店，2018 年
『大数学者の数学／ジーゲル』 現代数学社，2022 年

他，多数

方程式を解く　ガロアによるガロア理論

2024 年　7 月 21 日	初版第 1 刷発行	
2024 年 10 月 20 日	初版第 2 刷発行	

著　者　　上野 健爾
発行者　　富田　淳
発行所　　株式会社　現代数学社
　　　　　〒 606−8425 京都市左京区鹿ヶ谷西寺ノ前町 1
　　　　　TEL 075 (751) 0727　FAX 075 (744) 0906
　　　　　https://www.gensu.co.jp/
装　幀　　中西真一（株式会社 CANVAS）

印刷・製本　　山代印刷株式会社

ISBN 978−4−7687−0639−8　　　　　　　　　　　Printed in Japan